GIS 开发与应用实作教程

主 编 董 箭
副主编 贾帅东 于彩霞 杨一曼

国防工业出版社

·北京·

内 容 简 介

本书系统阐述了应用计算机开发语言和 ESRI 的组件/控件（ArcGIS Engine/Object）开发地理信息应用系统的相关理论与方法。全书共十二章,包括 ArcGIS 介绍、二维控件的使用、三维控件的使用、地理空间数据管理、几何对象和空间参考、矢量数据分析、栅格数据分析、地理空间数据编辑、地图符号化、地图输出、海洋 GIS 设计与实现、ESRI 开发竞赛案例等内容。

本书可作为 GIS 开发人员的参考书,也可作为测绘专业本科课程实作教材,海洋测绘单位的海图制图技术人员也可通过本书系统学习 GIS 开发原理及应用方法。

图书在版编目(CIP) 数据

GIS 开发与应用实作教程/董箭主编;贾帅东,于彩霞,杨一曼副主编 . —北京:国防工业出版社,2025.5
ISBN 978-7-118-13781-1

Ⅰ . P208. 2

中国国家版本馆 CIP 数据核字第 2025MX2594 号

※

国防工业出版社出版发行
（北京市海淀区紫竹院南路 23 号　邮政编码 100048）
北京虎彩文化传播有限公司印刷
新华书店经售

*

开本 787×1092　1/16　插页 2　印张 22¼　字数 537 千字
2025 年 5 月第 1 版第 1 次印刷　印数 1—1000 册　定价 158.00 元

(本书如有印装错误,我社负责调换)

国防书店：(010) 88540777　　书店传真：(010) 88540776
发行业务：(010) 88540717　　发行传真：(010) 88540762

前　言

近年来,由于航空航天遥感器、自动浮标及多波束回声仪等海洋相关技术的发展,使得海洋数据量急剧增加。而面对海量数据存储、管理、访问、分析与显示制图的挑战,地理信息系统(Geographical Information System,GIS)作为对空间位置相关数据进行采集、存储、管理、分析、显示和应用的支撑技术,日益显示出其在海洋空间信息处理方面的重要性。

ArcGIS 是一套完整的 GIS 平台产品,具有强大的地图制作、空间数据管理、空间分析、空间信息融合、发布与共享的能力。ArcGIS 同时为开发人员提供了功能丰富的 GIS 应用开发组件 ArcGIS Engine,使开发人员能够轻松构建个性化的 GIS 应用,满足日益增长的海洋地理信息分析与处理需求。C#. NET 具有易学易用、开发效率高等优势,已经成为广大应用开发人员首选的开发环境。本书以 ArcGIS Engine 10.1 作为 GIS 开发组件,以 C#. NET 作为开发环境,从 GIS 应用开发的角度,全面系统地论述了应用型 GIS 工程项目开发的相关技术问题。全书共分为 12 章:第一章 ArcGIS 介绍,阐述 ArcGIS Engine 类库及与 C#相关的基础知识;第二、第三章分别为二维、三维控件的使用,主要介绍二维、三维控件的基本使用方法及简单功能实现等;第四章地理空间数据管理,主要介绍地理空间数据库相关类与方法及功能实现等;第五章几何对象和空间参考,主要介绍常用几何对象的使用方法及功能实现等;第六章矢量数据分析,主要介绍矢量数据空间分析相关类与方法及功能实现等;第七章栅格数据分析,主要介绍栅格数据空间分析相关类与方法及功能实现等;第八章地理空间数据编辑,主要介绍地理空间数据编辑关联接口及功能实现等;第九章地图符号化,主要介绍专题地图符号化的相关类与方法及功能实现等;第十章地图输出,主要介绍地理空间数据输出的相关类与方法及功能实现等;第十一章海洋 GIS 设计与实现,主要介绍基于 ArcGIS Engine 的海洋 GIS 相关功能模块的设计与实现及软件安装部署方法;第十二章 ESRI 开发竞赛案例,主要介绍本专业本科学员参加 ESRI 开发竞赛的获奖案例。

本书第二、三章由于彩霞编写,第四、五章由贾帅东编写,第十二章由杨一曼编写,其他章节由董箭编写。

本书在编写过程中,得到了北京星天科技有限公司、海参海图信息中心等单位的无私帮助,彭认灿教授审阅了全稿,在此一并表示衷心的感谢。

由于编著者水平有限,错误和不妥之处在所难免,敬请读者批评指正。

编　者

2024 年 10 月

目　录

第一章　ArcGIS 介绍

ArcGIS 为用户提供了一整套强大的地理信息系统（Geographic Information System，GIS）框架。在 ArcGIS 系列产品中，ArcGIS Desktop、ArcGIS Engine 和 ArcGIS Server 都是基于核心组件库 ArcGIS Objects 搭建的（图 1-0-1），ArcGIS Objects 组件库有 3000 多个对象可供开发人员调用。其中有细粒度的小对象，如 Geometry 对象；也有粗粒度的大对象，如 Map 对象。通过这些对象，开发人员可以操作控制文档（如地图文档（.mxd）、globe 文档（.3dd）、scene 文档（.sdx）等）和空间数据库（Spatial Database）进行交互。ArcGIS Objects 组件库为开发人员集成了大量 GIS 功能，可帮助开发人员进行 GIS 项目的快速开发。由于 ArcGIS Desktop、ArcGIS Engine 和 ArcGIS Server 都是基于 ArcGIS Objects 搭建的应用，从而 ArcGIS Objects 的开发经验在以上三个应用中都可借鉴。开发人员可通过 ArcGIS Objects 来扩展 ArcGIS Desktop，定制 ArcGIS Engine 应用，使用 ArcGIS Server 实现企业级的 GIS 应用。

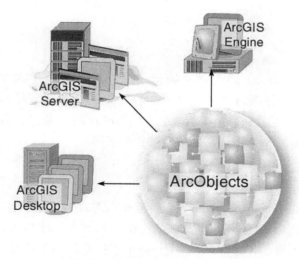

图 1-0-1　ArcGIS 系列产品组成

ArcGIS 可以在多种编程环境中进行开发，其中包括 C++、支持 COM 的编程语言、.NET、Java 等。本章主要关注如何快速理解 ArcGIS Engine 定制 GIS 应用程序的原理，掌握 ArcGIS Engine 相关类库及与 C#相关的 GIS 开发知识。

第一节　ArcGIS 软件架构

ArcGIS 是美国环境系统研究所公司（Environmental Systems Research Institute，Inc，ESRI）在全面整合了 GIS 与数据库、软件工程、人工智能、网络技术及其他多方面的计算机主流技术之后,成功推出的代表 GIS 最高技术水平的全系列 GIS 产品。ArcGIS 是一个全面的、可扩展的 GIS 平台,为用户提供了构建定制化 GIS 系统的完整解决方案(图 1-1-1)。ArcGIS 的产品体系能够让用户在任何需要的地方部署 GIS 功能和业务逻辑,无论是在桌面、服务器,还是在野外。

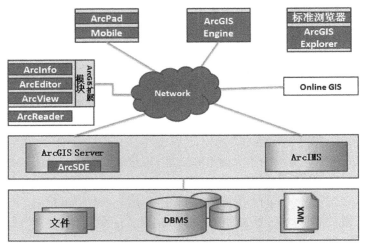

图 1-1-1　ArcGIS 软件架构

一、桌面 GIS

桌面 GIS(ArcGIS Desktop)是用来编辑、设计、共享、管理和发布地理信息和概念。ArcGIS Desktop 采用可伸缩的产品结构,从 ArcReader 向上扩展到 ArcView、ArcEditor 和 ArcInfo。目前 ArcInfo 被公认为是功能最强大的 GIS 产品。通过一系列的可选的软件扩展模块,ArcGIS Desktop 的能力还可以进一步得到扩展。

二、嵌入式 GIS

嵌入式 GIS(ArcGIS Engine)是一个完整的嵌入式 GIS 组件库和工具包,开发人员能用它创建一个新的、或扩展原有的可定制的桌面应用程序。使用 ArcGIS Engine,开发人员能将 GIS 功能嵌入到已有的应用程序中,如基于行业标准的产品以及一些商业应用,也可以创建自定义的应用程序,为用户提供各类专属 GIS 功能。

三、服务器 GIS

服务器 GIS(ArcGIS Server)、ArcIMS(IP Multimedia Subsystem,IP 多媒体子系统)和 ArcSDE(Spatial Database Engine,空间数据库引擎)用于创建和管理基于服务的 GIS 应用程序,以方便大型机构和互联网上众多用户间地理信息的共享和交换。ArcGIS Server 是一个中心应用服务器,它包含一个可共享的 GIS 软件对象库,能在企业和 Web 计算框架中建立服务器端的 GIS 应用。ArcIMS 是通过开放的 Internet 协议发布地图、数据和元数据的可伸缩的网络地图服务器,ArcSDE 是在各种关系型数据库管理系统中管理地理信息的高级空间数据服务器。

四、移动 GIS

ArcPad 支持 GPS 的无线移动设备,越来越多地应用在野外数据采集和信息访问中。ArcGIS Desktop 和 ArcGIS Engine 可以运行在便携式电脑或平板电脑上,用户可以在野外进行数据采集、分析,乃至制定决策。

第二节　ArcGIS Engine 功能划分

ArcGIS Engine 是一组完备的并且打包的嵌入式 GIS 组件库和工具库,开发人员可用来创建新的或扩展已有的桌面应用程序。使用 ArcGIS Engine,开发人员可以将 GIS 功能嵌入到已有的应用软件中,形成自定义的行业专用产品;或嵌入到商业生产或应用软件中,如 Microsoft Word 和 Excel;还可以创建集中式的定制化应用软件,并将其发送给机构内的多个用户。

ArcGIS Engine 由两部分产品组成:面向开发人员的 ArcGIS Engine 软件开发工具包(Software Developer Kit,SDK)与面向最终用户的 ArcGIS Engine 运行时(Runtime)。其中:ArcGIS Engine SDK 是一个基于组件的软件开发产品,可用于构建自定义 GIS 和制图应用软件。ArcGIS Engine SDK 并不是一个终端用户产品,而是软件开发人员的工具包,支持四种开发环境(C++、COM、. NET 和 Java),适于为 Windows、UNIX 或 Linux 用户构建基础制图和综合动态 GIS 应用软件;ArcGIS Engine Runtime 是一个使终端用户软件能够运行的核心 ArcGIS Objects 组件产品,被安装在每一台运行 ArcGIS Engine 应用程序的计算机上。

ArcGIS Engine 从功能层次上可划分为以下五个部分。

(1)基本服务(Base Services):包含 ArcGIS Engine 中最核心的 ArcGIS Objects 组件,几乎所有的 GIS 组件需要调用它们,如 Geometry 和 Display 等。

(2)数据存取(Data Access):包含访问矢量或栅格数据的 GeoDatabase 所有的接口和类组件。

(3)地图表达(Map Presentation):包含 GIS 应用程序用于数据显示、数据符号化、要素标注和专题图制作等需要的接口和类组件。

(4)开发组件(Develper Components):包含进行快速开发所需要的全部可视化控件,如 MapControl、PageLayoutControl、SceneControl、GlobeControl、TOCControl、ToolbarControl、SymbologyControl 和 LicensenControl 控件等。除此以外,开发组件还包括大量可以供 ToolbarControl 调用的内置 Commands、Tools 和 Menus,可以极大地简化二次开发工作。

(5)扩展模块(Extensions):ArcGIS Engine 的开发体系是一条纵线,功能丰富,层次清晰,最上层的扩展模块包含了许多高级开发功能,如 GeoDatabase Update、空间分析、三维分析、网络分析、Schematics 逻辑示意图,以及数据互操作等(表 1-2-1)。ArcGIS Engine 标准版并不包含这些 ArcGIS Objects 许可,只能作为扩展存在,需要特定的 License 才能运行。

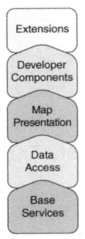

图 1-2-1　ArcGIS Engine 五个部分

表 1-2-1　Extensions 包含的高级开发功能

扩展模块	
3D	三维分析
Spatial	空间分析
Network	网络分析
Maplex	智能标注
Data Interoperability	数据互操作
Schematics	逻辑示意图
Tracking	跟踪分析
Geostatistical	地理统计分析

需要指出的是：ArcGIS Engine Runtime 是可伸缩的，这种可伸缩性体现在 ArcGIS Engine Runtime 的级别上，从标准版本一直到企业版本。标准的 ArcGIS Engine Runtime 提供所有 ArcGIS 应用程序的核心功能。这个级别的 ArcGIS Engine Runtime 可以操作几种不同的栅格和矢量格式，进行地图表达和创建，以及通过执行各种空间或属性查询查找要素；可以进行基本数据创建、编辑 Shapefile 文件（简称 shp 文件）和简单的个人地理数据库（Personal Geodatabase）及 GIS 分析。但如果遇到企业级数据库（如 ArcGIS SDE）的编辑和复杂数据模型的创建（网络、拓扑）就需要 Enterprise Geodatabase Update 许可。ArcGIS Engine Runtime 的标准许可相当于 ArcGIS 桌面 View 级别的功能，而 Enterprise Geodatabase Update 许可相当于 ArcGIS 桌面 Editor 级别的功能。

第三节　ArcGIS Engine 类库组成

ArcGIS Engine 开发中，为了更好地管理 COM 对象，ESRI 将各类 COM 对象存放在不同的组件库（对应 bin 目录下的 dll）中，而逻辑上被分散到不同的命名空间（对应 ArcGIS Engine 中的各个类库）中。理解类库结构、基本功能及其依赖关系有助于开发人员更加深入地了解 ArcGIS Engine 组件。以下根据依赖关系的顺序对类库进行分析。如图 1-3-1 所示，以模型图展示 ArcGIS Engine 的类库架构，模型图中在每个类库框的右上

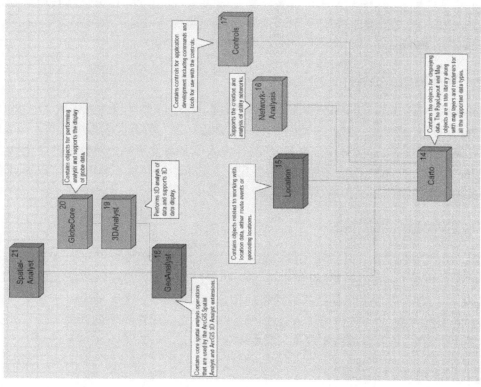

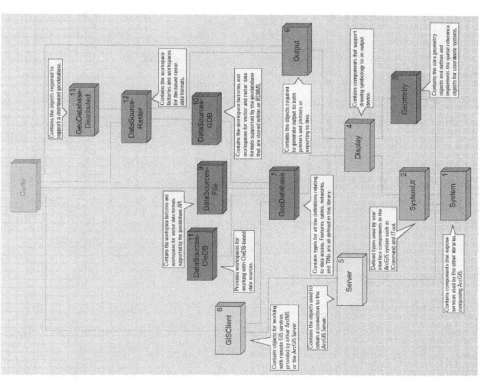

图1-3-1　ArcGIS Engine中的类库

角显示了其序列号。如:作为 ArcGIS 体系结构基础的 System 类库,其编号为 1,而编号为 7 的 GeoDatabase 类库依赖于模型图中其前面的 6 个类库(SyStem、SystemUI、Geometry、Display、Server 和 Output)。

一、System 类库

System 类库是 ArcGIS 体系结构中最底层的类库。System 类库包含为构成 ArcGIS 的其他类库提供服务的组件。System 类库中定义了大量开发人员可以实现的接口。AoInitializer 对象就是在 System 类库中定义的,所有开发人员必须使用这个对象来初始化 ArcGIS Engine 和解除 ArcGIS Engine 的初始化。开发人员不能扩展这个类库,但可以通过实现这个类库中包含的接口来扩展 ArcGIS 系统。

二、SystemUI 类库

SystemUI 类库包含用户界面组件接口定义,这些用户界面组件可以在 ArcGIS Engine 中进行扩展。包含 ICommand、ITool 和 IToolControl 接口。开发人员用这些接口来扩展 UI 组件,ArcGIS Engine 开发人员自己的组件将使用这些 UI 组件。这个类库中包含的对象是一些实用工具对象,开发人员可以通过使用这些对象简化用户界面的开发。开发人员不能扩展这个类库,但可以通过实现这个类库中包含的接口来扩展 ArcGIS 系统。

三、Geometry 类库

Geometry 类库处理存储在要素类中的要素几何图形或其他图形元素。基本的几何图形对象为 Point、MultiPoint、Polyline 和 Polygon。此外,Geometry 类库处理的对象还包括组成基本几何图形的子要素(作为 Polyline 和 Polygon 的组成部分的几何图形),如 Segement(片段)、Path(路径)和 Ring(环)。Polyline(Polygon)由一系列 Path(Ring)组成,Path 和 Ring 的基本组成单元是 Segement。一个 Segement 由两个不同的点(起始点和结束点)及一个定义这两点之间弯曲度的元素类型组成。Segement 的类型有 Line(二维线段)、CircularArc(圆弧)、EllipticArc(椭圆弧)和 BezierCurve(贝塞尔曲线)。所有几何图形对象都可以有与其顶点相关联的 Z、M 和 IDs。所有的基本几何图形对象都支持诸如 Buffer、Clip 等几何操作。基本几何图形的子要素不可以由开发人员扩展。

GIS 中的实体指的是现实世界中的要素;现实世界中要素的位置由一个带有空间参考的几何图形来定义。空间参考对象,包括投影坐标和地理坐标系统,都包括在 Geometry 类库中。开发人员可以通过添加新的空间参考和投影来扩展空间参考系统。

四、Display 类库

Display 类库包含用于显示 GIS 数据的对象。除了负责实际输出图像的主要显示对象外,这个类库还包含表示符号和颜色的对象,它们用来控制在显示上绘制时实体的属性。Display 类库还包含在与显示交互时提供给用户可视化反馈的对象。开发人员与 Display 最常用的交互方式就是类似于 Map 对象或 PageLayout 对象提供的视图。Display 类库的所有部分都能进行扩展,通常扩展的对象包括符号、颜色和显示反馈。

五、Server 类库

Server 类库包含允许用户连接并操作 ArcGIS Server 的对象。开发人员用 GISServer-Connection 对象来访问 ArcGIS Server。通过 GISServerConnection 可以访问 ServerObjects-Mananger 对象。用这个对象，开发人员可以操作 ServerContext 对象，以处理运行于服务器上的 ArcGIS Objects。开发人员还可以用 GISClient 类库与 ArcGIS Server 进行交互。

六、Output 类库

Output 类库被用于创建图形输出到设备，如打印机、绘图仪和硬拷贝格式，以及增强型图元文件（Enhanced Metafiles）和栅格影像格式（JPG、BMP 等）。开发人员使用该库和 ArcGIS 其他部分中的对象来创建图形输出。通常这些是 Display 和 Carto 类库中的对象。开发人员可以扩展 Output 类库用于定制的设备和输出格式。

七、GeoDatabase 类库

GeoDatabase 类库为地理数据库提供了编程 API。地理数据库是建立在标准工业关系型和对象关系数据库技术之上的地理数据仓库。GeoDatabase 类库中的对象为 ArcGIS 支持的所有数据源提供了一个统一编程模型。GeoDatabase 类库定义了许多由 ArcGIS Objects 架构中更高级的数据源提供者实现的接口。开发人员可以扩展地理数据库，以支持特定类型的数据对象（要素、类等）。此外，GeoDatabase 类库还有用 PlugInDataSource 对象添加的自定义矢量数据源。地理数据库支持的本地数据类型不能扩展。

八、GISClient 类库

GISClient 类库允许开发人员使用 Web 服务，这些 Web 服务可以由 ArcIMS 和 ArcGIS Server 提供。GISClient 类库中包含用于连接 GIS 服务器以使用 Web 服务的对象。该类库支持 ArcIMS 的图像和要素服务。GISClient 类库提供直接或通过 Web 服务目录操作 ArcGIS Server 对象的通用编程模型。在 ArcGIS Server 上运行的 ArcGIS Objects 组件不能通过 GISClient 接口来访问。要直接获得访问在服务器上运行的 ArcGIS Objects，开发人员应使用 Server 类库中的功能。

九、DataSourcesFile 类库

DataSourcesFile 类库包含用于基于文件数据源的 GeoDatabase API 实现。这些基于文件的数据源包括 shapefile、coverage、TIN、CAD、SDC、StreetMap 和 VPF。开发人员不能扩展 DataSourcesFile 类库。

十、DataSourcesGDB 类库

DataSourcesGDB 类库包含用于数据库数据源的 GeoDatabase API 实现。这些数据源包括 Microsoft Access 和 ArcSDE 支持的关系型数据库管理系统，如 IBM、DB2、Informix、Microsoft SQL Server 和 Oracle。开发人员不能扩展 DataSourcesGDB 类库。

十一、DataSourcesOleDB 类库

DataSourcesOleDB 类库包含用于 Microsoft OLE DB 数据源的 GeoDatabase API 实现。此类库只能用在 Microsoft Windows 操作系统上。这些数据源包括支持数据提供者和文本文件工作空间的所有 OLE DB。开发人员不能扩展 DataSourcesOleDB 类库。

十二、DataSourcesRaster 类库

DataSourcesRaste 类库包含用于栅格数据源的 GeoDatabase API 实现。这些数据源包括 ArcSDE 支持的关系型数据库管理系统,如 IBM、DB2、Informix、Microsoft SQL Server 和 Oracle,以及其支持的 RDO 栅格文件格式。当需要支持新的栅格格式时,开发人员只能扩展 RDO,而无法扩展 DataSourcesRaster 类库。

十三、GeoDatabaseDistribute 类库

GeoDatabaseDistributed 类库通过提供地理数据库数据导入和导出工具,可以支持对企业级地理数据库的分布式访问。开发人员不能扩展 GeoDatabaseDistribute 类库。

十四、Carto 类库

Carto 类库支持地图的创建和显示。所支持的地图可以是一幅地图或由许多地图及其相关地图元素组成。PageLayout 对象是驻留一幅或多幅地图及其相关地图元素的容器。地图元素包括指北针、图例、比例尺等。Map 对象包括地图上所有图层都具有的属性(包括空间参考、地图比例尺等),以及操作地图图层的方法,支持将不同类型的图层加载到同一幅地图中。

不同的数据源通常由相应的图层负责数据在地图上的显示,矢量要素由 FeatureLayer 对象处理,栅格数据由 RasterLayer 对象处理,TIN 数据由 TinLayer 对象处理,等等。图层可以处理与之相关数据的所有绘图操作,通常图层都有一个相关的 Renderer 对象。Renderer 对象的属性控制着数据在地图中的显示方式(如将特定符号与待绘实体的属性进行匹配)。Map 对象和 PageLayout 对象可以包含元素。元素用其几何图形定义其在地图或页面上的位置,用行为控制元素的显示。包括用于基本形状、文字标注和复杂标注等的元素。Carto 类库还支持地图注释和动态标注。

尽管开发人员可以在其应用程序中直接使用 Map 和 PageLayout 对象,但通常来说开发人员更经常使用更高级的对象,如 MapControl、PageLayoutControl 或 ArcGIS 应用程序。这些高级对象简化了一些任务,尽管它们也提供对更低级别的 Map 和 PageLayout 对象的访问,允许开发人员更好地控制对象。

Map 和 Pagelayout 对象并不是 Carto 类库中提供地图和页面绘制的仅有对象。MxdServer 和 MapServer 对象都支持地图和页面的绘制,但不是绘制到窗口中,而是直接绘制到文件中。

开发人员可以用 MapDocument 对象保存地图和地图文档(. mxd)中页面布局的状态,以便在 ArcMap 或 ArcGIS 控件中使用。

Carto 类库通常可以在许多方面进行扩展。自定义 Renderer、Layer 等都很普遍。自

定义图层通常是向地图应用程序中加载自定义数据最简单的方法。

十五、Location 类库

Location 类库包含支持地理编码和操作路径事件的对象。地理编码功能可以通过细粒度对象来完全控制访问,或通过 GeocodeServer 对象提供的简化 API 来访问。开发人员可以创建自己的地理编码对象。空间线性参考功能提供对象用于向线性要素添加事件,用各种绘制方法来响应这些事件。开发人员可以扩展空间线性参考功能。

十六、NetworkAnalysis 类库

NetworkAnalysis 类库提供用于在地理数据库中加载网络数据的对象,并提供对象用于分析加载到地理数据库中的网络。开发人员可以扩展 NetworkAnalysis 类库以便支持自定义网络追踪。这个类库目的在于操作公共网络,如交通道路网、供气管线网、电力供应线网等。

十七、Controls 类库

开发人员用 Controls 类库来构建或扩展具有 ArcGIS 功能的应用程序。ArcGIS Controls 通过封装 ArcGIS Objects 并提供粗粒度的 API 简化了开发过程。尽管这些控件封装了细粒度的 ArcGIS Objects,但是并不限制对这些细粒度的 ArcGIS Objects 的访问。MapControl 和 PageLayoutControl 分别封装了 Carto 类库的 Map 和 PageLayout 对象。ReaderControl 同时封装了 Map 和 PageLayout 对象,且在操作控件时提供了简化的 API。如果授权了地图发布程序,开发人员可以以访问 Map 和 PageLayout 控件类似的方式访问内部对象。Controls 类库还包含实现一个目录表的 TOCControl 及驻留操作合适控件的命令和工具的 ToolbarControl。

开发人员通过创建自己用于操作控件的命令和工具来扩展 Controls 类库。为此,Controls 类库提供 HookHelper 对象。这个对象使得创建一个操作任何控件及操作诸如 ArcMap 这样的 ArcGIS 应用程序的命令变得简单。

十八、GeoAnalyst 类库

GeoAnalyst 类库包含支持核心空间分析功能的对象。这些功能用在 SpatialAnalyst 和 3Danalyst 两个类库中。开发人员可以通过创建新类型的栅格操作来扩展 GeoAnalyst 类库。为使用这个类库中的对象,需要 ArcGIS Spatial Analyst 或 3D Analyst 扩展模块许可,或者 ArcGIS Engine Runtime 空间分析或 3D 分析选项许可。

十九、3Danalyst 类库

3Danalyst 类库包含操作 3D 场景的对象,其方式与 Carto 类库包含操作 2D 地图的对象类似。Scene 对象是 3Danalyst 类库中主要对象之一,因为该对象与 Map 对象一样,是数据的容器。Camera 和 Target 对象规定在考虑要素位置与观察者关系时场景如何浏览。一个场景由一个或多个图层组成,这些图层规定了场景中包含的数据及这些数据如何显示。开发人员很少扩展 3Danalyst 类库。为使用这个类库中的对象,需要 ArcGIS 3D Analyst 扩展模块许可或 ArcGIS Engine Runtime3D 分析选项许可。

二十、3Danalyst 类库

GlobeCore 类库包含操作 globe 数据的对象,其方式与 Carto 类库包含操作 2D 地图的对象类似。Globe 对象是 GlobeCore 类库中主要对象之一,因为该对象与 Map 对象一样,是数据的容器。GlobeCamera 对象规定在考虑 globe 位置与观察者关系时 golbe 如何浏览。一个 golbe 有一个和多个图层,这些图层规定了 golbe 中包含的数据及这些数据的显示方式。

GlobeCore 类库中有一个开发控件及与其一起使用的命令和工具。该开发控件可以与 Controls 类库中的对象协同使用。开发人员很少扩展 GlobeCore 类库。为使用这个类库中的对象,需要 ArcGIS 3D Analyst 扩展模块许可或 ArcGIS Engine Runtime3D 分析选项许可。

二十一、SpatialAnalyst 类库

SpatialAnalyst 类库包含在栅格数据和矢量数据上执行空间分析的对象。开发人员通常使用这个类库中的对象,而不扩展这个类库。为使用这个类库中的对象,需要 ArcGIS 空间分析扩展模块许可或 ArcGIS Engine Runtime 空间分析选项许可。

第四节　ArcGIS Engine 接口开发

一、接口概念

接口和类定义了一组属性和方法,在 ArcGIS Objects 中接口名称都以"I"开始,如 IMap、Ilayer 等,类实现了接口中的方法。一个类可以有多个接口,如 FeatureLayerClass 类有 IFeatureLayer、IFeatureSelection 等不同接口,而一个接口也可被多个类所拥有,如 Cad-FeatureLayer 类和 FeatureLayer 类都有 IFeatureLayer 接口。

面向对象有三大特性,即封装、继承和多态。其中,多态的特性就与接口密切相关。接口可用一句话来描述:"接口就是包含一系列不被实现的方法,而把这些方法的实现交给继承它的类"。这句话看起来很晦涩,下面通过一个例子说明接口。以下定义了接口 IPeople。

```
using System;
using System.Collections.Generic;
using System.Linq;
using System.Text;
namespace InterfaceTest
{
    interface IPeople
    {
        void gender();
    }
}
```

　　这个接口里有一个性别(gender)的方法,这个只对方法进行了定义,而方法内却没有内容,也就是说,通过这个接口的这个 gender 方法,我们不能知道它到底干什么,但是要知道这个 gender 到底是干什么用的,那么就要看实现了这个方法的类。以下定义两个类(Boy 类和 Girl 类),分别实现这个接口。

　　Boy 类代码:

```
using System;
using System.Collections.Generic;
using System.Linq;
using System.Text;
namespace InterfaceTest
{
    class Boy:IPeople
    {
        public void gender()
        {
            Console.WriteLine("I'm a boy.");
        }
    }
}
```

　　Girl 类代码:

```
using System;
using System.Collections.Generic;
using System.Linq;
using System.Text;
namespace InterfaceTest
{
    class Girl:IPeople
    {
        public void gender()
        {
            Console.WriteLine("I'm a girl.");
        }
    }
}
```

　　通过上面的两个类,可以明确了解 gender 方法的作用,并且也可以看到一个接口可以被多个类实现。以下在一个主函数里分别调用这两个类,代码如下。

```
using System;
using System.Collections.Generic;
using System.Linq;
namespace InterfaceTest
{
    class Program
```

```
    {
        static void Main(string[] args)
        {
            IPeople Person;//声明接口变量
            Person=new Boy();//实例化,接口变量中存放对象的引用
            Person.gender();//这个调用的是 Boy 中的 gender 方法
            Person=new Girl();//实例化,接口变量中存放对象的引用
            Person.gender();//这个调用的是 Gril 中的 gender 方法
            Console.ReadLine();
        }
    }
}
```

运行效果如下:

I'm a boy.

I'm a girl.

二、接口描述

ArcGIS Engine 的开发离不开接口,且目前 ArcGIS Engine 中提供的接口和类数以万计。为便于使用各类接口和类,ArcGIS Engine 将它们分散在不同的类库中,且提供了一系列的对象模型图(Object Model Diagrams,OMD),如图 1-4-1 所示。

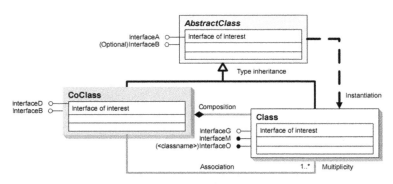

图 1-4-1 对象模型图

图 1-4-1 是基于 UML 画图工具创建的,UML 符号是面向对象分析和设计的工业图样标准。OMD 中提供的信息非常多,是对象浏览器中信息的重要补充。Visual Basic 或者其他的开发环境,都会列出所有的类和成员,但不会指明这些类之间的关系。所以,对象模型图是非常有利于开发人员对 ArcGIS Objects 组件的理解。在装了 ArcGIS Engine 后,可以在安装目录下找到很多使用 UML 来描述 ArcGIS Objects 组件的 pdf 文件,并描述开发人员能够创建的数据模型。

(一) 类和对象

面向对象编程中,类和对象是两个非常重要的概念,类是创建对象的蓝本,而对象是指具有属性和动作的实体,它封装了一个客观实体的属性与行为。在 OMD 中有三种类型的类:抽象类(Abstract Class)、组件类(Component Class)和普通类(Instantiable Class)。

抽象类:不能创建或实例化,抽象类的实例无法用于定义子类的公共接口,创建实例的任务由其子类完成,子类继承其定义的接口。OMD 符号为内部有阴影的二维矩形。

组件类:可以直接创建实例的类,在 C#中,用 New 关键字。OMD 符号为带阴影的三维矩形符号。

普通类:虽然不能直接创建,但它可以作为其他类的一个属性或者从其他类的实例化来创建。OMD 符号为内部没有阴影的三维矩形。

(二) 关联

在抽象类、组件类和普通类之间,存在几种关联(或称关系)。联系(Association)描述了类之间的关联,在 UML 符号两端的类中可以定义多重性(Multiplicity)关联。

多重性关联就是限制对象类与其他对象关联的数目关系。以下是用于多重性关联的符号:1 表示一个并且只有一个,这种多样性是可选的,如果不标明,则默认为"1";0..1 表示零个或一个;M...N 表示从 M 到 N(正整数);* 或者 0...* 表示从零到任意正整数;1...* 表示从一到任意正整数。如图 1-4-2 所示,一个业主能拥有一块或多块宗地,同样地,一块宗地可以被一个或多个业主所共有。

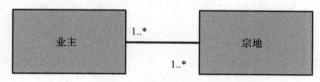

图 1-4-2　简单多重性关联

如图 1-4-3 所示,一个对象可能和多个对象有联系。

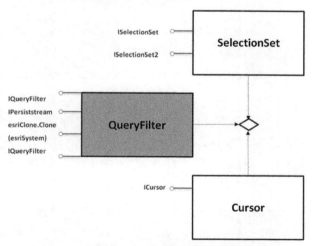

图 1-4-3　复杂多重性关联

类继承(Type Inheritance)定义了专门的类,它们拥有超类的属性和方法,并且同时也有自身的属性和方法。如图 1-4-4 所示,primary line 和 secondary line 是 line 的一种类型。

实例化(Instantiation)指定一个类的对象有这样的方法,它能够创建另外一个类的对象。如图 1-4-5 所示,Pole 对象有一个方法能够创建 Transformer 对象。

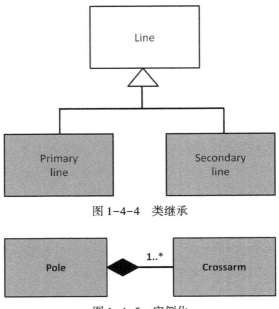

图 1-4-4　类继承

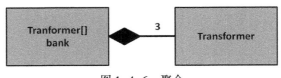

图 1-4-5　实例化

聚合(Aggregation)是一种不对称的关联方式,在这种方式下一个类的对象被认为是一个"整体",而另一个类的对象被认为是"部件"。如图 1-4-6 所示,Transformer 能和一个 Transformer bank 相关联,一个 Transformer bank 正好有 3 个 Transformer,但当 Transformer bank 移除以后,Transformer 依然能够存在。

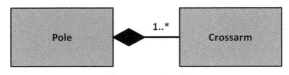

图 1-4-6　聚合

组成(Composition)是一种更为强壮的聚合方式,此种方式下,"整体"对象控制着"部分"对象的生存时间。如图 1-4-7 所示,一个 Pole 包含一个或多个 Crossarm,在这个图中当 Pole 被移除后,Crossarm 就不能再使用了(因为 Pole 控制着 Crossarm 的生存时间)。

图 1-4-7　组成

OMD 中不仅能看到类之间的相互关系,还可以得到属性和方法的一些信息,如图 1-4-8 所示。其中:属性以哑铃状的图标表示,左侧的实心哑铃表示属性可以读取,右侧的实心哑铃表示属性可以写入。除上述属性外,还有一种特殊属性,这种属性本身就是一个对象(符号:空心的哑铃);方法则以指向左侧的箭头表示。

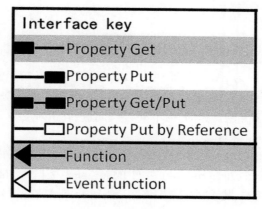

图 1-4-8　属性和方法

三、接口关系

ArcGIS Engline 组件库的每一个组件中定义有不同的类,类下面定义了不同接口,接口中包含不同的属性和方法。如图 1-4-9 所示,类之间有类型继承关系,接口之间有互相调用(查询、访问)关系及相互继承关系。

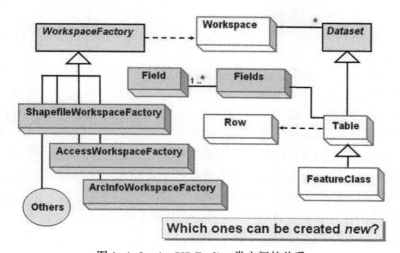

图 1-4-9　ArcGIS Engline 类之间的关系

(1)类型继承(Type Inheritance),是指类之间的接口类型的继承,而不是继承其实现。继承过来的接口只是名称相同,具体的实现则不同。比如,ShpfileWorkspaceFactry 和 AccessWorkspaceFactry 都继承 WorkspaceFactry,而它们的打开(OpenFromFile)方法却不一样。ShpfileWorkspaceFactry 的打开(OpenFromFile)方法需要一个文件目录位置作为参数,而 AccessWorkspaceFactry 的打开(OpenFromFile)方法需要一个数据库(mdb)位置作为参数。

(2)接口查询(Query Interface,QI);一个类可以有多个接口,声明了接口变量并且指向一个对象的时候,这个变量只能使用该接口内的属性和方法,而不能访问其他接口中

15

的属性和方法,例如:

```
IMap pMap;
pMap=New MapClass();
pMap.Clear();
```

这里会产生错误。因为 pMap 只能使用 IMap 接口中定义的属性和方法,比如获取图层的个数、添加图层等,但是不能清空视图上的内容(因为这个方法是在 IActiveView 中定义的)。QI 很方便地让我们在一个类的不同接口间进行切换。

```
IActiveView pView;
pView=pMap;//QI 现在 pView 就可以使用 IActiveView 中定义的方法了.
```

(3)接口继承(Interface Inheritance)。如 IMapFrame 接口和 IMapSurroundFrame 接口继承于 IFrameElement 接口,则父类接口 IFrameElement 所具有的属性和方法对派生接口 ImapFrame 和 IMapSurroundFrame 都有效。

COM 中的接口对开发人员是隐形的,开发人员只能通过接口暴露出来的方法使用接口的功能。COM 是一种服务器端/客户端架构,服务器端定义了操作的方法,客户端通过接口调用这些方法。COM 的结构如图 1-4-10 所示。

图 1-4-10　字符串运算的结果

一个接口可以被多个类实现,而 QI 要解决的就是一个类实现多个接口的问题。在 COM 中,接口定义了方法,类实现了接口中定义的方法。而一个接口只能使用自己内部定义的方法,而不能越界。就好比一个班级一样,这个班级内有班长,有学习委员,有体育委员,每位干部各司其职,每一位干部负责自己职权范围之内的事情,各位干部相互协作,解决班级内的事情,班级内的每一位干部就相当于一个接口,而这个班级就相当于实现了这些接口的类。当这个班级的一些事情需要班长处理的时候,就执行班长这个接口中定义的方法,当需要学习委员处理时,再将执行权交给学习委员这个接口,这也就是接口之间的互相访问(QI)。以下通过实例展示,定义两个接口。

① IFavoriteFood 接口。

```
using System;
using System.Collections.Generic;
using System.Linq;
using System.Text;
namespace QITest
{
    interface IFavoriteFood
    {
        void Food();
    }
}
```

② IVoice 接口。

```
using System;
using System.Collections.Generic;
using System.Linq;
using System.Text;
namespace QITest
{
    interface IVoice
    {
        void Voice();
    }
}
```

定义一个 **Cat** 类实现上述方法：

```
using System;
using System.Collections.Generic;
using System.Linq;
using System.Text;
namespace QITest
{
    class Cat:IFavoriteFood ,IVoice
    {
        public void Food()
        {
            Console.WriteLine( "我喜欢的食物是老鼠 ." );
        }
        public void Voice()
        {
            Console.WriteLine( "喵,喵,喵 ..." );
        }
    }
}
```

这个 Cat 类的功能就是实现两个接口的方法,猫最喜欢的食物是老鼠,而猫的声音是"喵,喵,喵"。

```
using System;
using System.Collections.Generic;
using System.Linq;
using System.Text;
namespace QITest
{
    class Program
    {
        static void Main(string[] args)
```

```
                }
            IVoice pVoice=new Cat();
            pVoice.Voice();    //只能调用 IVoice 中定义的方法
            //pVoice.Food();   会报错,因为 IVoice 接口中没有这个方法的定义
            IFavoriteFood pFavoriteFood=pVoice as IFavoriteFood;
            pFavoriteFood.Food();   //只能调用 IFavoriteFood 定义的方法
            Console.ReadLine();
        }
    }
}
```

运行效果如下:

喵,喵,喵 ...
我喜欢的食物是老鼠。

本章小结

ArcGIS 的软件架构包括桌面 GIS、嵌入式 GIS、服务器 GIS 和移动 GIS。ArcGIS Engine 是 ArcGIS 系列产品的开发平台,是基于 Microsoft COM 技术所构建的 GIS 组件产品,是一套可重用的通用二次开发组件产品,可用于大量开发框架中,包括 . NET、Visual C++、Java 等开发环境。ArcGIS Engine 是专门为开发人员提供的二次开发组件。ArcGIS Engine 是 ArcGIS 系列产品的基础,大部分 ArcGIS 产品都是由 ArcGIS Engine 构建的。

复习思考题

1. 举例说明桌面 GIS、嵌入式 GIS、服务器 GIS 和移动 GIS 在实际生活中的应用。
2. ArcGIS Engine 从功能层次上划分为几个部分? 各部分有什么作用?
3. ArcGIS Engine 类库中哪些是基础的? 哪些是可扩展的?
4. 什么是接口? 接口、类和对象三者之间的关系是什么?
5. 接口查询在软件开发时的作用体现在哪里? 举例说明。

第二章　二维控件的使用

ArcGIS Engine 提供了一些功能强大的控件，帮助开发人员快速开发 GIS 应用，包括 MapControl 控件、PageLayoutControl 控件、SceneControl 控件、GIobeControl 控件、TooIbarControl 控件、TOCControl 控件、SymbologyControl 控件、LicenseControl 控件等。利用这些控件，开发人员甚至在无需编写任何代码的情况下即可实现 GIS 数据加载、地图浏览、数据编辑甚至空间分析等功能。本章将介绍如何使用 ArcGIS Engine 提供的控件快速创建 ArcGIS Engine 桌面应用程序，并为桌面应用程序提供数据加载、地图浏览、图层添加、属性查看等功能。

第一节　地图浏览

本实例在不写任何代码的情况下，创建一个地图浏览小程序，可以打开 mxd 地图文档，对地图进行缩放、漫游、点击查询属性等。具体实施步骤如下。

（1）从开始菜单中启动 Visual Studio，启动画面如图 2-1-1 所示。

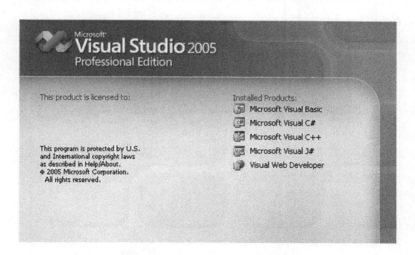

图 2-1-1　Visual Studio 启动界面

（2）依次选择菜单【文件】→【新建】→【项目】，创建 C#工程，如图 2-1-2 所示。

（3）在弹出的新建项目对话框中，首先选中 Visual C#，然后在模板中选中 Windows 应用程，为该工程命名为"MapViewer"，然后通过点击浏览按钮指定一个存放工程文件的路径，本实例放在"C：\src"文件夹下面，点击【确定】（图 2-1-3）。

（4）创建 MapViewer 工程后，该工程会自动创建一个名称为 Form1 的窗体，如图 2-1-4 所示。

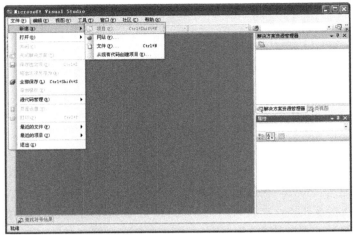

图 2-1-2　创建 C#工程

图 2-1-3　命名 C#工程

图 2-1-4　新建 Form1 窗体

（5）在窗体上点击鼠标右键选择【属性】如图2-1-5所示。

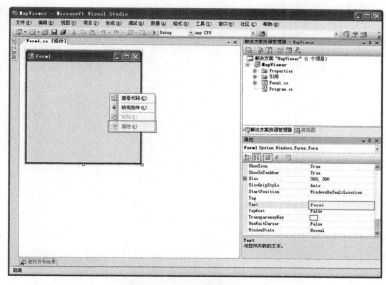

图2-1-5 查看窗体属性

（6）在右边的属性列表中找到【Text】属性，输入"MapViewer"。如图2-1-6所示，窗体的标题变化为 MapViewer。

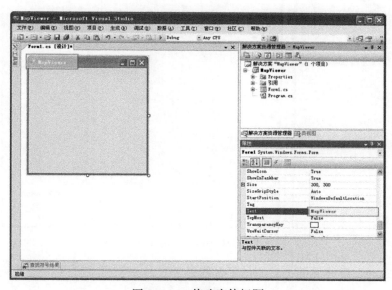

图2-1-6 修改窗体标题

（7）拖动窗体右下角，使窗体变大，如图2-1-7所示。

（8）点击左侧的"工具箱"，在弹出的工具箱中找到"ArcGIS Windows Forms"选项卡，点击选项卡前面的加号，展开该选项卡，依次双击"ToolBarControl""TOCControl""Map-Control"和"LicenseControl"，如图2-1-8所示。

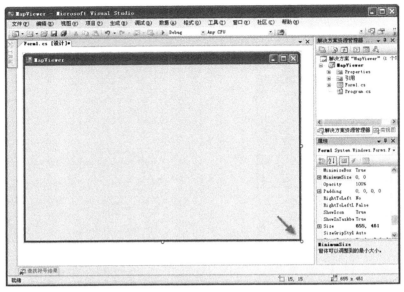

图 2-1-7　调整窗体大小

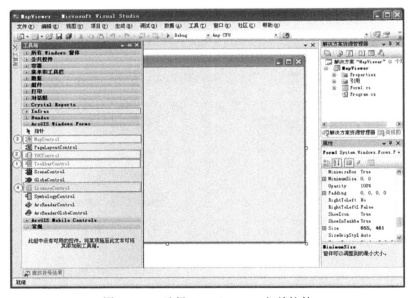

图 2-1-8　选择 ArcGIS Engine 相关控件

（9）在 Form1 窗体界面上使用鼠标拖动各个控件，使各个控件如图 2-1-9 所示。选中 ToolBarControl 控件，在属性窗口中找到【Dock】属性，点击下拉按钮，如图 2-1-9 所示选中 Top 部分。

（10）和 ToolBarControl 的操作一样，把 TOCControl 和 MapControl 两个控件的【Dock】属性分布设置为 Left 和 Fill，设置完成后，效果如图 2-1-10 所示。至此 Form1 窗体的界面布局设置已经完成后。窗体顶部是工具栏，左侧是图层列表，主工作区是地图控件。

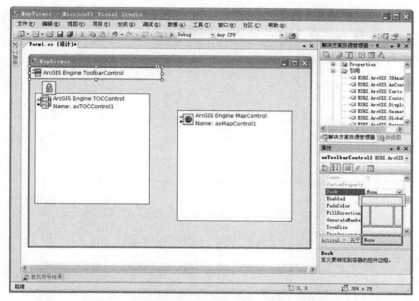

图 2-1-9　修改 ToolBarControl 停靠(Dock)属性

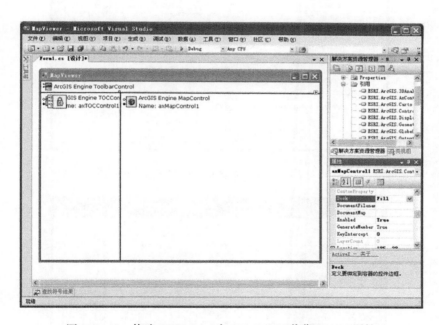

图 2-1-10　修改 TOCControl 与 MapControl 停靠(Dock)属性

（11）右键点击窗体上的 ToolbarControl 控件,点击【属性】菜单,如图 2-1-11 所示。

（12）在弹出的对话框中,先设置【Buddy】属性为 axMapControl1,然后点击【Items】选项卡,如图 2-1-12 所示。

（13）在 Items 选项卡中,点击【Add...】按钮,如图 2-1-13 所示。

图 2-1-11　查看 ToolbarControl 属性

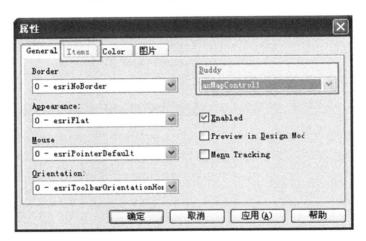

图 2-1-12　设置 axMapControl1 控件 Buddy 属性

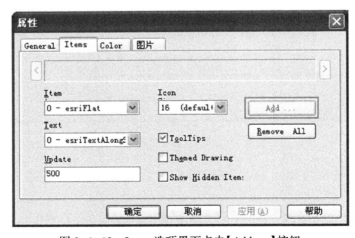

图 2-1-13　Itmes 选项界面点击【Add...】按钮

（14）在左边的分类中选中 Generic，双击右侧的 Open 工具。这样 Open 工具加入到工具栏里面了，如图 2-1-14 所示。

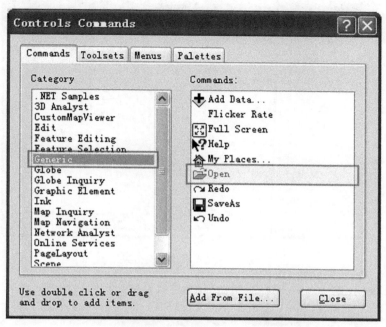

图 2-1-14　添加 Open 工具

（15）在左侧依次选中 Map Inquiry 和 Map Navigation，把 Identify、Zoom In、Zoom Out 等工具添加到工具栏中，如图 2-1-15 所示。

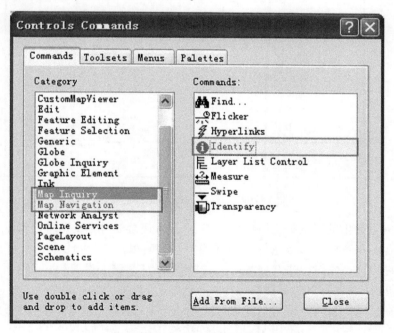

图 2-1-15　添加工具

（16）添加完成后效果如下,点击【确定】按钮,如图 2-1-16 所示。

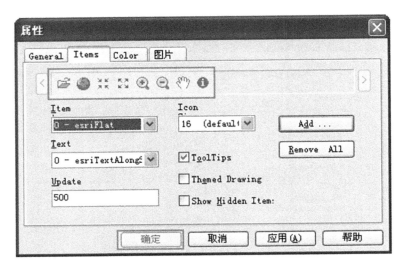

图 2-1-16　添加工具效果

（17）右键单击 LicenseControl,单击【属性】菜单,如图 2-1-17 所示。

图 2-1-17　查看 LicenseControl 属性

（18）浏览弹出的对话框,其中 ArcG1S Engine 已经选中,如果需要其他扩展模块的许可,可以在右侧选中对应复选框,单击【确定】按钮,如图 2-1-18 所示。

（19）在窗体上右键点击 TocControl,选择【属性】菜单。设置【Buddy】属性为 axMap-Control1。单击【确定】按钮,如图 2-1-19 所示。

（20）在【调试】菜单中单击【启动调试】菜单,运行程序,如图 2-1-20 所示。

运行过程中,对于 ArcGIS 10 以上的版本,将会出现如图 2-1-21 所示的错误提示。

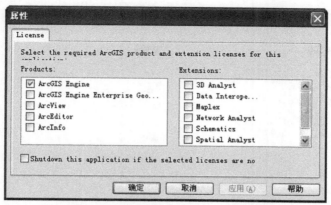

图 2-1-18　设置 LicenseControl 属性

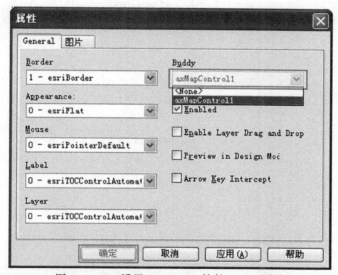

图 2-1-19　设置 TocControl 控件 Buddy 属性

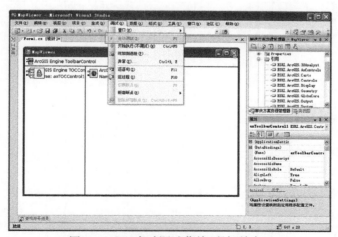

图 2-1-20　启动调试菜单(鼠标单击)

图 2-1-21　ArcGIS version not specified 错误提示

问题产生的原因是由于 ArcGIS 10 发生了变化,将以下语句添加到 AO 对象的前面:
ESRI. ArcGIS. RuntimeManager. Bind(ESRI. ArcGIS. ProductCode. Engine)。如放在 Main 函数中,如图 2-1-22 所示。

```
static class Program
{
    /// <summary>
    /// 应用程序的主入口点。
    /// </summary>
    [STAThread]
    static void Main()
    {
        //Insert this line before invoking any ArcObjects to bind Engine runtime.
        ESRI.ArcGIS.RuntimeManager.Bind(ESRI.ArcGIS.ProductCode.Engine);
        Application.EnableVisualStyles();
        Application.SetCompatibleTextRenderingDefault(false);
        Application.Run(new MainForm());
    }
}
```

图 2-1-22　ArcGIS version not specified 错误提示

(21) 程序运行界面如图 2-1-23 所示,点击工具栏上的第一个按钮。

图 2-1-23　程序运行界面

（22）在弹出的对话框中浏览到某个 mxd 地图文档，单击【打开】按钮，如图 2-1-24 所示。

图 2-1-24　打开 mxd 地图文档对话框

（23）地图文档中包含的图层就加载到了地图控件和图层列表控件中，如图 2-1-25 所示。

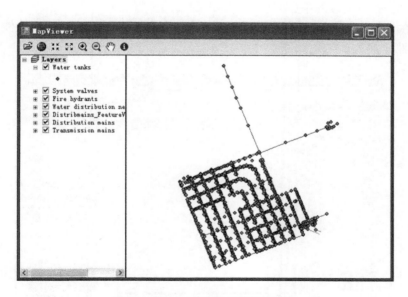

图 2-1-25　mxd 地图文档加载效果

（24）单击工具栏上的【identify】工具，使用鼠标在地图上单击某个要素，弹出的 【Identify】对话框中显示出了单击的要素的属性信息，如图 2-1-26 所示。

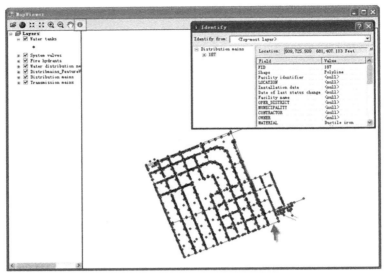

图 2-1-26　mxd 地图文档要素识别效果

第二节　shp 数据文件加载

shapefile 文件是一种矢量数据存储格式,在 GIS 中应用十分广泛。上一节在没有写代码的情况下,通过简单的控件组合生成了一个地图浏览程序。本节将通过编写代码的方式实现 shapefile 文件的添加与显示。具体的实施步骤如下。

(1) 在 Visual Studio 的工具箱中,展开菜单和工具栏,双击 MenuStrip 控件,这样就在窗体上添加了个菜单控件,如图 2-2-1 所示。

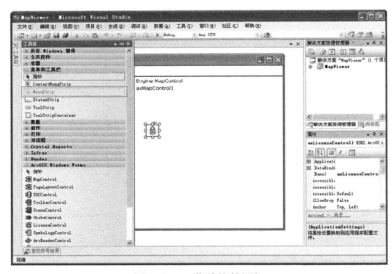

图 2-2-1　菜单控件添加

（2）点击菜单,输入"添加 shp"作为菜单的标题,输入"menuAddShp"作为菜单的名称,如图 2-2-2 所示。

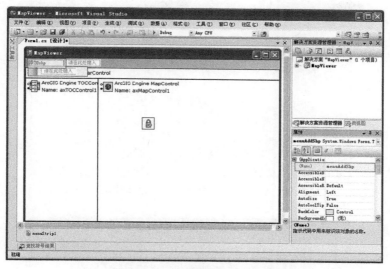

图 2-2-2　设置菜单标题与名称

（3）选中【添加 shp】菜单,在属性框中单击【事件】按钮,在事件列表中双击 Click 事件,如图 2-2-3 所示。

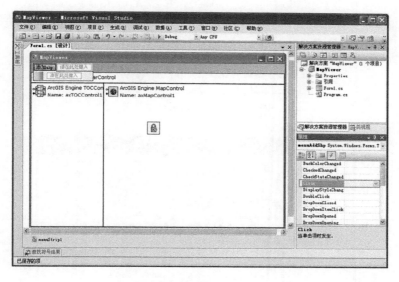

图 2-2-3　事件函数入口

（4）自动生成的事件处理方法如图 2-2-4 所示,在方法内输入处理代码。

（5）下面开始使用 ArcGIS Engine 进行编码,首先需要添加 ArcGIS 的引用,在解决方案管理器中右键单击"添加引用",如图 2-2-5 所示。

（6）在对话框中选中 ESRI.ArcGIS. DataSourcesFile、ESRI.ArcGIS. Geodatabase 类库,单击【确定】按钮,如图 2-2-6 所示。

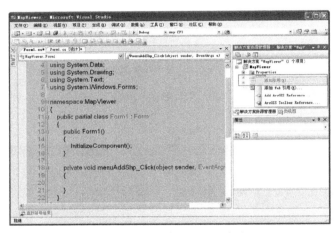

图 2-2-4　事件函数自动生成

图 2-2-5　添加 ArcGIS 引用

图 2-2-6　选择引用的类库

（7）在 Forml cs 源代码文件中，在源代码的最顶部，输入如下代码，导入命名空间。

```
using System.IO;
using ESRLArcGIS.DataSourcesFlle
using ESRLArcGIS.Geodatabase;
using ESRLArcGIS.Carto;
```

（8）在菜单的 Click 事件处理方法中添加如下代码。有多种方法添加 shapefile 文件到地图控件中，本实例的步骤如下：①创建工作空间工厂；②打开 shapefile 工作空间；③打开要素类；④创建要素图层；⑤关联图层和要素类；⑥添加到地图控件中。

```
private void menuAddShp_Click (object sender EventArgs e)
{
        IWorkspaceFactory pWorkspaceFactory=new ShapefileWorkspaceFactory();
        IWorkspace pWorkspace=pWorkspaceFactory.OpenFromFile(@ "D:\GIS-Data",0);
        IFeatureWorkspace pFeatureWorkspace=pWorkspace as IFeatureWorkspace;
        IFeatureClass pFC=pFeatureWorkspace.OpenFeatureClass("continent.shp");
        IFeatureLayer pFLayer=new FeatureLayerClass();
        pFLayer.FeatureClass=pFC;
        pFLayer.Name=pFC.AliasName;
        ILayer player=pFLayer as ILayer;
        IMap pMap=axMapControl1.Map;
        pMap.AddLayer(player);
        axMapControl1.ActiveView.Refresh();
}
```

注释：上面的代码 pWorkspaceFactory. OpenFromFile(@ " D：\GIS-Data" ,0) 中的@ 符号作用使转意字符"\"作为一般字符对待。

（9）在键盘上按 F5，单动调试，单击【添加 shp】菜单，就可以把 continent. shp 添加到地图控件中。目前的这个功能只能添加 D：\GIS-Data 文件夹下面的 continent. shp 文件。为了能让用户可以浏览磁盘目录加载指定的 shp 文件，下面做些改进。

（10）从工具箱往窗体上添加一个 OpenFileDialog 控件，如图 2-2-7 所示。

（11）把原来的 Click 事件处理代码更新为如下代码：

```
private void menuAddShp_Click (object sender,EventArgs e)
{
        IWorkspaceFactory pWorkspaceFactory=new ShapefileWorkspaceFactory();
        openFileDialog1.Filter="shapefile 文件( * .shp) | * .shp";
        openFileDialog1.InitialDirectory=@ "D:\GIS-Data";
        openFileDialog1.Multiselect=false;
        DialogResult pDialogResult=openFileDialog1.ShowDialog();
        if (pDialogResult ! =DialogResuIt.OK)
            return;
        string pPath=openFileDialog1.FileName;
        sfring pFolder=Path.GetDirectoryName(pPath);
        sfring pFileName=Path.GeFFileName(pPath);
```

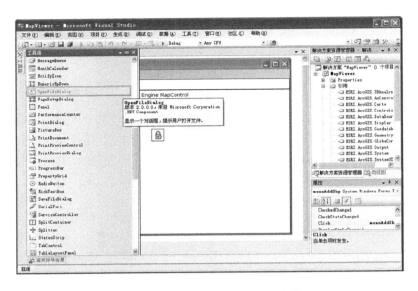

图 2-2-7　添加 OpenFileDialog 控件

```
IWorkspace pWorkspace=pWorkspaceFactory.OpenFromFile(oFolder,0);
IFeatureWorkspace pFeatureWorkspace=pWorkspace as IFeatureWorkspace;
IFeatureClass pFC=pFeatureWorkspace.OpenFeatureClass(pFileName);
IFetureLayer pFLayer=new FeatureLayerClass();
pFLayer.FeatureClass=pFC;
pFLayer.Name=pFC.AliasName;
ILayer player=pFLayer as ILayer;
IMap pMap=axMapControl1.Map;
pMap.AddLayer(pLayer);
axMapControl1.ActiveView.Refresh();
}
```

（12）在键盘上按 F5 键,运行调试,单击【添加 shp】菜单,在弹出的对话框中,选中任意一个 shp 文件,单击【确定】,即可把 shp 文件加载到地图控件中。

第三节　lyr 图层文件添加

lyr 文件是在 ArcMap 中已经制作完成的图层,其中已经包含了图层的符号化、标注、可见比例尺等信息。在上一节 shapefile 文件加载形成图层数据的基础上,本节将介绍通过 lyr 文件的添加实现图层数据的更改。实现该功能的具体步骤如下。

（1）在菜单上添加一个【添加 lyr】菜单,名称为改为 menuAddLyr,如图 2-3-1 所示。

（2）为 menuAddLyr 菜单添加 Click 事件处理方法。添加 lyr 文件的步骤是通过打开文件对话框浏览到一个 lyr 文件,然后通过地图控件的方法（AddLayerFromFile）直接加载。

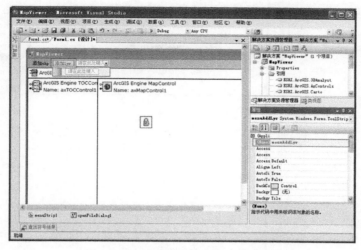

图 2-3-1　添加并修改【添加 lyr】菜单

```
private void menuAddLyr_Click (object sender,EventArgs e)
{
    openFileDialog1.Filter = "lyr 文件( * .lyr) | * .lyr";
    openFileDialog1.InitialDirectory = @ "D:\GIS-Data";
    openFileDialog1.Multiselect = false;
    DialogResult pDialogResult = openFileDialog1.ShowDialog();
    if (pDialogResult ! = DialogResult.OK)
        return;
    string pFileName = openFileDialog1.FileName;
    axMapControl1.AddLayerFromFile[pFileName);
    axMapControl1.ActiveView.Refresh();
}
```

（3）按 F5 启动调试，如图 2-3-2 所示。

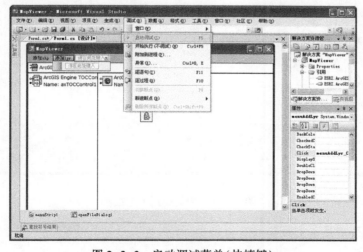

图 2-3-2　启动调试菜单（快捷键）

（4）运行界面如图 2-3-3 所示，单击【添加 lyr】菜单，如图 2.36 所示。

图 2-3-3　单击添加【添加 lyr】菜单

（5）选中 continent. lyr 图层文件，单击【打开】，如图 2-3-4 所示。

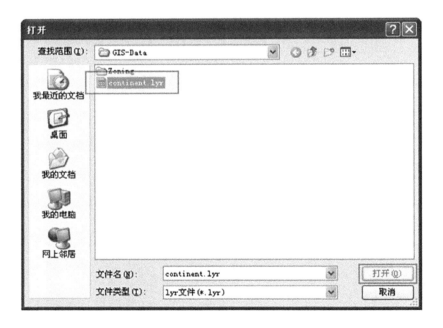

图 2-3-4　打开 lyr 图层文件

（6）加载完成后的界面如图 2-3-5 所示。

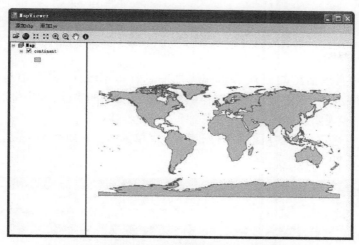

图 2-3-5 lyr 图层文件加载效果

第四节 栅格数据文件加载

Arcengine 提供数据操作接口,可将栅格文件加载至地图中,接口包括 IRasterLayer、Iraster、IRasterDataset 等。根据文件名添加栅格数据主要是使用 IRasterLayer 接口,通过 IRasterLayer 接口的 CreateFromFilePath 方法从已知栅格数据的文件路径来创建一个 IRasterLayer,然后将图层对象添加到 Map 中。IRasterLayer 接口还提供 CreateFromDataset( ) 和 CreateFromRaster( )方法,可从不同数据对象创建栅格图层。

以下示例为添加栅格到地图中:

```
public static void AddRasterLayer ( IActiveView activeView, string raster-
Path,IRasterRenderer rasterRenderer)
{
    //Create a raster layer from a raster dataset. You can also create a raster layer
from a raster.
    ESRI.ArcGIS.Carto.IRasterLayer rasterLayer=new RasterLayerClass();
    rasterLayer.CreateFromDataset(rasterDataset);
    // Set the raster renderer.The default renderer will be used if passing a null value.
    if (rasterRenderer！=null)
    {
        rasterLayer.Renderer=rasterRenderer;
    }
    //Add it to a map if the layer is valid.
    if (rasterLayer！=null)
    {
        ESRI.ArcGIS.Carto.IMap map=activeView.FocusMap;
        map.AddLayer((ILayer)rasterLayer);
    }
}
```

第五节　要素类属性查看

GIS 中的要素包括空间位置信息和属性信息。ArcGIS 中,属性信息存储在属性表中。在 ArcGIS Engine 中也可以通过窗体的形式显示要素的属性,本实例展示了利用 DataGridView 控件实现要素属性的查看方法,具体实现步骤如下。

（1）按照前述方式添加【图层属性】菜单,菜单的 Name 属性为 menuAttributes,添加 Click 事件,如图 2-5-1 所示。

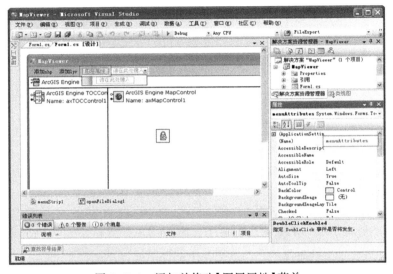

图 2-5-1　添加并修改【图层属性】菜单

（2）【图层属性】菜单 Click 事件处理方法如图 2-5-2 所示(目前方法为空,下面的步骤将填充代码)。

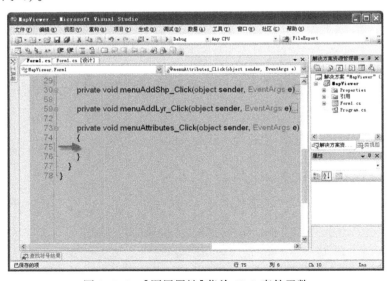

图 2-5-2　【图层属性】菜单 Click 事件函数

（3）右键点击 MapViewer 项目，选择快捷菜单【添加】→【Windows 窗体】，如图 2-5-3 所示。

图 2-5-3 项目添加窗体

（4）在添加选项对话框中，选择 Visual C#项目项，模板选中 Window 窗体，名称输入 FrmAttributeTable. cs。单击【添加】按钮，如图 2-5-4 所示。

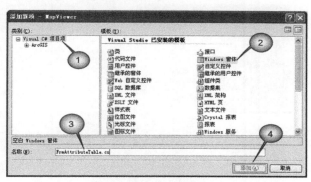

图 2-5-4 设置窗体名称

（5）从工具箱中往新窗体上添加 DataGridView 控件，如图 2-5-5 所示。

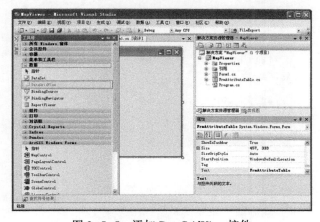

图 2-5-5 添加 DataGridView 控件

（6）把 DataGridView 的【Dock】属性设置为 Fill，如图 2-5-6 所示。

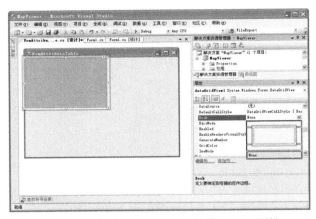

图 2-5-6　修改 DataGridView 停靠（Dock）属性

（7）右键单击窗体，选择【查看代码】快捷菜单，如图 2-5-7 所示。

图 2-5-7　查看窗体代码

（8）为窗体添加"Load"事件处理，如图 2-5-8 所示。

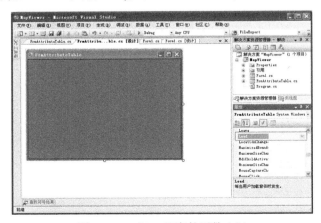

图 2-5-8　"Load"事件函数入口

（9）自动生成的代码如图 2-5-9 所示。

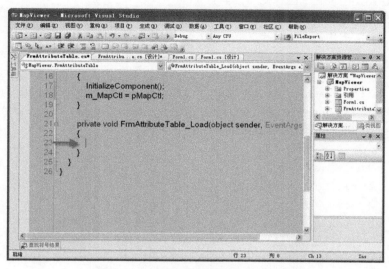

图 2-5-9 "Load"事件函数自动生成

（10）在 FrmAttributeTable. cs 源代码顶部添加如下三行代码，导入命名空间。

```
using ESRI.ArcGIS.Controls;
using ESRI.ArcGIS.Carto;
using ESRI.ArcGIS.Geodatabase;
```

（11）在窗体类中添加如下代码。

```
private AxMapControl m_MapCtl;
pubfic firmAtfribufeTable (AxMapControl pMapCtl)
{
    InitializeComponent();
    m_MapCtl=pMapCtl;
}
```

（12）为窗体的 Load 事件处理方法添加代码。该事件处理主要是从图层中读取要素类的属性信息，并且显示到 DataGridView 控件中。

```
private void FrmAttribUteTable_Load (objecf sender,EvenfArgs e)
{
    ILayer player=m_MapCtl.get_Layer(0);
    IFeatureLayer pFLayer=player as IFeatureLayer;
    IFeatureClass pFC=pFLayer.FeatureClass;
    IFeatureCursor pFCursor=pFC.Search(null,false);
    IFeature pFeature=pFCursor.NextFeature();
    DataTable pTable=new DataTable();
    DataColumn colName=new DataColumn("洲名");
    colName.DataType=System.Type.GetType("System.String");
    pTabIe.Columns.Add[colName];
    DataColumn colArea=new DataColumn("面积");
```

41

```
colArea.DataType=System.Type.GetType("System.String");
pTabIe.Columns.Add(colArea);
int indexOfName=pFC.FindField ("CONTINENT");
int indexOfName=pFC.FindField("Area");
while (pFeature ! =null)
{
    string name=pFeature.get_Value[indexOfName].ToString();
    string area=pFeature.get_Value[indexOfName].ToString();
    DataRow pRow=pTabIe.NewRow();
    pRow[0]=name;
    pRow[1]=area;
    pTabIe.Rows.Add(pRow);
    pFeature=pFCursor.NextFeature();
}
dataGridViewl.DataSource=pTable;
}
```

（13）在 Form1. cs 文件中加入"图层属性"菜单的 Click 事件处理。

```
private void menuAttributes_Click (objecf sender,EvenArgs e)
{
    FrmAttributeTable frm=new FrmAttributeTable(axMapControl1):
    frm.ShowDialog();
}
```

（14）在键盘上按 F5 启动调试。添加一个 continent. shp 文件到地图控件中，单击【图层属性】菜单，如图 2-5-10 所示。

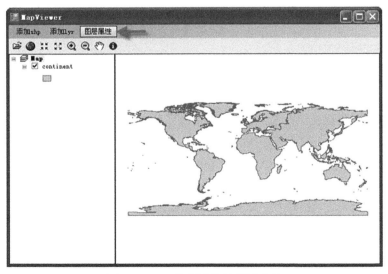

图 2-5-10　单击【图层属性】菜单

（15）弹出七大洲图层属性表，如图 2-5-11 所示。

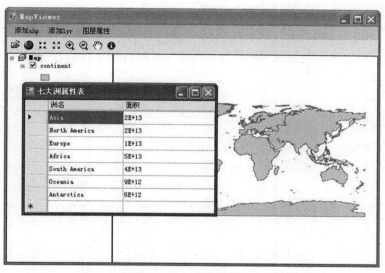

图 2-5-11　图层属性显示

本章小结

　　本章主要以实例讲解的方式,介绍了如何使用 ArcGIS Engine 控件开发 GIS 应用。具体包括:MapControl、ToolbarControl、TOCControl 控件的添加与使用;ToolbarControl 控件中 ArcGIS Engine 内置工具和命令的添加与使用;MapControl 控件中实现 mxd 地图文档加载的基本方法;MapControl 控件中加载 shapefile 文件的基本步骤;TOCControl 控件中通过 lyr 文件添加图层的基本思路;利用 DataGridView 控件读取要素类属性信息并显示的基本流程。重点展现了 ArcGIS Engine 二维控件的使用方法。

复习思考题

1. 简述地图浏览程序实现的基本步骤。
2. 简述 shp 数据文件加载使用的控件、类和对象,以及控件、类和对象之间的关系。
3. 简述 lyr 图层文件添加使用的控件、类和对象,以及控件、类和对象之间的关系。
4. 如何判断 Mapcontrol 控件中加载的图层是点、线还是面图层?
5. 尝试使用 ToolbarControl 控件提供的工具和命令编程实现缓冲区分析功能。

第三章　三维控件的使用

地理信息的三维显示在 GIS 中应用十分广泛,也越来越受到关注。SceneControl 控件是展现三维场景的主要控件,本章主要介绍利用 SceneControl 控件进行三维场景显示的方法和步骤。实例中使用的三维场景是在 ArcScene 中制作的三维地形数据,三维地形数据使用附带的 dom. tif 和 tin 数据,dom. tif 作为三维地形的纹理,tin 数据作为三维地形的高程信息。

第一节　三维场景制作

利用 SceneControl 控件展示三维场景,首先需要三维地形数据,本节介绍利用 ArcScene 制作三维地形数据的基本方法,为后续 SceneControl 控件的使用提供基础数据。具体实现步骤如下。

(1)在开始制作三维场景之前需要首先启用 3D Analyst 扩展模块,启用 3D Analyst 扩展模块的启用方法是在 ArcCatalog 在【Tools】菜单下面单击【Extensions】菜单,在弹出的对话框中选中 3D Analyst 前面的复选框,单击 Close 即可,如图 3-1-1 所示。

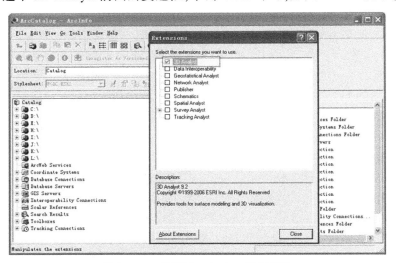

图 3-1-1　启用 3D Analyst 扩展模块

(2)从开始菜单启动 ArcScene,点击工具栏上的【ADD Data】工具,如图 3-1-2 所示。

(3)浏览到 3D-Data 文件夹,选中 dom. tif,单击【Add】按钮,如图 3-1-3 所示。

(4)添加数据后,在 TOC 图层列表中,右键单击 dom. TIF 图层,在快捷菜单中选择【Properties】菜单,如图 3-1-4 所示。

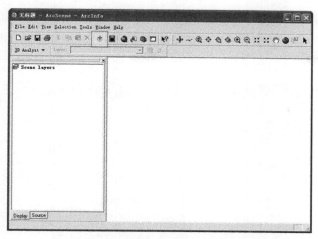

图 3-1-2　单击【ADD Data】工具

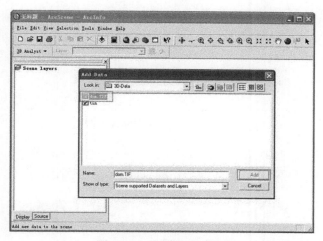

图 3-1-3　选择 TIF 数据

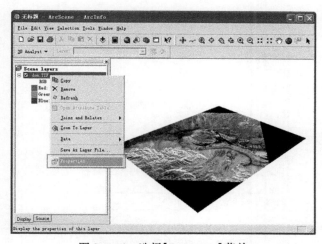

图 3-1-4　选择【Properties】菜单

（5）在弹出的【Layer Properties】对话框中，单击【Base Heights】标签，在该选项卡下，要求为 dom. tif 图层指定高程来源，这里指定高程来源为一个 tin，单击【浏览】按钮，如图 3-1-5 所示。

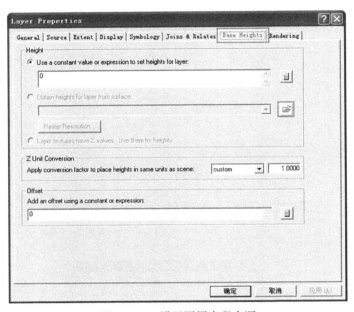

图 3-1-5　设置图层高程来源

（6）在弹出的对话框中，浏览到 3D-Data 文件夹，选中 tin，单击【Add】按钮。该 tin 数据是一个不规则三角网，用来描述地形高程，如图 3-1-6 所示。

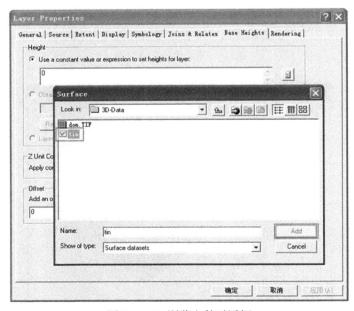

图 3-1-6　浏览文件对话框

（7）选中 tin 的对话框界面如图 3-1-7 所示，单击【确定】按钮。

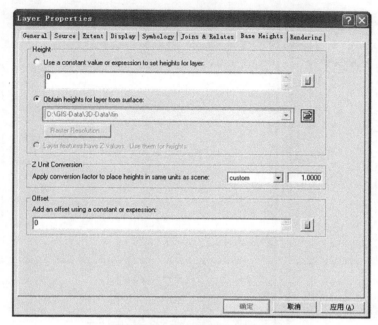

图 3-1-7　确定选中的 tin 数据

（8）为 dom. tif 图层指定高程图层后的三维场景如图 3-1-8 所示，可以看出屏幕的影像出现地形起伏效果，单击工具栏上的【保存】按钮。

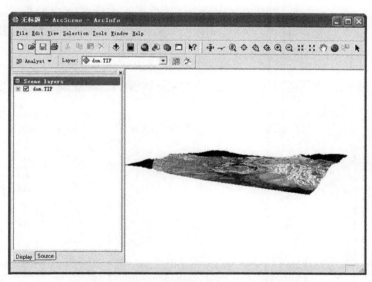

图 3-1-8　指定高程图层后的三维场景

（9）在弹出的【另存为】对话框中，在文件名文本框中输入"Scene. sxd"作为文档的名称，单击【保存】按钮，如图 3-1-9 所示。

图 3-1-9　另存三维场景文档

第二节　三维场景显示

本节以上一节制作的三维地形数据为基础,介绍利用 SceneControl 控件实现三维场景的显示方法,具体实现步骤如下。

（1）创建一个 C#工程,工程的名称为 SceneViewer,窗体标题改为 SceneViewer。

（2）在窗体上添加一个 MenuStrip 控件,在菜单上添加个标题为【打开场景】的菜单,名称为 menuOpenSxd,如图 3-2-1 所示。

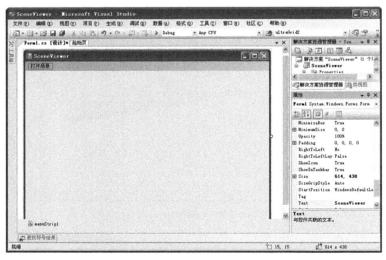

图 3-2-1　添加并修改【打开场景】菜单

（3）在窗体上添加 TOCControl、SceneControl 和 LicenseControl，将 TOCControl 控件【Dock】属性设置为 Left，SceneControl 控件的【Dock】属性设置为 Fill，设置 TOCControl 的【Buddy】属性为 SceneControl，绑定两类控件，如图 3-2-2 所示。

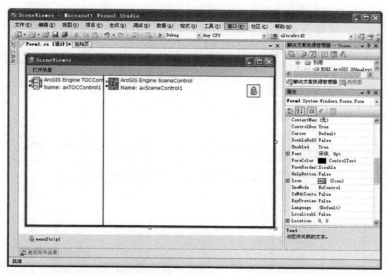

图 3-2-2　添加并修改添加 TOCControl、SceneControl 和 LicenseControl 属性

（4）在窗体上添加 OpenFileDialog 控件。

（5）为【打开场景】菜单添加 Click 事件，如图 3-2-3 所示。

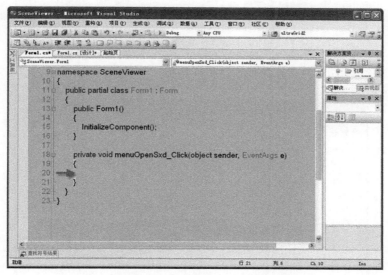

图 3-2-3　【打开场景】菜单 Click 事件函数

（6）添加 Click 事件处理代码。

```
private void menuOpenSxd_Click (object sender,EventArgs e)
{
    openFileDialog1.Filte="三维场景(＊sxd) | ＊sxd";
```

```
openFileDialog1.InitialDirectory=@ "D:\GIS-Data";
openFileDialog1.Multiselect=false;
DialogResult pDialogResult=openFileDialog1.ShowDialog();
If(pDialogResult！=DialogResuIt.OK)
    return;
string pFileName=openFileDialog1.FileName;
axSceneControl1.LoadSxFile(pFileName);
}
```

（7）在键盘上按 F5 键开始调试运行,单击【打开场景】菜单,在弹出的对话框中浏览到数据文件夹中,打开已保存的 Scene. sxd 文档,如图 3-2-4 所示。

图 3-2-4　打开三维场景文档

（8）运行结果如图 3-2-5 所示。

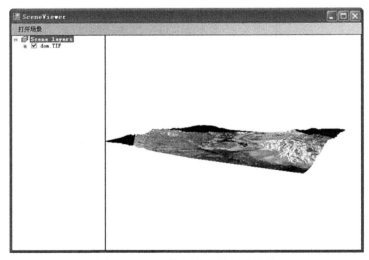

图 3-2-5　三维场景文档加载效果

本章小结

现实世界的所有事物原本就处在三维空间之中,过去的 GIS 以平面矢量和栅格地图的方式来表现空间之中的各种物体和所发生的变化,丢失了地理特征在第三维空间上的具体信息,不利于真实地再现和解决实际工作中所遇到的各类复杂问题。随着 GIS 理论的日益成熟,人们已开始积极研究和探索具体的规范和技术,建立具有真三维显示和分析功能的 GIS 来模拟现实世界,解决现实中遇到的各种问题。ArcGIS Engine 在三维空间分析方面具有强大的功能,基本上能够代表 GIS 在三维空间显示和分析上的成就。本章以 ArcGIS Engine 提供的 SceneControl 控件为主要研究对象进行探讨,介绍了 ArcScene 中制作的三维地形数据如何在 SceneControl 控件中加载和显示的方法与步骤。

复习思考题

1. 简述利用 ArcScene 制作三维地形数据的步骤。
2. 简述三维场景显示使用的控件、类和对象,以及控件、类和对象之间的关系。
3. 参照二维控件的使用方法,三维控件使用的过程中能否利用 ToolbarControl 控件提供的工具和命令简化编程过程?
4. 利用 SceneControl 控件编程的过程中,如涉及三维空间分析需求,该如何思考?

第四章　地理空间数据管理

从当前信息技术的发展趋势来看,影响一个应用系统或项目成功的关键,已不再是各种软硬件技术本身,而是在一个应用系统背后数据的维护和管理。如何有效构建一个数据库系统,用来实现系统背后的数据为扩展、管理和维护,成为了影响系统能否得到广泛应用、能否快速实现系统的扩展和迁移的重要因素。

在 GIS 领域的应用中,地理空间数据的变化非常快,而且数据量巨大,这种对数据的存储、管理和更新能力,更是决定一个 GIS 应用成功的关键。传统的空间数据的存储和管理是以文件方式来完成的,在早期的各种 GIS 应用系统和研究中,文件的存储组织,可以较好地完成系统的各项功能,包括系统的数据管理、查询等。但随着 GIS 系统应用的推广,以及 GIS 系统数据量的增长,文件方式的数据管理难以适应应用的需要,数据在实际应用中的实时更新较为困难,数据量大小受到一定的限制,同时数据的共享和应用的扩展也受到一定的影响。

与文件方式的数据管理相比,基于关系型数据库系统的数据管理可以更好地满足实时系统的要求,具有较好的共享性,降低了数据的冗余,并提高了数据之间的关系。因此,如何利用关系型数据库管理系统来实现空间数据的管理,成为解决和扩展空间数据管理中的诸多问题的一个较好思路。在这样的背景环境下,ArcGIS Engine 提供的地理空间数据库(Geodatabase)技术成为解决地理空间数据管理与关系型数据库之间的一个通道,实现了空间数据的管理突破,并在应用中可以较好地实现数据内容的扩展,以及系统应用的迁移。

第一节　地理空间数据库概述

Geodatabase 是 ESRI 在 ArcInfo 8 中引入的一种全新的面向对象的空间数据模型,是一种面向对象的数据模型,它不仅管理和存储了空间数据,还定义了空间实体之间的相互关系,如空间中的实体可以表示为具体性质、行为等。Geodatabase 在物理级别上地理空间数据库分为三种不同的存储形式,即个人数据库、文件数据库及面向企业的 SDE 数据库。其中:个人数据库依赖于微软的 ACCESS 数据库,也只能在 Windows 平台上运行,除此之外个人数据库有容量的限制,最大存储量不能超过 2GB;文件数据库以二进制方式管理空间数据,单张表可以存储 1TB,可以通过关键字进行配置,容量可以扩充到 256TB,从这个数据存储层面来说,文件数据库的容量是无限的,而且可以在多个平台上运行(如 Linux、Unix),但是它和个人数据库有一个相同点,就是不能多人同时编辑;SDE 数据库除了多人同时编辑数据之外,还提供了一些其他高级功能(如同步复制、历史归档等),SDE 数据库可以运行在多个平台上,通过 SDE 将空间数据存储在主流关系型数据库中,SDE 支持五种数据库(Oracle、SqlServer、db2、 infomix、PostgreSQL）。

一、Geodatabase 存储框架

Geodatabase 支持表达具有不同类型特征的对象，包括简单的物体、地理要素（具有空间信息的对象）、网络要素（与其他要素有几何关系的对象）、拓扑相关要素、注记要素，以及其他更专业的特征类型。该模型还允许定义对象之间的关系和规则，从而保持地物对象间相关性和拓扑性的完整。

逻辑结构上，Geodatabase 采用统一的框架（层次结构），为管理空间数据提供统一的模式。空间数据对象存储在要素类（Feature Classes）、对象类（Object Classes）和数据集（Feature Datasets）中。其中：对象类（Object Classes）可以理解为 Geodatabase 中储存非空间数据的表；要素类（Feature Classes）是具有相同几何类型和属性结构的要素（Feature）集合；数据集（Feature Datasets）是共用同一空间参考要素类（Feature Classes）的集合。

要素类（Feature Classes）可以是要素数据集（Feature Datasets）内部组织的简单要素，也可以独立于要素数据集（Feature Datasets）。独立于要素数据集（Feature Datasets）的简单的要素类（Feature Classes）称为独立要素类（Feature Classes）。存储拓扑要素（Feature）的要素类必须在要素数据集（Feature Datasets）内，以确保一个共同的空间参考。需要指出的是：表的地位和要素数据集是等同的，也就是说，表是不能存储在要素数据集中。

Geodatabase 的基本体系结构包括要素数据集、栅格数据集、TIN 数据集、独立的对象类、独立的要素类、独立的关系类和属性域等，如图 4-1-1 所示。

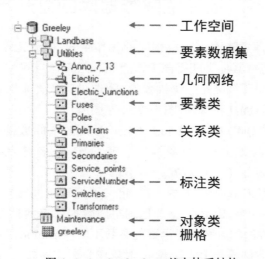

图 4-1-1 Geodatabase 基本体系结构

二、Geodatabase 与 Worksapce

Geodatabase 在 ArcGIS Engine 中被抽象为一个工作空间（Worksapce），如图 4-1-2 所示。工作空间在逻辑上是一个包含空间数据集和非空间数据集的容器，通常所说的要素

类、栅格数据集、表等都存储在这个工作空间中。工作空间提供了访问内部空间和非空间数据的方法,且实现了众多的接口。如 IWorkSpace、IFeatureWorkspace 等。Geodatabase 与 Worksapce 的 OMD 如图 4-1-2 所示。

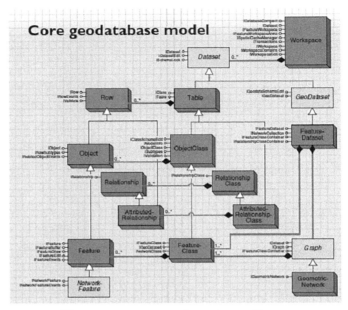

图 4-1-2　Geodatabase 与 Worksapce 的 OMD

第二节　地理空间数据库的打开方式

打开地理空间数据库意味着需获取相应的工作空间,由于工作空间是一个普通类,无法直接创建,因而只能从其他类获得该工作空间。与工作空间对应的类是工作空间工厂(WorkspaceFactory),由于该类是一个抽象类,需通过其子类来实例化。WorkspaceFactory 有众多子类,可由其 OMD 获得,如图 4-2-1 左图所示。

WorkspaceFactory 的 OMD 中:shapefile 是 Esri 早期的空间数据格式(属于文件数据库);shapefile 文件所在的文件夹被抽象为一个 Workspace;打开 shapefile 文件需要用到 ShapefileWorkspaceFactory 这个工厂对象。

IWorkspaceFactory 是 Geodatabase 的入口,定义了地理空间数据库的通用属性(如打开、创建等)。如图 4-2-1 右图所示,打开地理空间数据库有两种方式:OpenFromFile 方法和 Open 方法。两类方法的区别在于函数的参数不同(OpenFromFile 方法需要 String 对象作为形式参数;Open 方法需要 IPropertySet 对象作为形式参数)。需要指出的是:OpenFromFile 方法只能用于打开个人数据库及文件数据库,而 Open 方法则可以打开包括 SDE 数据库的各类地理空间数据库)。

一、个人数据库的打开方式

以下代码利用 IWorkspaceFactory 的 OpenFromFile 方法打开个人数据库。

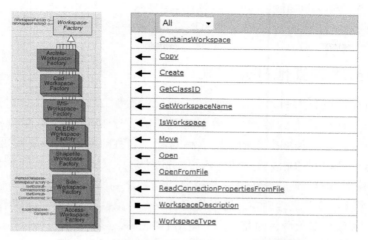

图 4-2-1　WorkspaceFactory 的 OMD 与帮助信息

```
public IWorkspace GetMDBWorkspace(String_pGDBName)
{

    IWorkspaceFactory pWsFac=new AccessWorkspaceFactoryClass();
    IWorkspace pWs=pWsFac.OpenFromFile(_pGDBName,0);
    return pWs;

}
```

二、SDE 数据库的打开方式

打开 SDE 数据库使用的是 Open 方法。由于采用 IPropertySet 对象作为该方法的形式参数,需要新建并设置 IPropertySet 对象。其原因在于:要打开 SDE 数据库,需获取 SDE 数据库的服务器地址、数据库实例、数据库、用户及密码等参数,而 IPropertySet 就好比一个 Key-Value 的对象,用来实现上述参数的设置并传入 Open 方法中。需要指出的是:打开 SDE 数据库需要用到 ArcGIS Engine Runtime 的企业级许可。

以下代码利用 IWorkspaceFactory 的 Open 方法打开 SDE 数据库。

```
public IWorkspace GetSDEWorkspace ( String _ pServerIP, String _ pInstance,
String_pUser,String_pPassword,String_pDatabase,String_pVersion)
{
    ESRI.ArcGIS.esriSystem.IPropertySet pPropertySet=new
    ESRI.ArcGIS.esriSystem.PropertySetClass();
    pPropertySet.SetProperty("SERVER",_pServerIP);
    pPropertySet.SetProperty("INSTANCE",_pInstance);
    pPropertySet.SetProperty("DATABASE",_pDatabase);
    pPropertySet.SetProperty("USER",_pUser);
    pPropertySet.SetProperty("PASSWORD",_pPassword);
    pPropertySet.SetProperty("VERSION",_pVersion);
    ESRI.ArcGIS.Geodatabase.IWorkspaceFactory2 workspaceFactory;
    workspaceFactory=(ESRI.ArcGIS.Geodatabase.IWorkspaceFactory2) new
```

55

```
        ESRI.ArcGIS.DataSourcesGDB.SdeWorkspaceFactoryClass();
        return workspaceFactory.Open(pPropertySet,0);
}
```

三、数据库的其他打开方式

数据集对象可以分为两大类:一种是 Table(无法将 Table 存储在要素数据集中);另一种是 Geodataset(要素类的容器)。数据集对象有一个很重要的属性(Fullname),利用 Fullname 属性可以返回和数据集相关的名称对象。名称对象有一个很重要的方法 Open,可以获取和这个名称对象相关的对象(内存中的对象)。Open 方法的返回值是 object,在使用 Open 方法时,需明确要得到哪一类对象,然后 QI 到所需对象上。

IName 对象是一个代表性对象。通过使用 IName 对象,可以访问它所代表对象的一些基本属性,而不用将整个对象调入内存。如果使用 IWorkspace 获得一个 Workspace,需要将对象调入内存处理;而使用 IWorkspaceName 则不会,除非使用了 IWorkspaceName 下的 Open 方法。

IName 是一个抽象类,拥有诸多子类,借助其子类 IWorkspaceName 同样可以打开地理空间数据库。由于打开地理空间数据库之前,需明确其数据库类型,即是个人数据库、文件数据库还是 SDE 数据库。而 IWorkspaceName 的 IWorkspaceName 的 WorkspaceFactoryProgID 属性则可以实现上述地理空间数据库的类型指定,WorkspaceFactoryProgID 属性是一个枚举的常量类型,其枚举类型如下:

(1) esriDataSourcesGDB.AccessWorkspaceFactory;

(2) esriDataSourcesFile.ArcInfoWorkspaceFactory;

(3) esriDataSourcesFile.CadWorkspaceFactory;

(4) esriDataSourcesGDB.FileGDBWorkspaceFactory;

(5) esriDataSourcesOleDB.OLEDBWorkspaceFactory;

(6) esriDataSourcesFile.PCCoverageWorkspaceFactory;

(7) esriDataSourcesRaster.RasterWorkspaceFactory;

(8) esriDataSourcesGDB.SdeWorkspaceFactory;

(9) esriDataSourcesFile.ShapefileWorkspaceFactory;

(10) esriDataSourcesOleDB.TextFileWorkspaceFactory;

(11) esriDataSourcesFile.TinWorkspaceFactory;

(12) esriDataSourcesFile.VpfWorkspaceFactory。

以下代码利用 IName 的 Open 方法打开 SDE 数据库。

```
public IWorkspace Get_Workspace(string_pWorkspacePath)
{
    IWorkspaceName pWorkspaceName=new WorkspaceNameClass();
    pWorkspaceName.WorkspaceFactoryProgID=
    "esriDataSourcesGDB.AccessWorkspaceFactory";
    pWorkspaceName.PathName=_pWorkspacePath;
    IName pName=pWorkspaceName as IName;
    IWorkspace pWorkspace=pName.Open() as IWorkspace;
    return pWorkspace;
}
```

第三节　矢量数据管理

一、矢量要素获取

Geodatabase 中要素类可以直接存储在数据库中,也可以存储在数据集中。数据集(Dataset)表示 Workspace 中数据集合的抽象类。要获取 Geodatabase 中的某一个要素类(Feature Classes),首先应获取数据集(Feature Datasets),通过工作空间 IFeatureWorkspace 的 OpenFeatureClass 方法实现。所有放在工作空间的对象都是数据集对象,即 Table、FeatureClass 等都是数据集,也就是说数据集中的数据可以是一个字段、一行记录、一张表等。Workspace 也是一种数据集,且继承了 IDataset 接口。从这个角度,在地理空间数据库中一切对象都可以看作是数据集,那么怎么区分获得的对象是表还是要素类呢? IDataset 提供了一个重要属性 IDataset. Type,通过这个属性则可以判断获取对象类型。IDataset. Type 属性是一个枚举类型的常量,其枚举类型如图 4-3-1 所示。

Constant	Value	Description
esriDTAny	1	Any Dataset.
esriDTContainer	2	Any Container Dataset.
esriDTGeo	3	Any Geo Dataset.
esriDTFeatureDataset	4	Feature Dataset.
esriDTFeatureClass	5	Feature Class.
esriDTPlanarGraph	6	Planar Graph.
esriDTGeometricNetwork	7	Geometric Network.
esriDTTopology	8	Topology.
esriDTText	9	Text Dataset.
esriDTTable	10	Table Dataset.
esriDTRelationshipClass	11	Relationship Class.
esriDTRasterDataset	12	Raster Dataset.
esriDTRasterBand	13	Raster Band.
esriDTTin	14	Tin Dataset.
esriDTCadDrawing	15	CadDrawing Dataset.
esriDTRasterCatalog	16	Raster Catalog.
esriDTToolbox	17	Toolbox.
esriDTTool	18	Tool.
esriDTNetworkDataset	19	Network Dataset.
esriDTTerrain	20	Terrain dataset.
esriDTRepresentationClass	21	Feature Class Representation.
esriDTCadastralFabric	22	Cadastral Fabric.
esriDTSchematicDataset	23	Schematic Dataset.
esriDTLocator	24	Address Locator.

图 4-3-1　IDataset. Type 属性枚举类型

基于上述分析,ArcGIS Engine 中,如要获取某一类,首要要获取其工作空间,然后在工作空间获取相应的对象,其步骤为:①获取工作空间;②获取相应的要素类。

定义获取个人数据库路径的函数 WsPath(),代码如下:

```
public string WsPath()
{
    string WsFileName="";
    OpenFileDialog OpenFile=new OpenFileDialog();
    OpenFile.Filter="个人数据库(MDB)|*.mdb";
    DialogResult DialogR=OpenFile.ShowDialog();
    if(DialogR!=DialogResult.Cancel)
    {
        WsFileName=OpenFile.FileName;
    }
    return WsFileName;
}
```

获取工作空间并对工作空间中的要素类进行遍历,代码如下:

```
private void button2_Click(object sender,EventArgs e)
{
    string WsName=WsPath();
    if (WsName！="")
    {
        IWorkspaceFactory pWsFt=new AccessWorkspaceFactoryClass();
        IWorkspace pWs=pWsFt.OpenFromFile(WsName,0);
        IEnumDataset pEDataset=pWs.get_Datasets(esriDatasetType.esriDTAny);
        IDataset pDataset=pEDataset.Next();
        while (pDataset！=null)
        {
            if (pDataset.Type==esriDatasetType.esriDTFeatureClass)
            {
                FeatureClassBox.Items.Add(pDataset.Name);
            }
            //如果是数据集
            else if (pDataset.Type==esriDatasetType.esriDTFeatureDataset)
            {
                IEnumDataset pESubDataset=pDataset.Subsets;
                IDataset pSubDataset=pESubDataset.Next();
                while (pSubDataset！=null)
                {
                    FeatureClassBox.Items.Add(pSubDataset.Name);
                    pSubDataset=pESubDataset.Next();
                }
            }
            pDataset=pEDataset.Next();
        }
    }
    FeatureClassBox.Text=FeatureClassBox.Items[0].ToString();
}
```

二、判断要素编辑状态

ArcGIS Engine 提供了 IDatasetEdit 接口判断数据是否处于编辑状态,该接口只有一个方法(IsBeingEdited 方法),如图 4-3-2 所示。

All ▼	Description
← IsBeingEdited	True if the dataset is being edited.

图 4-3-2　IDatasetEdit 接口

尽管 ArcMap 中进行编辑的不一定都是要素类(可能是表或几何网络),但凡是可在

ArcMap 中进行编辑的数据都实现了 IDatasetEdit 接口,如图 4-3-3 所示。

Classes	Description
AttributedRelationshipClass	ESRI Attributed Relationship Class object.
CadastralFabric (esriGeoDatabaseExtensions)	A container for querying information about a cadastral fabric.
CadastralFabricFDExtension (esriGeoDatabaseExtensions)	A container for describing this cadastral fabric's feature dataset extension properties.
FeatureClass	ESRI Feature Class object.
FeatureDataset	ESRI Feature Dataset object.
GeometricNetwork	ESRI Geometric Network object.
NetworkDataset	A container for querying information about a network dataset.
NetworkDatasetFDExtension	A container for describing this network dataset's feature dataset extension properties.
NetworkDatasetWorkspaceExtension	A container for describing this network dataset's workspace extension properties.
ObjectClass	ESRI Object Class object.
RasterCatalog	A collection of raster datasets in a Geodatabase table.
RouteEventSource (esriLocation)	Route event source object.
SchematicDiagramClass (esriSchematic)	Schematic diagram class object.
SchematicElementClass (esriSchematic)	Schematic element class object.
SchematicInMemoryFeatureClass (esriSchematic)	Schematic in memory feature class object.
StreetNetwork	A container for describing a street network.
Table	ESRI Table object.
TemporalFeatureClass (esriTrackingAnalyst)	Controls settings for the temporal feature class.
TemporalRecordSet (esriTrackingAnalyst)	Defines the COM coclass for the TemporalRecordSet COM object.
Topology	ESRI Topology object.
UtilityNetwork	A container for describing a utility network.
XYEventSource	XY event source object.

图 4-3-3　实现 IDatasetEdit 接口的类

示例代码如下:

```
public bool ISEdit (IFeatureClass pFeatureClass)
{
    IDatasetEdit pDataEdit = pFeatureClass as IDatasetEdit;
    return pDataEdit.IsBeingEdited();
}
```

三、矢量要素删除

矢量要素删除涉及接口 IFeatureWorkspace,该接口主要是用于管理基于矢量数据的对象(如表、要素类、要素数据集等)。IFeatureWorkspace 接口的主要属性和方法如图 4-3-4 所示。

All ▼	Description
CreateFeatureClass	Creates a new standalone feature class under the workspace.
CreateFeatureDataset	Creates a new feature dataset.
CreateQueryDef	Create a query definition object.
CreateRelationshipClass	Creates a new relationship class.
CreateTable	Creates a new table.
OpenFeatureClass	Opens an existing feature class.
OpenFeatureDataset	Opens an existing feature dataset.
OpenFeatureQuery	Opens a feature dataset containing a single feature class defined by the specified Query.
OpenRelationshipClass	Opens an existing relationship class.
OpenRelationshipQuery	The table of a relationship join query.
OpenTable	Opens an existing table.

图 4-3-4　IFeatureWorkspace 接口的主要属性和方法

图 4-3-4 中的 OpenDataset、OpenTable、OpenFeatureClass 方法均须传入一个相应的名称。如打开一个名称为 PointTest 的要素类,443 需要在 OpenFeatureClass 中传入这个要素类的名称,代码如下:

```
IWorkspaceFactory pWsFt = new AccessWorkspaceFactoryClass();
IWorkspace pWs = pWsFt.OpenFromFile(WsName,0);
IFeatureWorkspace pFWs = pWs as IFeatureWorkspace;
```

```
IFeatureClass pFClass=pFWs.OpenFeatureClass("PointTest");
```

如果是在 ArcMap 中进行相应的操作,通常将切换到 Catalog 中进入相应的数据库,然后删除对应要素类。尽管此类操作会误导认为 FeatureClass 对象会提供要素的删除方法,然而该删除方法是定义在 Dataset 对象中的,代码如下:

```
private void button1_Click(object sender,EventArgs e)
{
    string WsName=WsPath();
    if( WsName ! ="")
    {
        IWorkspaceFactory pWsFt=new AccessWorkspaceFactoryClass();
        IWorkspace pWs=pWsFt.OpenFromFile(WsName,0);
        IFeatureWorkspace pFWs=pWs as IFeatureWorkspace;
        IFeatureClass pFClass=pFWs.OpenFeatureClass("PointTest");
        IDataset pDatset=pFClass as IDataset;
        pDatset.Delete();
    }
}
```

代码运行效果如图 4-3-5 所示。

图 4-3-5　矢量要素删除代码运行效果

四、矢量要素类创建

创建要素类用到 IFeatureWorkspace.CreateFeatureClass 方法,该方法中有众多参数,涉及 IField、IFieldEdit、IFields、IFieldsEdit、IGeometryDef 和 IGeometryDefEdit 接口。

字段对应表中的一列,一个要素类至少包含 2 个字段,多个字段的集合构成了字段集。要素类(Feature Classes)中存在一类特殊字段,该字段描述了空间对象,称为几何字段(GeometryDef 是用来设计几何字段的接口)。几何字段定义了要素类的类型,如在 Catalog 创建一个点要素类,需指定要素类型为 Point,如图 4-3-6 所示。

前述的 6 类字段接口按其是否可编辑可划分为 3 类。其中,以 Edit 结尾的接口是可写的,对字段、字段集合以及几何字段的编辑都是通过该类接口完成的。地理空间数据的一个重要属性就是参考系,参考系是在 GeometryDef 接口中定义的。需要指出的是:.NET 中凡是以"_2"结尾的属性均为可写属性,代码如下:

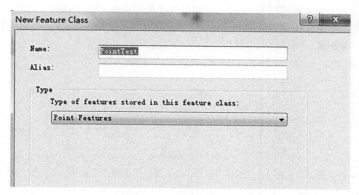

图 4-3-6 几何字段定义

```
//定义一个几何字段,类型为点类型
ISpatialReference pSpatialReference=
axMapControl1.ActiveView.FocusMap.SpatialReference;
IGeometryDefEdit pGeoDef=new GeometryDefClass();
IGeometryDefEdit pGeoDefEdit=pGeoDef as  IGeometryDefEdit;
pGeoDefEdit.GeometryType_2=esriGeometryType.esriGeometryPoint;
pGeoDefEdit.SpatialReference_2=pSpatialReference;
//定义一个字段集合对象
IFields pFields=new FieldsClass();
IFieldsEdit pFieldsEdit=(IFieldsEdit)pFields;
//定义单个的字段
IField pField=new FieldClass();
IFieldEdit pFieldEdit=(IFieldEdit)pField;
pFieldEdit.Name_2="SHAPE";
pFieldEdit.Type_2=esriFieldType.esriFieldTypeGeometry;
pFieldsEdit.AddField(pField);
pFieldEdit.GeometryDef_2=pGeoDef;
//定义单个的字段,并添加到字段集合中
pField=new FieldClass();pFieldEdit=(IFieldEdit)pField;pFieldEdit.Name_2="STCD";
pFieldEdit.Type_2=esriFieldType.esriFieldTypeString;
pFieldsEdit.AddField(pField);
//定义单个的字段,并添加到字段集合中
pField=new FieldClass();
pFieldEdit=(IFieldEdit)pField;
pFieldEdit.Name_2="SLM10";
pFieldEdit.Type_2=esriFieldType.esriFieldTypeString;
pFieldsEdit.AddField(pField);
//定义单个的字段,并添加到字段集合中
pField=new FieldClass();
pFieldEdit=(IFieldEdit)pField;
pFieldEdit.Name_2="SLM20";
```

```
pFieldEdit.Type_2=esriFieldType.esriFieldTypeString;
pFieldsEdit.AddField(pField);
//定义单个的字段,并添加到字段集合中
pField=new FieldClass();
pFieldEdit=(IFieldEdit)pField;
pFieldEdit.Name_2  ="SLM40";
pFieldEdit.Type_2=esriFieldType.esriFieldTypeString;
pFieldsEdit.AddField(pField);
IWorkspaceFactory pFtWsFct=new AccessWorkspaceFactory();
IFeatureWorkspace pWs=pFtWsFct.OpenFromFile(@"E:\arcgis\Engine\s.mdb",0)
as IFeatureWorkspace;
IFeatureClass pFtClass=pWs.CreateFeatureClass("Test",pFields,null,null,
esriFeatureType.esriFTSimple,"SHAPE",null)
```

代码运行效果如图 4-3-7 所示。

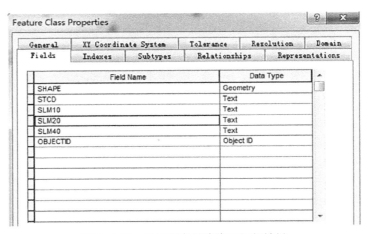

图 4-3-7　矢量要素创建代码运行效果

如需修改字段的别名,可采用如下代码:

```
public void ChangeFieldAliasName(ITable pTable,string pOriFieldName,string
pDesFieldName)
{
    IClassSchemaEdit  pClassSchemaEdit  =(IClassSchemaEdit)pTable;
    //给对象加上锁
    ISchemaLock pSchemaLock=(ISchemaLock)pTable;
    pSchemaLock.ChangeSchemaLock(esriSchemaLock.esriExclusiveSchemaLock);
    if (pTable.FindField(pOriFieldName) ! =-1)
    {
        pClassSchemaEdit.AlterFieldAliasName(pOriFieldName,pDesFieldName);
        pSchemaLock.ChangeSchemaLock(esriSchemaLock.esriSharedSchemaLock);
    }
    else
```

```
    {
        return;
    }
}
```

五、矢量要素创建

创建要素类用到 IFeatureClass. CreateFeature 方法,创建后的新要素将被赋予一个唯一的 OBJECTID,其他字段值需要根据字段名依次赋值,代码示例如下:

```
public void CreateFeature ( IFeaureClass pFeatCls, IGeometry pGeometry, Dic-
tionary<string,object> dicFieldValue)
{
    IFeature pNewFeature=pFeatCls.CreateFeature();
    pNewFeature.Shape=pGeometry;
    foreach(var fieldValue in dicFieldValue)
    {
        int idxField=pNewFeature.Fields.FindField(fieldValue.Key);
        if(idxField >-1)
        {
            pNewFeature.set_Value(idxField,fieldValue.Value);
        }
    }
    pNewFeature.store();
}
```

如上述代码中,IGeometry 是需要传入的创建要素的几何对象,Dictionary<string,object>是需要传入的创建要素的属性字典,其中,键是字段名,值是字段值。

六、矢量要素域创建

Geodatabase 是面向对象的数据库,其将空间实体视为对象加以管理,并为对象的完整性提供了一些行为,其中,域和子类是常见对象。

子类提供了一种划分要素的方法,即依据长整型数属性值把要素类划分成多个逻辑组。如街道类中有一个长整型属性字段 CLASS(街道级别:1 代表主要街道;2 代表次要街道)。主要街道和次要街道根据要素类中列的数值创建。任何值为 1 的要素归类到主要街道子类,值为 2 的要素类归类到次要街道子类。这样在 ArcMap 中可以利用符号表示或根据子类对其进行编辑,通过子类与域的联合,可以加强整个子类数据的完整性。

域是适用于业务表中字段的规则,它们通过只允许在字段中输入为属性域所指定的值来实施数据完整性。ArcGIS 中提供了两种类型的域:范围属性域和编码属性域。其中,范围属性域仅适用于数值字段。ArcGIS Engine 关于域的 OMD 如图 4-3-8 所示。

域是数据库的一个属性,并不属于要素类。因此,定义一个域是在数据库的层次上进行操作,以下为创建一个编码域的代码示例:

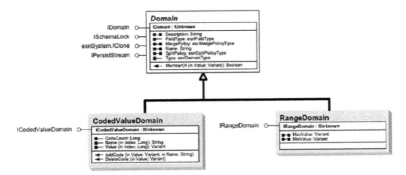

图 4-3-8 域的 OMD

```
void CreateDomain ( IWorkspace pWorkspace)
{
    IWorkspaceDomains pWorkspaceDomains = ( IWorkspaceDomains)pWorkspace;
    ICodedValueDomain pCodedValueDomain = new CodedValueDomainClass( );
    pCodedValueDomain.AddCode( "RES","Residential" );
    pCodedValueDomain.AddCode( "COM","Commercial" );
    pCodedValueDomain.AddCode( "IND","Industrial" );
    IDomain pDomain = ( IDomain)pCodedValueDomain;
    pDomain.Name = "Building Types";
    pDomain.FieldType = esriFieldType.esriFieldTypeString;
    pDomain.SplitPolicy = esriSplitPolicyType.esriSPTDuplicate;
    pDomain.MergePolicy = esriMergePolicyType.esriMPTDefaultValue;
    pWorkspaceDomains.AddDomain(pDomain);
}


public void AssignDomainToFieldWithSubtypes ( IFeatureClass pFeatureClass)
{
    IDataset pDataset = ( IDataset)pFeatureClass;
    IWorkspace pWorkspace = pDataset.Workspace;
    IWorkspaceDomains pWorkspaceDomains = ( IWorkspaceDomains)pWorkspace;
    IDomain pDistributionDiamDomain =
    pWorkspaceDomains.get_DomainByName( "DistDiam");
    ISubtypes pSubtypes = ( ISubtypes)pFeatureClass;
    pSubtypes.set_Domain(1,"SIZE_ONE",pDistributionDiamDomain);
}


public void AddPipeSubtypes( IFeatureClass pFeatureClass)
{
    ISubtypes pSubtypes = ( ISubtypes)pFeatureClass;
    pSubtypes.SubtypeFieldName = "PipeType";
    pSubtypes.AddSubtype(1,"Primary");
    pSubtypes.AddSubtype(2,"Secondary");
```

```
pSubtypes.DefaultSubtypeCode=1;
}
```

第四节　栅格数据管理

Geodatabase 中提供了三种栅格数据模型,即栅格数据集、栅格目录和 ArcGIS 10 推出的镶嵌数据集。

栅格数据集也就是经常所得 jpg、tif 文件等,ArcGIS 将这些栅格数据抽象为 Raster-Dataset。栅格数据集就代表了磁盘中的一个文件,它由一个或多个波段组成。在使用栅格数据集的时候,栅格数据会被转换成 IMG 文件存储在数据库中。可以对栅格数据集进行一些操作,如改变空间参考、建立影像金字塔等。

栅格目录记录了一个或者多个栅格数据集,每一个栅格数据集都作为一条记录存储在栅格目录中。栅格目录对栅格数据集的管理有托管和非托管两种方式。托管的时候,栅格数据存储在数据库中;非托管的时候,栅格目录仅记录栅格数据集路径(栅格数据没有存储在数据库中),当删除一条记录时,对栅格数据本身没有任何影响。

镶嵌数据集是栅格数据集和栅格目录的混合技术,其存储方式和栅格目录类似,但在使用的时候和普通的栅格数据集一样。镶嵌数据集用于管理和发布海量多分辨率、多传感器影像,对栅格数据提供动态镶嵌和实时处理的功能。

文件地理数据库、个人地理数据库和 ArcSDE 地理数据库中的栅格数据比较如表 4-4-1 所示。

表 4-4-1　各类栅格数据的比较

栅格存储特征	文件地理数据库	个人地理数据库	ArcSDE 地理数据库
大小限制	每个栅格数据集或栅格目录的大小限制为 1TB	每个地理数据库限制为 2GB(此值为表的大小限制)	无限制
栅格数据集文件格式	文件地理数据库栅格数据集	ERDASIMAGINE、JPEG 或 JPEG2000	ArcSDE 栅格数据集
存储	栅格数据集:托管 Mosaic 数据集:非托管 栅格目录:托管或非托管 作为属性的栅格:托管或非托管	栅格数据集:托管 Mosaic 数据集:非托管 栅格目录:托管或非托管 作为属性的栅格:托管或非托管	托管 镶嵌数据集:非托管
	存储在文件系统中	存储在 Microsoft Access 中	存储在 RDBMS 中
压缩	LZ77、JPEG、JPEG2000 或无	LZ77、JPEG、JPEG2000 或无	LZ77、JPEG、JPEG2000 或无
金字塔	支持部分构建金字塔	重新构建整个金字塔	支持部分构建金字塔
镶嵌	可以在镶嵌时追加栅格数据集	每次镶嵌至栅格数据集时都将重写一个新的数据集	可以在镶嵌时追加栅格数据集
更新	允许增量更新	—	允许增量更新
用户数	单个用户和较小的工作组;多位读取者和一位写入者	单个用户和较小的工作组;多位读取者和一位写入者	多用户;许多用户和许多写入者

ArcGIS Engine 栅格数据访问的 OMD 如图 4-4-1 所示。

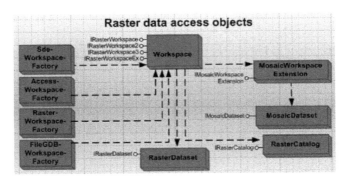

图 4-4-1　栅格数据访问的 OMD

一、栅格数据获取

ArcGIS Engine 中栅格数据的获取与矢量要素的获取一样,均须首先获取工作空间,然后获取相应的要素类。区别在于:矢量要素的获取需要用到 IFeatureWorkspace,而栅格数据的获取则用到 IRasterWorkspace。代码如下:

```
IRasterWorkspace GetRasterWorkspace(string pWsName)
{
    try
    {
        IWorkspaceFactory pWorkFact =new RasterWorkspaceFactoryClass();
        return pWorkFact.OpenFromFile(pWsName,0) as IRasterWorkspace;
    }
    catch (Exception ex)
    {
        return null;
    }
}


IRasterDataset OpenFileRasterDataset(string pFolderName,string pFileName)
{
    IRasterWorkspace pRasterWorkspace =GetRasterWorkspace(pFolderName);
    IRasterDataset pRasterDataset =pRasterWorkspace.OpenRasterDataset(pFileName);
    return pRasterDataset;
}
```

需要指出的是:当访问的栅格数据存储在 SDE 数据库、文件数据库或个人数据库中时,应使用 IRasterWorkspaceEx 接口。IRasterWorkspace 接口与 IRasterWorkspaceEx 接口的区别在于:IRasterWorkspace 接口主要用来读取以文件格式且存储在本地的栅格数据;IRasteWorkspaceEx 接口主要用来读取 GeoDatabase 中的栅格数据集和栅格目录。示例代码如下:

```
IRasterDataset OpenGDBRasterDataset ( IRasterWorkspaceEx pRasterWorkspace-
```

```
Ex, string pDatasetName)
    {
        //打开存放在数据库中的栅格数据
        return pRasterWorkspaceEx.OpenRasterDataset(pDatasetName);
    }
```

以下为打开栅格目录中栅格数据的代码示例：

```
IRasterDataset GetRasterCatalogItem(IRasterCatalog pCatalog,int pObjectID)
    {
        //栅格目录继承了 IFeatureClass
        IFeatureClass pFeatureClass =(IFeatureClass)pCatalog;
        IRasterCatalogItem pRasterCatalogItem = (IRasterCatalogItem) pFeature-
        Class.GetFeature(pObjectID);
        return pRasterCatalogItem.RasterDataset;
    }
```

二、栅格数据集创建

以下为栅格数据集创建的代码示例。

```
public IRasterDataset CreateRasterDataset(string pRasterFolderPath,string
pFileName,string pRasterType,ISpatialReference pSpr)
    {
        IRasterWorkspace2 pRasterWs =
        GetRasterWorkspace(pRasterFolderPath) as IRasterWorkspace2;
        IPoint pPoint =new PointClass();
        pPoint.PutCoords(15.0,15.0);
        int pWidth =300;
        int pHeight =300;
        double xCell =30;
        double yCell =30;
        int NumBand =1;
        IRasterDataset pRasterDataset =
        pRasterWs.CreateRasterDataset ( pFileName, pRasterType, pPoint, pWidth,
        pHeight,xCell,yCell,NumBand,rstPixelType.PT_UCHAR,pSpr,true);
        IRasterBandCollection pRasterBands = ( IRasterBandCollection ) pRaster-
        Dataset;
        IRasterBand pRasterBand =pRasterBands.Item(0);
        IRasterProps pRasterProps =(IRasterProps)pRasterBand;
        pRasterProps.NoDataValue =255;
        IRaster pRaster =pRasterDataset.CreateDefaultRaster();
        IPnt pPnt =new PntClass();
        pPnt.SetCoords(30,30);
        IRaster2 pRaster2 =pRaster as IRaster2;
        IRasterEdit pRasterEdit =(IRasterEdit)pRaster2;
```

```
IRasterCursor pRasterCursor=pRaster2.CreateCursorEx(pPnt);
IPixelBlock3;
do
{
    IPixelBlock3 pPixelblock=pRasterCursor.PixelBlock as
    System.Array pixels=(System.Array)pPixelblock.get_PixelData(0);
    for ( int i=0;i < pPixelblock.Width;i++)
    for ( int j=0;j < pPixelblock.Height;j++)
        if ( i==j )
            pixels.SetValue(Convert.ToByte(255),i,j);
        else
    pixels.SetValue(Convert.ToByte((i * j + 30) /255),i,j);
    pPixelblock.set_PixelData(0,(System.Array)pixels);
    IPnt pUpperLeft=pRasterCursor.TopLeft;
    pRasterEdit.Write(pUpperLeft,(IPixelBlock)pPixelblock);
}
while (pRasterCursor.Next());
System.Runtime.InteropServices.Marshal.ReleaseComObject(pRasterEdit);
return pRasterDataset;
}
```

三、镶嵌数据集获取

以下为镶嵌数据集获取的代码示例。

```
IMosaicDataset GetMosaicDataset(string pFGDBPath,string pMDame)
{
    IWorkspaceFactory pWorkspaceFactory=new FileGDBWorkspaceFactoryClass();
    IWorkspace pFgdbWorkspace=pWorkspaceFactory.OpenFromFile(pFGDBPath,0);
    IMosaicWorkspaceExtensionHelper pMosaicExentionHelper=new
    MosaicWorkspaceExtensionHelperClass();
    IMosaicWorkspaceExtension pMosaicExtention=
    pMosaicExentionHelper.FindExtension(pFgdbWorkspace);
    return pMosaicExtention.OpenMosaicDataset(pMDame);
}
```

四、镶嵌数据集创建

以下为镶嵌数据集创建的代码示例。

```
/// <summary>
/// 创建镶嵌数据集
/// </summary>
/// <param name="pFGDBPath"></param>
/// <param name="pMDame"></param>
/// <param name="pSrs"></param>
```

```
/// <returns></returns>
IMosaicDataset CreateMosaicDataset ( string pFGDBPath, string pMDame, ISpa-
tialReference pSrs)
    {
        IWorkspaceFactory pWorkspaceFactory = new FileGDBWorkspaceFactory();
        IWorkspace pFgdbWorkspace = pWorkspaceFactory.OpenFromFile(pFGDBPath,0);
        ICreateMosaicDatasetParameters pCreationPars =
        new CreateMosaicDatasetParametersClass();
        pCreationPars.BandCount = 3;
        pCreationPars.PixelType = rstPixelType.PT_UCHAR;
        IMosaicWorkspaceExtensionHelper pMosaicExentionHelper = new
        MosaicWorkspaceExtensionHelperClass();
        IMosaicWorkspaceExtension pMosaicExtention =
        pMosaicExentionHelper.FindExtension(pFgdbWorkspace);
        return pMosaicExtention.CreateMosaicDataset(pMDame,pSrs,pCreationPars,"");
    }
```

五、向镶嵌数据集中添加栅格

以下为向镶嵌数据集中添加栅格的代码示例。

```
/// <summary>
/// 向镶嵌数据集中导入栅格数据
/// </summary>
/// <param name = "filePath">导入文件路径</param>
/// <param name = "mosaicDataSet">镶嵌数据集</param>
public static bool ImportRasterToMosaic( string filePath, IMosaicData-
set mosaicDataSet, bool cellSize, bool boundary, bool overViews, string raster-
Type)
    {
        IWorkspaceFactory workspaceFactory = new RasterWorkspaceFactoryClass();
        IRasterWorkspace rasterWorkspace = workspaceFactory.OpenFromFile( Sys-
tem. IO. Path. GetDirectoryName( filePath),0)as IRasterWorkspace;
        IMosaicDatasetOperation mOp = (IMosaicDatasetOperation)mosaicDataSet;
        IAddRastersParameters addRs = new AddRastersParametersClass();
        IRasterDatasetCrawler rsDsetCrawl = new RasterDatasetCrawlerClass();
        rsDsetCrawl.RasterDataset = rasterWorkspace.OpenRasterDataset( Sys-
tem.IO.Path.GetFileName( filePath));
        IRasterTypeFactory rsFact = new RasterTypeFactoryClass();
        IRasterType rsType = rsFact.CreateRasterType(rasterType);
        rsType.FullName = rsDsetCrawl.DatasetName;
        addRs.Crawler = (IDataSourceCrawler)rsDsetCrawl;
        addRs.RasterType = rsType;
        mOp.AddRasters(addRs,null);
        //计算 cellSize 和边界
```

```
        //Create a calculate cellsize ranges parameters object.
        ICalculateCellSizeRangesParameters computeArgs=new CalculateCell-
SizeRangesParametersClass();
        //Use the mosaic dataset operation interface to calculate cellsize ranges.
        if (cellSize==true)
        {
            mOp.CalculateCellSizeRanges(computeArgs,null);
        }
        IBuildBoundaryParameters boundaryArgs=new BuildBoundaryParametersClass();
        //Set flags that control boundary generation.
        boundaryArgs.AppendToExistingBoundary=true;
        //Use the mosaic dataset operation interface to build boundary.
        if (boundary==true)
        {
            mOp.BuildBoundary(boundaryArgs,null);
        }
        //构建概视图
        if (overViews==true)
        {
            IGenerateOverviewsParameters overviewsPara=new GenerateOverviewsPa-
rametersClass();
            mOp.GenerateOverviews(overviewsPara,null);
        }
        return true;
    }
```

六、从镶嵌数据集中移除数据

以下为从镶嵌数据集中移除栅格的代码示例。

```
/// <summary>
/// 从镶嵌数据集中移除栅格
/// </summary>
/// <param name="rasterName"></param>
/// <param name="pWorkspace"></param>
/// <param name="whereClause"></param>
/// <returns></returns>
public static bool DeleteRaster(string rasterName,IWorkspace pWork-
space,string whereClause,bool overview)
    {
        //获取 dataset 名称
        IEnumDatasetName pEnumDsName=pWorkspace.get_DatasetNames(esri-
DatasetType.esriDTMosaicDataset);
        IMosaicDatasetName pMosaicDsName=null;
        IMosaicDataset pMosaicDs=null;
```

```
pEnumDsName.Reset();
IDatasetName pDSName;
pDSName = pEnumDsName.Next();
while (pDSName ! = null)
{
        if (pDSName.Name == "postgis.sde." + rasterName)
        {
                pMosaicDsName = (IMosaicDatasetName) pDSName;
                IName pName = pMosaicDsName as IName;
                pMosaicDs = pName.Open() as IMosaicDataset;
                break;
        }
        pDSName = pEnumDsName.Next();
}
//删除概视图
IQueryFilter pQueryFilter = new QueryFilterClass();
pQueryFilter.WhereClause = whereClause;
if (pMosaicDs.OverviewTable ! = null && overview == true)
{
        pMosaicDs.OverviewTable.DeleteSearchedRows(pQueryFilter);
}
//删除属性表
StringBuilder sb = new StringBuilder();
 sb.AppendFormat("delete from amd_" + rasterName + "_cat where " +
whereClause);
//DataTable dt = SysParameters.PostgreHelper.GetDataTableBySQL(sb);
DataTable dt = DeleteMosaicTable(sb);
if (dt ! = null)
{
        return true;
}
else
{
        return false;
}
}
```

第五节　空间数据转换

空间数据转换主要涉及复制和转换数据出入 Geodatabase 的对象,包括 FeatureDataConverter 对象和 GeoDBDataTransfer 对象。空间数据的导入(import)功能可由 FeatureDataConverter 对象实现;Geodatabase 间复制数据集的拷贝和粘贴功能可由 GeoDB-

DataTransfer 对象实现。还有其他一些对象和接口同样支持 FeatureDataConverter 对象和 GeoDBDataTransfer 对象,并执行以下功能:①使用 IFieldChecker 检查字段名称中的潜在问题;②检查使用 IEnumInvalidObject 的转换过程中被拒绝的数据;③使终端用户了解 IFeatureProgress 对象。

以下为空间数据转换的代码示例。

```
IWorkspaceFactory pSwf = new AccessWorkspaceFactoryClass();
IWorkspaceFactory pDwf = new AccessWorkspaceFactoryClass();
ConvertFeatureClass(pSwf,"E:\\s.mdb","s",pDwf,"E:\\d.mdb","d");
```

```
/// <summary>
/// <param name = "_pSWorkspaceFactory"></param>
/// <param name = "_pSWs"></param>
/// <param name = "_pSName"></param>
/// <param name = "_pTWorkspaceFactory"></param>
/// <param name = "_pTWs"></param>
/// <param name = "_pTName"></param>
public void ConvertFeatureClass ( IWorkspaceFactory _ pSWorkspaceFactory,
String_pSWs,string_pSName,IWorkspaceFactory_pTWorkspaceFactory , String_pTWs,
string_pTName )
    {
        //Open the source and target workspaces.
        IWorkspace pSWorkspace = _pSWorkspaceFactory.OpenFromFile(_pSWs,0);
        IWorkspace pTWorkspace = _pTWorkspaceFactory.OpenFromFile(_pTWs,0);
        IFeatureWorkspace pFtWs = pSWorkspace as IFeatureWorkspace;
        IFeatureClass pSourceFeatureClass = pFtWs.OpenFeatureClass(_pSName);
        IDataset pSDataset = pSourceFeatureClass as IDataset;
        IFeatureClassName pSourceFeatureClassName = pSDataset.FullName as IFeature-
ClassName;
        IDataset pTDataset = ( IDataset)pTWorkspace;
        IName pTDatasetName = pTDataset.FullName;
        IWorkspaceName pTargetWorkspaceName = (IWorkspaceName)pTDatasetName;
        IFeatureClassName pTargetFeatureClassName = new FeatureClassNameClass();
        IDatasetName pTargetDatasetName = (IDatasetName)pTargetFeatureClassName;
        pTargetDatasetName.Name = _pTName;
        pTargetDatasetName.WorkspaceName = pTargetWorkspaceName;
        //创建字段检查对象
        IFieldChecker pFieldChecker = new FieldCheckerClass();
        IFields sourceFields = pSourceFeatureClass.Fields;
        IFields pTargetFields = null;
        IEnumFieldError pEnumFieldError = null;
        pFieldChecker.InputWorkspace = pSWorkspace;
        pFieldChecker.ValidateWorkspace = pTWorkspace;
```

```
//验证字段
pFieldChecker.Validate(sourceFields,out pEnumFieldError,out pTargetFields);
if (pEnumFieldError！=null)
{
    //Handle the errors in a way appropriate to your application.
    Console.WriteLine("Errors were encountered during field validation.");
}
String pShapeFieldName=pSourceFeatureClass.ShapeFieldName;
int pFieldIndex=pSourceFeatureClass.FindField(pShapeFieldName);
IField pShapeField=sourceFields.get_Field(pFieldIndex);
IGeometryDef pTargetGeometryDef=pShapeField.GeometryDef;
//创建要素转换对象
IFeatureDataConverter pFDConverter=new FeatureDataConverterClass();
IEnumInvalidObject pEnumInvalidObject=pFDConverter.ConvertFeatureClass
(pSourceFeatureClassName,null,null,pTargetFeatureClassName,pTargetGe-
ometryDef,pTargetFields,"",1000,0);
//Check for errors.
IInvalidObjectInfo pInvalidInfo=null;
pEnumInvalidObject.Reset();
while ((pInvalidInfo=pEnumInvalidObject.Next())！=null)
{
    //Handle the errors in a way appropriate to the application.
    Console.WriteLine("Errors occurred for the following feature：{0}",
 pInvalidInfo.InvalidObjectID);
}
}
```

第六节 空间数据查询

一、空间数据查询对象解析

查询在 GIS 领域应该是相对频繁的操作,在 GIS 中除了具有属性查询(与其他关系型数据库的查询类似),还提供了空间查询。在介绍查询之前,首先了解下如下与查询相关的对象。

(一) Table 对象

Table 是不含有空间信息的一张二维表,它主要实现了 ITable 接口。在这张二维表中,每一行称为 Row(IRow)。ITable 接口定义了对这张二维表行的插入、更新、查询和删除等操作。独立表(standalonetable)是一个单独的不含空间信息的表,只能在 ArcMap 中 Table of Contents 的 Source 选项卡中看到的。

(二) Object 类

对象类是在 Table 基础上扩展起来的二维表,用来存储非空间数据。对象类与 Table 的区别在于它的每一行是一个 Object(对象),尽管在形式上也是一条记录,但它是具有属性和行为的一个对象,而非简单的记录。

(三) FeatureClass 对象

要素类是存储在工作空间中的一种数据组织方式,要素类是在对象类的基础上的进一步扩展,包含了现实世界中的空间实体。要素类由要素(Feature)组成,要素对应要素类中的一行,要素相当于空间对象(Geometry)及其相应属性信息。IFeatureClass 定义了对要素的查询、更新及删除等操作。关于 Row、Table、Object、Feature 及 FeatureClass 的关系,可参考图 4-6-1。

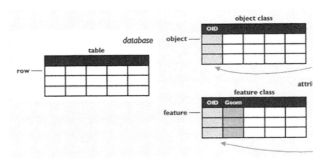

图 4-6-1　几类对象的关系

FeatureClass 对象实现了 IFeatureClass 接口,IFeatureClass 对查询定义了两个方法,即 IFeatureClass. Search 和 IFeatureClass. Select。

Search 方法需要传入两个参数:一个是过滤器;另外一个是布尔值。布尔值用于说明放回的要素游标是否被回收。一般情况下,如果仅仅是为了读取数据,那么这个参数应该是 true;如果要对选择出来的要素更新,那么这个参数应该设置为 false。

(1) Search 方法中布尔值参数为 false 或 true 的差别。

定义一个 Search 函数,通过传入 false 和 true 来对这布尔值参数进行说明,代码如下:

```
void Search( IFeatureClass_pFeatureClass,bool_Bool)
{
    IFeature pFt1,pFt2;
    IFeatureCursor pFtCursor;
    if (_Bool==false)
    {
        pFtCursor=_pFeatureClass.Search(null,_Bool);
        pFt1=pFtCursor.NextFeature();
        while (pFt1 ! =null)
        {
            pFt2=pFtCursor.NextFeature();
            if (pFt1==pFt2)
            {
            MessageBox.Show("Recycling 参数是 false");
            }
            pFt1=pFtCursor.NextFeature();
        }
```

```
    }
    else
    {
        pFtCursor=_pFeatureClass.Search(null,_Bool);
        pFt1=pFtCursor.NextFeature();
        while (pFt1！=null)
        {
            pFt2=pFtCursor.NextFeature();
            if (pFt1==pFt2)
            {
                MessageBox.Show("Recycling 参数是 true");
            }
            pFt1=pFtCursor.NextFeature();
        }
    }
}
```

当 recycling 为 true 的时候,程序将执行到 MessageBox. Show(" Recycling 参数是 true")所在的代码行。此时 if 之后的等号成立,说明当 recycling 为 true 时,程序返回的是同一个 Feature 的引用;查询后的要素共享同一内存,说明 Next 之后前一个游标所占的内存被回收了。当 recycling 为 false 时,此时 if 之后的等号不成立,说明系统给每个要素单独分配了一个游标。

(2) Search 方法和 Select 方法的比较。

Search 方法返回游标(必须遍历游标才能得到所有的结果,但不必太关注内存);Select 方法返回选择集(查询后即可得到,但是通常只保留 OID 字段,数据量大的时候要考虑内存压力)。

(3) Cursor 对象和 FeatureCursor 对象。

Cursor 中文"游标",它本质上是一个指向数据的指针,自身并不包含数据。游标有 3 种类型:查询游标、插入游标和更新游标。每种游标可由其相应方法得到(如查询游标是由 ITable. Search 方法得到)。游标在 GIS 中使用频率相对较高,凡是和数据查询、更新、删除等相关的操作均与其有关。ICursor 定义了对游标的操作,当通过 ITable. Search 对数据进行查询,要获取具体 Row 的信息时,需利用 ICursor. NextRow 方法向前遍历(游标是不能后退的)。游标与 Table 相对应,IFeatureCursor 继承了 ICursor,IFeatureCursor 与要素类相对应。

(4) QueryFilter 对象与 SpatialFilter 对象。

在 ArcGIS Engine 中进行查询或者选择,都需要传给一个查找条件,或者过滤条件,这个条件就相当于一般的 SQL 语句中的 Where 语句(如 Select * from 用户 where 性别='女')。GIS 不仅有属性查询,还有一般关系型数据库不具有的空间查询。而 QueryFilter 对象和 SpatialFilter 对象分别对应了 ArcGIS Engine 中的属性查询和空间查询。IQueryFilter 被两个类实现,即 QueryFilterClass 和 SpatialFilterClass。前者是针对属性查询的,后者是针对空间查询的。

（四）IFeatureSelection 接口

IFeatureSelection 接口负责管理一个图层中的要素选择集的属性和方法。IFeatureSelection 接口的 Add 方法可以把本图层中的一个要素添加到图层的选择集中；SelectFeatures 方法则利用过滤器对象将符合条件的要素放入到图层的选择集中。使用 IFeatureSelection 接口可以实现要素的高亮显示。在 ArcGIS Engine 中有很多类实现了这个接口，如图 4-6-2 所示。

Classes
CadAnnotationLayer
CadastralFabricSubLayer
CadFeatureLayer
CoverageAnnotationLayer
DimensionLayer
FDOGraphicsLayer
FeatureLayer
GdbRasterCatalogLayer
ImageServerLayer
IMSSubFeatureLayer
MADtedLayer (esriDefenseSolutions)
MARasterLayer (esriDefenseSolutions)
TemporalFeatureLayer (esriTrackingAnalyst)

图 4-6-2　实现 IFeatureSelection 接口的相关类

以下为使用 IFeatureSelection 接口实现要素高亮显示的代码示例。

```
IMap pMap=axMapControl1.Map;
IFeatureLayer pFeaturelayer=GetLayer(pMap,"Roads") as IFeatureLayer;
IFeatureSelection pFeatureSelection=pFeaturelayer as IFeatureSelection;
IQueryFilter pQuery=new QueryFilterClass();
pQuery.WhereClause="TYPE=" +"'paved'";
pFeatureSelection.SelectFeatures(pQuery,
esriSelectionResultEnum.esriSelectionResultNew,false);
axMapControl1.ActiveView.Refresh();
```

其中 GetLayer 函数为根据图层名称获取图层的方法，代码如下：

```
private ILayer GetLayer(IMap pMap,string LayerName)
{
    IEnumLayer pEnunLayer;
    pEnunLayer=pMap.get_Layers(null,false);
    pEnunLayer.Reset();ILayer pRetureLayer;
    pRetureLayer=pEnunLayer.Next();
    while (pRetureLayer ! =null)
    {
        if (pRetureLayer.Name = =LayerName)
            break;
        pRetureLayer=pEnunLayer.Next();
    }
```

```
        return pRetureLayer;
}
```

代码运行效果如图 4-6-3 所示。

图 4-6-3　IFeatureSelection 接口实现要素高亮显示代码运行效果

（五）Querylayer 对象

查询图层（Querylayer）对象通过 SQL 查询定义的图层或独立表，可将空间信息和非空间信息都存储在 DBMS 中，从而使这些信息可以轻松地整合到 ArcMap 中的各 GIS 项目。由于查询图层将通过 SQL 对数据库表和视图进行直接查询，所以查询图层所使用的空间信息不需要位于地理数据库中。在 ArcMap 中进行操作时，可以通过定义 SQL 查询来创建查询图层。然后针对数据库中的表和视图进行查询，并将结果集以图层或独立表的形式（取决于查询本身）添加到 ArcMap 中。每次在 ArcMap 中显示或使用该图层时都将执行该查询。这样，无需生成数据的副本或快照便可显示最新信息，这尤其适用于处理频繁更改的动态信息。查询图层功能适用于 ArcGIS 支持的所有 DBMS。查询图层允许 ArcMap 整合地理数据库和 DBMS 中的数据。因此，无论信息存储的位置和方式如何，查询图层都可以快速地将空间信息和非空间信息整合到 GIS 项目。

二、空间数据查询对象使用

（一）ISpatialFilter 实现空间数据查询

空间数据查询可由属性过滤和空间过滤实现。空间数据查询的空间过滤体现在 ISpatialFilter. Geometry 和 ISpatialFilter. SpatialRel 上，ISpatialFilter 接口的 Geometry 和 spatialrel 属性是必须的。众所周知 ArcMap 的空间数据查询功能是非常丰富的，而 ArcGIS Engine 可以完全实现 ArcMap 所能提供的全部空间数据查询功能，其原因在于 ArcGIS Engine 的空间数据查询类型由 ISpatialFilter 参数（常量）决定，如图 4-6-4 所示。

以下为查询矩形范围内的点要素的代码示例。

```
public IFeatureCursor GetAllFeaturesFromPointSearchInGeoFeatureLayer(IEn-
velope pEnvelope,IPoint pPoint,IFeatureClass pFeatureClass)
{
        if (pPoint==null ||pFeatureClass==null)
```

Constant	Value	Description
esriSpatialRelUndefined	0	No Defined Spatial Relationship.
esriSpatialRelIntersects	1	Query Geometry Intersects Target Geometry.
esriSpatialRelEnvelopeIntersects	2	Envelope of Query Geometry Intersects Envelope of Target Geometry.
esriSpatialRelIndexIntersects	3	Query Geometry Intersects Index entry for Target Geometry (Primary Index Filter).
esriSpatialRelTouches	4	Query Geometry Touches Target Geometry.
esriSpatialRelOverlaps	5	Query Geometry Overlaps Target Geometry.
esriSpatialRelCrosses	6	Query Geometry Crosses Target Geometry.
esriSpatialRelWithin	7	Query Geometry is Within Target Geometry.
esriSpatialRelContains	8	Query Geometry Contains Target Geometry.
esriSpatialRelRelation	9	Query geometry IBE(Interior-Boundary-Exterior) relationship with target geometry.

图 4-6-4　ISpatialFilter 参数取值

```
    return null;
// ITopologicalOperator pTopo=pPoint as ITopologicalOperator;
// IGeometry pGeo=pTopo.Buffer(pSearchTolerance);
System.String pShapeFieldName=pFeatureClass.ShapeFieldName;
ESRI.ArcGIS.Geodatabase.ISpatialFilter pSpatialFilter=new
ESRI.ArcGIS.Geodatabase.SpatialFilterClass();
pSpatialFilter.Geometry=pEnvelope;
pSpatialFilter.SpatialRel=esriSpatialRelEnum.esriSpatialRelEnvelopeIntersects;
pSpatialFilter.GeometryField=pShapeFieldName;
IFeatureCursor pFeatureCursor=pFeatureClass.Search(pSpatialFilter,false);
return pFeatureCursor;
}


IMap map=this.axMapControl1.Map;
ISelection selection=map.FeatureSelection;
IEnumFeatureSetup pEnumFeatureSetup=(IEnumFeatureSetup)selection;
pEnumFeatureSetup.AllFields=true;
IEnumFeature pEnumFeature=(IEnumFeature)selection;
IFeature feature=pEnumFeature.Next();
while (feature ! =null)
{
    Stringa=Convert.ToString(feature.get_Value(feature.Fields.FindField("dfd")));
    feature=pEnumFeature.Next();
}
```

（二）QueryLayer 实现空间数据查询

利用 QueryLayer 实现空间数据查询的优势在于：①通过对 DBMS 中的表和视图定义查询，ArcMap 用户可将"查询图层"添加到地图；②查询图层类似于任何其他要素图层或单独表，所以这些图层可用于作为地理处理工具的输入来显示数据，或使用开发人员 API 通过编程方式进行访问；③"查询图层"创建后可另存为图层文件（. lyr）或用于创建图层包（. lpk），可以很容易地与其他应用程序、地图文档和其他用户共享"查询图层"。

由于 ArcMap 中所有图层都需要唯一标识符，因此查询图层也必须含有唯一标识符。通常，唯一标识符字段属于 ObjectID 属性，地理空间数据库中所有对象均应具有该属性。但是，由于查询图层也可以使用未存储在地理数据库中的数据创建，因此各查询图层的字段集中未必都具有 ObjectID 字段。由此有必要指定将哪个字段或哪组字段用于在 ArcGIS 中生成唯一标识符。

默认情况下,ArcGIS 会在验证时将在结果集中找到的第一个非空字段设置为唯一标识符字段。该值通常为适宜用作唯一标识符字段的值,但也可通过在唯一标识符字段列表中选择其他字段来更改此属性。仅某些字段类型(包括整型、字符串、GUID 和日期)可用作唯一标识符。如果指定的是单个整型字段,则 ArcGIS 将只会直接使用该字段中的值识别从查询图层返回的所有要素和行。但如果将单个字符串字段或一组字段用作唯一标识符,则 ArcGIS 必须将这些唯一值映射为一个整数。

由于唯一标识符字段中的值是识别 ArcGIS 中行或要素对象的唯一值,因此该字段中的值必须始终唯一且不可为空。尽管 ArcGIS 并不强制要求查询图层的唯一标识符字段中的值必须唯一,但如果遇到不唯一的值,ArcGIS 中某些元素的行为将无法预测。开发人员可以在唯一标识符列表中选择和取消选择字段。如果选择了多个字段,则这些字段中的值将作为键用于生成唯一整数值,生成字段的名称将始终为 ESRI_OID,除非已存在具有该名称的字段。唯一值可以由多个字段组合而成,如图 4-6-5 所示。

OID Fields   Mapped ID

County	Highway	ESRI_OID
Colchester	104	1
Cumberland	104	2
Hants	102	3
Colchester	102	4

图 4-6-5　多个字段组合而成的唯一值

ArcGIS Engine 中要使用查询图层,需了解接口 ISqlWorkspace。该接口与 SQL 相关,这也是 QueryLayer 的一个特点。在帮助文件中可以获得 ISqlWorkspace 的详细信息,如图 4-6-6 所示。

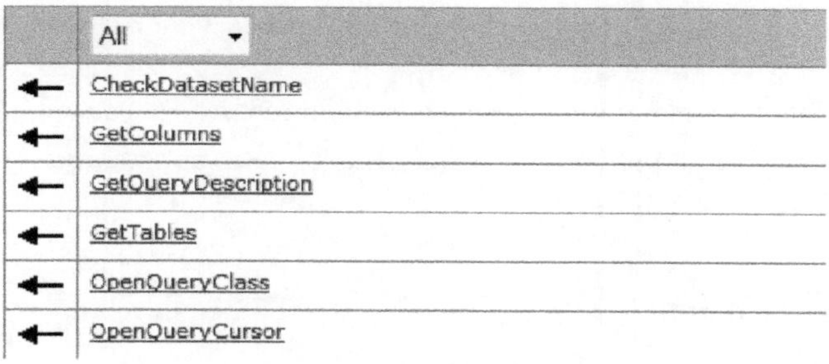

All

← CheckDatasetName

← GetColumns

← GetQueryDescription

← GetTables

← OpenQueryClass

← OpenQueryCursor

图 4-6-6　ISqlWorkspace 接口相关信息

图 4-6-6 中,ISqlWorkspace. GetTables 返回 IStringArray 类型的变量,用这个方法可以获取数据库中所有表的名称;ISqlWorkspace. OpenQueryCursor 方法通过传入一个过滤语句,返回一个游标;ISqlWorkspace. OpenQueryClass 通过过滤条件返回 ITable 类型的对象;ISqlWorkspace 被 SqlWorkspaceClass 实现,而 SqlWorkspaceClass 同时实现了 IWorkspace 接口。ISqlWorkspace 的使用和 IWorksapce 的使用是类似的,可以按照以下步骤执

行 QueryLayer：①获取 SqlWorkspaceFactory；②获取 SqlWorkspace；③构造查询语句；④执行查询；⑤获取结果。

以下为 QueryLayer 实现空间数据查询并返回查询图层的代码示例。

```
public IFeatureLayer OracleQueryLayer()
{
        //创建 SqlWorkspaceFactory 的对象
        Type pFactoryType =
        Type.GetTypeFromProgID("esriDataSourcesGDB.SqlWorkspaceFactory");
        IWorkspaceFactory pWorkspaceFactory =
        (IWorkspaceFactory)Activator.CreateInstance(pFactoryType);
        //构造连接数据库的参数
        IPropertySet pConnectionProps = new PropertySetClass();
        pConnectionProps.SetProperty("dbclient","Oracle11g");
        pConnectionProps.SetProperty("serverinstance","esri");
        pConnectionProps.SetProperty("authentication_mode","DBMS");
        pConnectionProps.SetProperty("user","scott");
        pConnectionProps.SetProperty("password","arcgis");
        //打开工作空间
        IWorkspace workspace = pWorkspaceFactory.Open(pConnectionProps,0);
        ISqlWorkspace pSQLWorkspace = workspace as ISqlWorkspace;
        //获取数据库中的所有表的名称
        IStringArray pStringArray = pSQLWorkspace.GetTables();
        for (int i = 0;i < pStringArray.Count;i++)
            MessageBox.Show(pStringArray.get_Element(i));
        //构造过滤条件 SELECT * FROM PointQueryLayer
        IQueryDescription queryDescription =
        pSQLWorkspace.GetQueryDescription("SELECT * FROM PointQueryLayer");
        ITable pTable = pSQLWorkspace.OpenQueryClass("QueryLayerTest",
        queryDescription);
        IFeatureLayer pFeatureLayer = new FeatureLayerClass();
        pFeatureLayer.FeatureClass = pTable as IFeatureClass;
        return pFeatureLayer;
}
```

代码运行效果如图 4-6-7 所示。

三、空间数据查询综合示例

（一）利用空间数据查询创建符合要求的表

```
/// <summary>
///输出结果为一个张表,这张表有 3 个字段,其中面 ID 为面要素数据的 FID
///个数用于记录这个面包含的点的个数
/// </summary>
/// <param name = "_TablePath "></param>
```

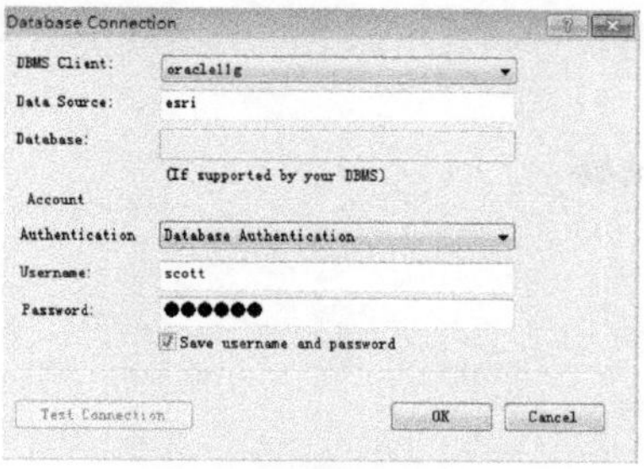

(a) 连接数据库 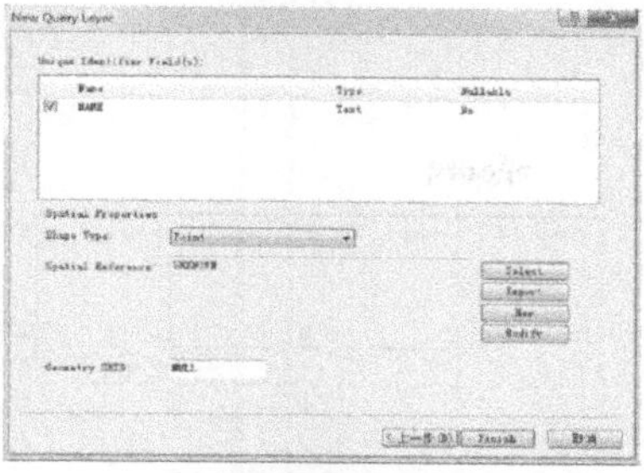　　　　　　　　　　(b) 新建QueryLayer

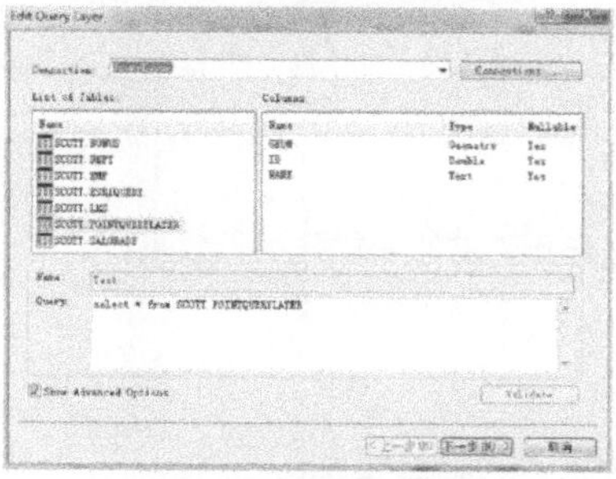

(c) 编辑QueryLayer 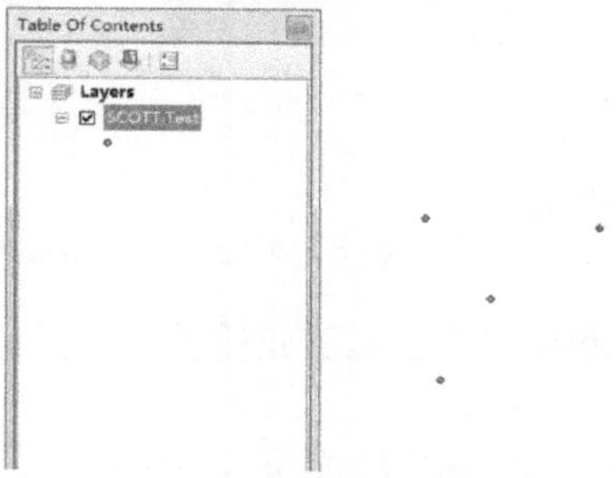　　　　　　　　(d) QueryLayer显示

图 4-6-7　QueryLayer 实现空间数据查询并返回查询图层代码运行效果

```
/// <param name = "_TableName "></param>
/// <returns></returns>
public ITable CreateTable(string_TablePath,string_TableName)
{
    IWorkspaceFactory pWks = new ShapefileWorkspaceFactoryClass();
    IFeatureWorkspace pFwk = pWks.OpenFromFile(_TablePath ,  0) as
    IFeatureWorkspace;
    //用于记录面中的 ID;
    IField pFieldID = new FieldClass();
    IFieldEdit pFieldIID = pFieldID as IFieldEdit;
    pFieldIID.Type_2 = esriFieldType.esriFieldTypeInteger;
    pFieldIID.Name_2 = "面 ID";
    //用于记录个数的;
    IField pFieldCount = new FieldClass();
    IFieldEdit pFieldICount = pFieldCount as IFieldEdit;
    pFieldICount.Type_2 = esriFieldType.esriFieldTypeInteger;
    pFieldICount.Name_2 = "个数";
    //用于添加表中的必要字段
    ESRI.ArcGIS.Geodatabase.IObjectClassDescription objectClassDescription =
    new ESRI.ArcGIS.Geodatabase.ObjectClassDescriptionClass();
    IFields pTableFields = objectClassDescription.RequiredFields;
    IFieldsEdit pTableFieldsEdit = pTableFields as IFieldsEdit;
    pTableFieldsEdit.AddField(pFieldID);
    pTableFieldsEdit.AddField(pFieldCount);
```

```
ITable pTable=pFwk.CreateTable(_TableName,pTableFields,null,null,"");
return pTable;
}
```

代码运行效果如图 4-6-8 所示。

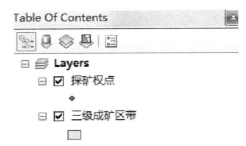

图 4-6-8　利用空间数据查询创建符合要求的表代码运行效果

（二）利用空间数据查询统计所需数据

```
/// <summary>
/// 第一个参数为面数据,第二个参数为点数据,第三个为输出的表
/// </summary>
/// <param name="_pPolygonFClass"></param>
/// <param name="_pPointFClass"></param>
/// <param name="_pTable"></param>
public void StatisticPointCount ( IFeatureClass _ pPolygonFClass, IFeature-
Class_pPointFClass,ITable_pTable)
{
    IFeatureCursor pPolyCursor=_pPolygonFClass.Search(null,false);
    IFeature pPolyFeature=pPolyCursor.NextFeature();
    while (pPolyFeature ! =null)
    {
        IGeometry pPolGeo=pPolyFeature.Shape;
        int Count=0;
        ISpatialFilter spatialFilter=new SpatialFilterClass();
        spatialFilter.Geometry=pPolGeo;
        spatialFilter.SpatialRel=esriSpatialRelEnum.esriSpatialRelContains;
        IFeatureCursor pPointCur=_pPointFClass.Search(spatialFilter,false);
        if (pPointCur ! =null)
        {
            IFeature pPointFeature=pPointCur.NextFeature();
            while (pPointFeature ! =null)
            {
                pPointFeature=pPointCur.NextFeature();
                Count++;
            }
        }
    }
```

```
if (Count ! =0)
{
    IRow pRow=_pTable.CreateRow();
    pRow.set_Value(1,pPolyFeature.get_Value(0));
    pRow.set_Value(2,Count);
    pRow.Store();
}
pPolyFeature=pPolyCursor.NextFeature();
}
}
```

代码运行效果如图4-6-9所示。

	OID	面ID	个数
▶	0	23	24
	1	43	42
	2	58	109
	3	62	72
	4	64	34
	5	65	80
	6	69	103
	7	70	27
	8	72	18
	9	73	11
	10	74	35
	11	79	52
	12	91	14
	13	98	15

（Res）

图4-6-9　利用空间数据查询统计所需数据代码运行效果

上述示例仅使用了空间过滤,没有使用属性过滤,如若将上述示例代码稍作改动,添加如图4-6-10所示的矩形内的代码,则示例代码运行效果明显改变。

```
int Count = 0;

ISpatialFilter spatialFilter = new SpatialFilterClass();

spatialFilter.Geometry = pPolGeo;

spatialFilter.SpatialRel = esriSpatialRelEnum.esriSpatialRelContains;

spatialFilter.WhereClause = "矿种=" + "'煤'";

IFeatureCursor pPointCur = _pPointFClass.Search(spatialFilter, false);

if (pPointCur != null)
{
    IFeature pPointFeature = pPointCur.NextFeature();

    while (pPointFeature != null)
    {
        pPointFeature = pPointCur.NextFeature();
        Count++;
    }
}
```

图4-6-10　属性过滤代码添加

属性过滤代码添加前后的代码运行效果对比如图 4-6-11 所示。

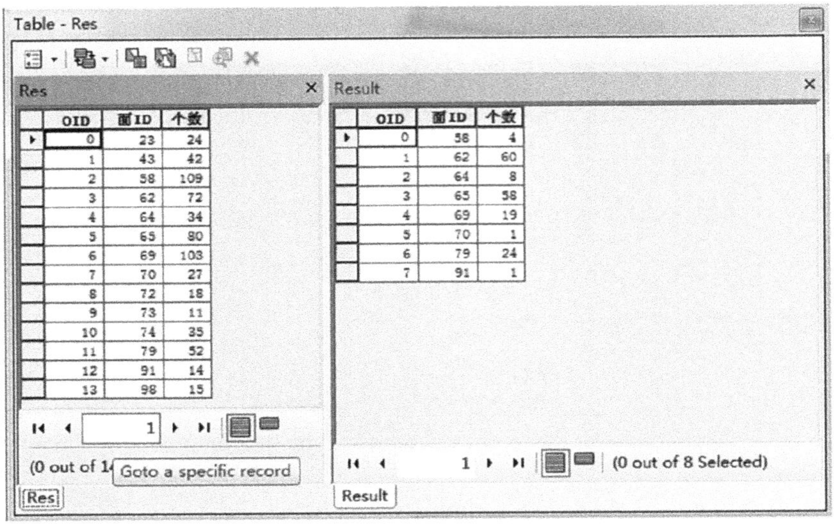

图 4-6-11　属性过滤代码添加前后的代码运行效果对比

第七节　空间数据交换

野外采集或相关部门提交的 GIS 数据通常不是 shp 格式,也不是以数据库存储的 FeatureClass,而是含有 X、Y 字段的 Excel 或 TXT 数据文件。基于 ArcMap 的 Addxy data 功能可实现 Excel 或 TXT 数据到空间数据的转换,即利用 Addxy 功能,设置好相关参数。Addxy 功能运行后,ArcMap 会生成一个内存图层。此时,借助 ArcMap 的数据导出功能,可将非 shapefile 文件导出为 shapefile 或 FeatureClass。

基于 ArcGIS Engine 实现上述功能,须用到如下接口:①IXYEvent2FieldsProperties 接口,主要用来控制生成空间数据的 X、Y 字段信息;②IXYEventSourceName 接口,主要用来生成空间数据。以下为基于 ArcGIS Engine 实现 Addxy 功能的代码示例。

```
/// <summary>
/// 模拟 Addxy 功能
/// </summary>
/// <param name="pTable"></param>
/// <param name="pSpatialReference"></param>
/// <returns></returns>
public IFeatureClass CreateXYEventSource(ITable pTable, ISpatialReference
pSpatialReference)
{
    IXYEvent2FieldsProperties pEvent2FieldsProperties=new
    XYEvent2FieldsPropertiesClass();
    pEvent2FieldsProperties.XFieldName="X";
    pEvent2FieldsProperties.YFieldName="Y";
```

```
IDataset pSourceDataset = (IDataset)pTable;
IName sourceName = pSourceDataset.FullName;
IXYEventSourceName pEventSourceName = new XYEventSourceNameClass();
pEventSourceName.EventProperties = pEvent2FieldsProperties;
pEventSourceName.EventTableName = sourceName;
pEventSourceName.SpatialReference = pSpatialReference;
IName pName = (IName)pEventSourceName;
IXYEventSource pEventSource = (IXYEventSource)pName.Open();
IFeatureClass pFeatureClass = (IFeatureClass)pEventSource;
return pFeatureClass;
}
```

第八节　空间数据排序

在处理地理空间数据时,有时需要对数据进行升序和降序排列处理。ArcMap 中只需在参与排序的字段上点击右键,然后选择排序操作即可。但当数据关闭后,重新打开的属性表中顺序又变了回去。更有甚者,ArcMap 中对数据排序之后,导出的结果并不符合预期。对于这样的问题,ArcGIS Engine 提供了 ITableSort 接口,该接口可克服 ArcMap 数据排序存在的系列问题,实现稳定高效的数据排序。ITableSort 接口包含如图 4-8-1 示的属性和方法。

All	Description
Ascending	Field sort order.
CaseSensitive	Character fields case sensitive. Default: False.
Compare	Compare call back interface. Specify Null (default) for normal behavior.
Cursor	The cursor of the data to sort on. Ensure that sorting fields are available. Cancels SelectionSet.
Fields	Comma list of field names to sort on.
IDByIndex	A id by its index value.
IDs	List of sorted IDs.
QueryFilter	The query filter on table or selection set.
Rows	Cursor of sorted rows.
SelectionSet	The selection set as a source of the data to sort on. Cancels Cursor.
Sort	Sort rows.
SortCharacters	Number of characters to sort on, for string fields. A null (default) sorts on the whole string.
Table	The table as a source of the data to sort on.

图 4-8-1　ITableSort 接口的属性和方法

以下为利用 ITableSort 接口实现对要素类排序的代码示例。

```
/// <summary>
/// true 表示升序,false 表示降序
/// </summary>
/// <param name = "_pTable"></param>
/// <param name = "_FieldName"></param>
/// <param name = "_Bool"></param>
void Sort(ITable_pTable, string_FieldName, bool_Bool)
{
```

```
ITableSort pTableSort =new TableSortClass();
pTableSort.Table =_pTable;
pTableSort.Fields =_FieldName;
pTableSort.set_Ascending(_FieldName,_Bool);
pTableSort.Sort(null);
ICursor  pSortCursor =pTableSort.Rows;
IRow  pSortRow =pSortCursor.NextRow();
IDataset  plSortDataset =_pTable as IDataset;
IFeatureWorkspace pFWs =
plSortDataset.Workspace as IFeatureWorkspace;
ITable plStable=pFWs.CreateTable("NewSort",_pTable.Fields, null, null,null);
while (pSortRow ! =null)
{
    IRow pRow =plStable.CreateRow();
    for (int i =0;i < pRow.Fields.FieldCount;i++)
    {
        if (pRow.Fields.get_Field(i).Type ! =esriFieldType.esriFieldTypeOID)
        {
            pRow.set_Value(i,  pSortRow.get_Value(i));
        }
    }
    pRow.Store();
    pSortRow =pSortCursor.NextRow();
}
}
```

代码运行效果如图 4-8-2 所示。

图 4-8-2　利用 ITableSort 接口实现对要素类排序代码运行效果

第九节　空间线性参考

空间线性参考是使用沿线要素相对位置信息定位和存储地理事件的方法。如图
4-9-1 所示,利用以下信息可以依据线要素定位点事件:①沿线测量值为 12 的位置;
②沿线的测量标记 10 以东 4 个单位。定位点事件的方式不止一种,如参照以下信息同样
可以依据线要素定位点事件:①从测量值 18 处开始,到测量值 26 处结束;②从测量值 28
处开始并延伸 12 个单位。

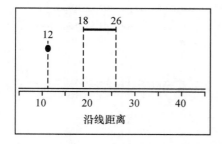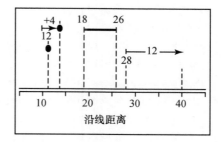

图 4-9-1　利用不同线要素参照信息定位点事件

GIS 中使用线性参照的原因如下:

（1）许多位置以沿线性要素事件的方式记录。如使用"沿国道 287 参照英里标记 35
以东 27m"这样的约定记录交通事故的位置;许多传感器使用沿线（沿管线、道路、河流
等）的距离测量值或时间测量值来记录沿线要素的条件。

（2）线性参照还用于将多个属性集与线要素的部分关联,不需要在每次更改属性值
时分割（分段）基本线要素。如大多数道路中心线要素类会在三个或更多路段相交以及
路段的名称发生改变时分段。

此外,以道路数据管理为例,开发人员通常想要记录有关道路的许多其他属性。如
果不使用线性参照,可能需要在属性值更改的每个位置将道路分割成很多小段。此时,
将上述情况处理为沿道路的线性参照事件可极大简化数据管理问题,如图 4-9-2 所示。

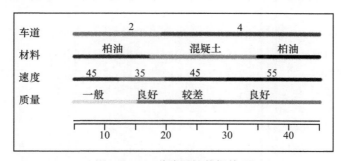

图 4-9-2　道路属性数据管理

以下为在道路网络中利用空间线性参考找到 ID 号为 20000013,且长度是 0~25 区间
的代码示例。

```
IPolyline FindRoutByMeasure(IFeatureClass_pRouteFC,string_pPKName,object
```

```
_pID, double_pFrom,double_pTo)
{
    IDataset pDataset=(IDataset)_pRouteFC;
    IName pName=pDataset.FullName;
    IRouteLocatorName pRouteLocatorName=new RouteMeasureLocatorNameClass();
    pRouteLocatorName.RouteFeatureClassName=pName;
    pRouteLocatorName.RouteIDFieldName=_pPKName;
    pRouteLocatorName.RouteMeasureUnit=esriUnits.esriFeet;
    pName=(IName)pRouteLocatorName;
    IRouteLocator2 pRouteLocator=(IRouteLocator2)pName.Open();
    IRouteLocation pRouteLoc=new RouteMeasureLineLocationClass();
    pRouteLoc.MeasureUnit=esriUnits.esriFeet;
    pRouteLoc.RouteID=_pID;
    IRouteMeasureLineLocation rMLineLoc=(IRouteMeasureLineLocation)pRouteLoc;
    rMLineLoc.FromMeasure=_pFrom;
    rMLineLoc.ToMeasure=_pTo;IGeometry pGeo=null;
    esriLocatingError locError;
    pRouteLocator.Locate(pRouteLoc,out pGeo,out locError);
    return pGeo as IPolyline;
}
```

以下为空间线性参考功能函数 FindRoutByMeasure 的代码调用。

```
IMap pMap=axMapControl1.Map;
IFeatureWorkspace pFtWs=GetFGDBWorkspace(@ "E:\arcgis\Engine\Rout.gdb")
as IFeatureWorkspace ;
    IFeatureLayer pFeatureLayer=new FeatureLayerClass();
    pFeatureLayer.FeatureClass=pFtWs.OpenFeatureClass("routes");
    pFeatureLayer.Name="路径";
    axMapControl1.Map.AddLayer(pFeatureLayer as ILayer);
    axMapControl1.Refresh();
    IPolyline pPolyline = FindRoutByMeasure (pFeatureLayer.FeatureClass," ROUTE1 ",
20000013,0,25);
    IRgbColor pColor=new RgbColorClass();
    pColor.Red=255;
    IElement pElement=new LineElementClass();
    ILineSymbol pLinesymbol=new SimpleLineSymbolClass();
    pLinesymbol.Color=pColor as IColor;
    pLinesymbol.Width=100;
    pElement.Geometry=pPolyline as IGeometry;
    IGraphicsContainer pGrahicsC=pMap as IGraphicsContainer;
    pGrahicsC.AddElement(pElement,0);
    axMapControl1.ActiveView.PartialRefresh (esriViewDrawPhase.esriViewGraphics, null,
null);
```

代码运行效果如图 4-9-3 所示。

88

图 4-9-3 利用空间线性参考查找道路区间的代码运行效果

第十节 空间动态分段

空间动态分段是使用线性参照测量系统,计算事件表中存储和管理事件的地图位置以及在地图上显示它们的过程。术语"空间动态分段"源于每次更改属性值时无需分割(分段)线要素的理念,即可以"动态"定位线段。利用空间动态分段,可将多组属性与现有线要素的任意部分相关联(无关其开始或结束位置)。可以显示、查询、编辑和分析上述属性,而不会影响基础线要素的几何信息。

以下为在道路网络中实现空间动态分段的代码示例。

```
IFeatureClass EventTable2FeatureClass(IFeatureClass _pRouteFC, string _pP-
KName, ITable _pEventTable, string _pFKName, string _pFrom, string _pTo)
{
IDataset pDataset = (IDataset)_pRouteFC;
IName pName = pDataset.FullName;
IRouteLocatorName pRouteLocatorName = new RouteMeasureLocatorNameClass();
pRouteLocatorName.RouteFeatureClassName = pName;
pRouteLocatorName.RouteIDFieldName = _pPKName;
pRouteLocatorName.RouteMeasureUnit = esriUnits.esriFeet;
pName = (IName)pRouteLocatorName;
IRouteEventProperties2 pRouteProp = new RouteMeasureLinePropertiesClass();
pRouteProp.AddErrorField = true;
```

89

```
pRouteProp.EventMeasureUnit=esriUnits.esriFeet;
pRouteProp.EventRouteIDFieldName=_pFKName;
IRouteMeasureLineProperties rMLineProp=
(IRouteMeasureLineProperties)pRouteProp;
rMLineProp.FromMeasureFieldName=_pFrom;
rMLineProp.ToMeasureFieldName=_pTo;
IDataset pDs=(IDataset)_pEventTable;
IName pNTableName=pDs.FullName;
IRouteEventSourceName pRouteEventSourceName=new
RouteEventSourceNameClass();
pRouteEventSourceName.EventTableName=pNTableName;
pRouteEventSourceName.EventProperties=
(IRouteEventProperties)pRouteProp;
pRouteEventSourceName.RouteLocatorName=pRouteLocatorName;
pName=(IName)pRouteEventSourceName;
IFeatureClass pFeatureClass=(IFeatureClass)pName.Open();
return pFeatureClass;
}
```

代码运行效果如图 4-10-1 所示。

RoutMeasure				
OBJECTID *	ROUTE1	FROM		TO
1	20000013	0		9
2	20000013	13		25

图 4-10-1　道路网络空间动态分段的代码运行效果

第十一节　空间数据附件

空间数据附件功能是 ArcGIS 10 的新功能。通过引入要素类附件,ArcGIS 可以灵活地管理与要素相关的附加信息。开发人员可以向单个要素添加文件作为附件,附件可以是图像、PDF、文本文档或任意其他文件类型。如采用某个要素表示建筑物,则可以使用附件来添加多张从不同角度拍摄的建筑物照片,以及包含建筑物契约和税务信息的 PDF 文件。

附件与超链接类似,但允许多个文件与一个要素相关联,将关联的文件存储在地理数据库中并以更多方式访问这些文件。可通过识别窗口、属性窗口(编辑时)、属性表窗口,以及 HTML 弹出窗口来查看这些附件。与附件相关的接口如下:

(1)ITableAttachments 接口。该接口用于控制一个要素类的附件,为一个要素类开启附件功能等,因此该接口被要素类(FeatureClass)实现。

(2) IAttachmentManager 接口。该接口用于管理附件,相当于一个关系类,通过该接口将附件添加到与要素相关联的关系类中。

(3) IAttachment 接口。该接口表示一个附件,由附件对象实现。

(4) IMemoryBlobStream 接口。该接口用于控制附件的读取。

以下为开启附件功能并添加附件的代码示例。

```
private void CreateAttachTable(IFeatureClass pFeatureClass, int pID, string pFilePath,
string pFileType)
    {
        //要素表是否有附件表,数据库只能是 10 版本的
        ITableAttachments pTableAtt = pFeatureClass as ITableAttachments;
        if (pTableAtt.HasAttachments == false)
            pTableAtt.AddAttachments();
        //获取附件管理器
        IAttachmentManager pAttachmentManager = pTableAtt.AttachmentManager;
        //用二进制流读取数据
        IMemoryBlobStream pMemoryBlobStream = new MemoryBlobStreamClass();
        pMemoryBlobStream.LoadFromFile(pFilePath);
        //创建一个附件
        IAttachment pAttachment = new AttachmentClass();
        pAttachment.ContentType = pFileType;
        pAttachment.Name = System.IO.Path.GetFileName(pFilePath);
        pAttachment.Data = pMemoryBlobStream;
        //添加到表中
        pAttachmentManager.AddAttachment(pID, pAttachment);
    }
```

代码运行效果如图 4-11-1 所示。

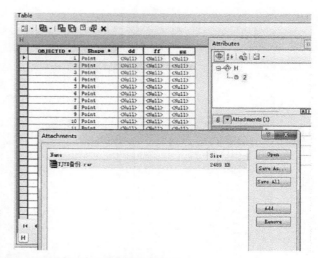

图 4-11-1 开启附件功能并添加附件代码运行效果

本章小结

本章主要介绍了利用 ArcGIS Engine 进行 Geodatabase 操作的基本方法。主要包括 Geodatabase 的打开与连接,矢量、栅格数据的获取与创建,空间数据的查询、转换、交换、排序等基本功能,实现了基于 Geodatabase 的地理空间数据管理。ArcGIS Engine 中 Geodatabase 的数据管理和维护机制代表了空间数据管理的一种新模式,借助于关系型数据库自身的发展和强大,建立一个稳定的、海量的空间数据维护和管理系统,可以快速高效实现。数据的维护和管理、安全控制、备份等都有了较好的保障,并能更好地降低数据存储的冗余。当然,在建立了大型 Geodatabase 的基础上,对空间数据的分析和应用则是当前需要进一步完善的研究,特别是对如何从海量空间数据中发现和提取有用的知识,为实际的应用决策服务,成为地理空间数据管理研究的重点内容。

复习思考题

1. 简述 Geodatabase 与 Worksapce 之间的关系。
2. 简述打开 Geodatabase 使用的类和对象,以及类和对象之间的关系。
3. 试分析矢量、栅格数据管理在流程上的异同。
4. 如何实现面向矢量数据的属性查询?
5. 如何将离散水深点数据导出生成 shapefile 文件?

第五章　几何对象和空间参考

几何(Geometry)对象用于表达要素(Feature)或图形元素(Graphic Element)的几何形状。ArcGIS Engine 提供的几何对象被分为高级几何对象和构件几何对象两个层次。高级几何对象是指用于定义要素的几何形状;构件几何对象则用于构建高级几何对象。空间参考(SpatialReference)是 GIS 数据的骨骼框架,能够将数据定位到相应的位置,为地图中的每一点提供准确的坐标。在同一个地图上显示的地图数据的空间参考必须是一致的,如果两个图层的空间参考不一致,往往会导致两幅地图无法正确拼合,因此开发 GIS 时,为数据选择正确的空间参考非常重要。本章系统阐述了 Geomtry 对象及与之相关的类和对象,总结了 SpatialReference 与 Geomtry 对象的逻辑关联,并通过实例展示了两者在地理空间图形数据构造过程中的应用示范。

第一节　Geomtry 对象

Geometry 是 GIS 中使用最为广泛的对象集之一,开发人员在创建、删除、编辑和进行地理分析时,其处理对象就是一个包含几何形体的矢量对象。除显示要素之外,空间对象的选择、要素符号化、要素标注、要素编辑等都需要 Geometry 参与。ArcGIS Engine 中的几何对象有严格的定义,且提供了几何对象的 OMD,如图 5-1-1 所示。

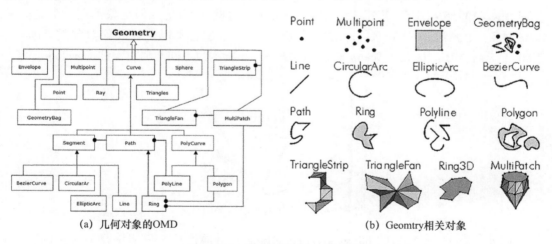

(a) 几何对象的OMD　　　　　　　(b) Geomtry相关对象

图 5-1-1　Geomtry 对象组成分析

几何对象的 OMD 中,位于最上面的 Geomtry 是一个抽象的对象,因而在使用 Geomtry 时需由其子类完成实例化。在 ArcGIS Engine 中 Geometry 类实现了 IGometry 接口,而 IGeometry 接口定义了所有几何对象通用的属性和方法(如投影、空间参考等)。IGeometry 接口的属性和方法如图 5-1-2 所示。

All ▼	Description
▬ Dimension	The topological dimension of this geometry.
▬ Envelope	Creates a copy of this geometry's envelope and returns it.
▬ GeometryType	The type of this geometry.
← GeoNormalize	Shifts longitudes, if need be, into a continuous range of 360 degrees.
← GeoNormalizeFromLongitude	Normalizes longitudes into a continuous range containing the longitude. This method is obsolete.
▬ IsEmpty	Indicates whether this geometry contains any points.
← Project	Projects this geometry into a new spatial reference.
← QueryEnvelope	Copies this geometry's envelope properties into the specified envelope.
← SetEmpty	Removes all points from this geometry.
← SnapToSpatialReference	Moves points of this geometry so that they can be represented in the precision of the geometry's associated spatial reference system.
▬ SpatialReference	The spatial reference associated with this geometry.

图 5-1-2　IGeometry 接口的属性和方法

IGeometry 接口的 IGeometry. Dimension 属性用于获取几何对象的拓扑维度。如返回 0，表示该几何对象为点或多点对象；如返回 1，表示该几何对象为多线；以此类推，如图 5-1-3 所示。

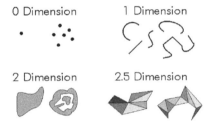

图 5-1-3　IGeometry. Dimension 属性含义

IGeometry 接口的 IGeometry. Envelope 属性返回一个 IEnvelope 对象。Envelope 是所有几何对象的外接矩形，用于表示几何对象的最小边框，所有的几何对象都有一个 Envelope 对象。IEnvelope 是 Envelope 对象的主要接口，通过它可以获取几何对象的 XMax、XMin、YMax、YMin、Height、Width 属性，如图 5-1-4 所示为不同几何对象的 Envelope。

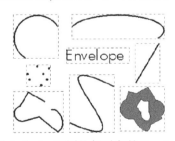

图 5-1-4　不同几何对象的 Envelope

此外，IGeometry 接口的 IGeometry. SpatialReference 属性用于返回该几何对象的空间参考信息；IGeometry. Project 方法用于实现几何对象坐标参考系的转换。

第二节　Point 和 MultiPoint 对象

世界的本质是物质，对于 GIS 来说，点是矢量数据的本质，点生线、线生面……，如此组合,构成了 GIS 世界中的矢量空间。

一、Point 几何对象

Point 是一个 0 维的几何图形,具有 X、Y 坐标值以及一些可选属性,如高程值(Z 值)、度量值(M 值)等。M 属性和 ID 号在空间线性参考和空间动态分段中经常用到。点对象用于描述精确定位的对象,如一个电话亭在一个城市的精确位置,如图 5-2-1 所示。

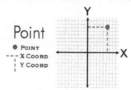

图 5-2-1　Point 几何对象

以下代码演示如何创建一个 Point 对象。

```
/// <summary>
/// 获取点
/// </summary>
/// <param  name = "x"></param>
/// <param  name = "y"></param>
/// <returns></returns>
private IPoint ConstructPoint(double x,double y)
{
    IPoint pPoint =new PointClass();
    pPoint.PutCoords(x,y);
    return pPoint;
}
```

二、MultiPoint 几何对象

MultiPoint 对象是一系列无序的点的群集,这些点具有相同的属性信息。如可以用一个点集来表示整个城市天然气调压站(一个 Multipoint 对象由 6 个 Point 对象组成),如图 5-2-2 所示。

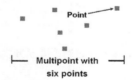

图 5-2-2　MultiPoint 几何对象

以下代码片段演示如何构建 MultiPoint 对象。

```
private object pMissing =Type.Missing;
public IGeometry GetMultipointGeometry()
{
    const double MultipointPointCount =25;
```

```
IPointCollection pPointCollection=new MultipointClass();
for (int i=0;i < MultipointPointCount;i++)
    pPointCollection.AddPoint(GetPoint(),ref pMissing,ref pMissing);
return pPointCollection as IGeometry;
}

private IPoint GetPoint()
{
    const double Min=-10;
    const double Max=10;
    Random pRandom=new Random();
    doublex=Min + (Max-Min) * pRandom.NextDouble();
    doubley=Min + (Max-Min) * pRandom.NextDouble();
    return ConstructPoint(x,y);
}
```

第三节　与 Polyline 相关的对象

　　Segment 对象是一个有起点和终点的"线",也就是说,Segement 只有两个点,至于两点之间的线是直的还是曲的,则需要其余参数定义。因而,Segment 由起点、终点和参数定义三个方面确定。Segment 有 4 个子类,分别是直线、圆弧、椭圆弧和贝赛尔曲线(图 5-3-1)。

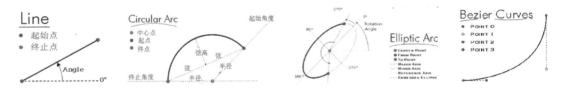

图 5-3-1　Segment 的子类

ISegment 可用于线要素的灵活分段,其两类典型方法如图 5-3-2 所示。

图 5-3-2　ISegment 进行线要素分段的常用方法

第四节　MultiPatch 几何对象

　　MultiPatch 几何对象用于描述 3D 图形,可以由 TriangleStrip、TriangleFan、Triangle 和 ring 对象组合构成。MultiPatch 可以通过多种方式创建,一种是通过导入外部 3D 格式数据文件(3DStudioMax . 3dsfiles、OpenFlight . fltfiles、COLLADA . daefiles、Sketchup . skpfiles、VRML . wrlfiles),另外,ArcGIS Engine 提供了多种创建 MultiPatch 几何对象的方法。

如果创建没有贴图纹理、没有法向、没有组成部分信息的 MultiPatch 时,只需创建好组成 MultiPatch 的各个部分即可,然后通过 MultiPatch 的 IGeometryCollection 接口添加各个组成部分。

如果要为 MultiPatch 每个组成部分添加纹理信息、法向信息、属性信息,就必须使用 GeneralMultiPatchCreator 对象来创建,通过其 IGeneralMultiPatchInfo 接口来为 MultiPatch 各个组成部分定义法向、材质和属性信息。通过 IGeneralMultiPatchInfo 接口可以获取这些 MultiPatch 的各个组成部分的信息。

通过 IConstructMultiPatch 接口和 IExtrude 接口操作 GeometryEnvironment 对象可以通过拉伸 Polyline 对象(拉伸为墙)和 Polygon 对象(拉伸为多面体)来创建 MultiPatch。

通过访问 3D 符号库,获取 3DSymbol 来渲染点,把三维符号放置在点的位置从而生成 MultiPatch。

MultiPatch 对象的贴图原理如图 5-4-1 所示。

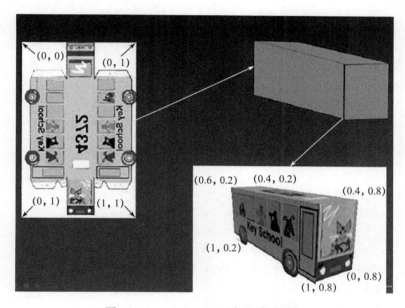

图 5-4-1　MultiPatch 对象的贴图原理

通过 GeneralMultiPatchCreator 创建一个有纹理 MultiPatch 的方法。需要使用以下 3 个对象。

(1) GeometryMaterial:用于构建材质,通过 IGeometryMaterial 创建的材质可以作为 TextureLineSymbol 或者 TextureFillSymbol 属性用来创建这些符号,也可以把它添加到 GeometryMaterialList 对象中,用于 GeneralMultiPatchCreator 对象构建 MultiPatch 对象。

(2) GeometryMaterialList:材质对象的容器,用于 GeneralMultiPatchCreato 对象调用 Init 方法时使用。

(3) GeneralMultiPatchCreator:用于创建有纹理的贴图的 MultiPatch。

以下代码片段演示如何创建一个 MultiPatch 对象。

```
/// <summary>
/// 构建 MultiPatch 几何对象
/// </summary>
```

```
///<returns>返回 MultiPatch 几何对象</returns>
public IMultiPatch CreateMultiPatch()
{
    Try
    {
        //创建图形材质对象
        IGeometryMaterial texture=new GeometryMaterialClass();
        texture.TextureImage=@ "C:\Temp\MyImage.jpg";
        //创建材质列表对象
        IGeometryMaterialList materialList = new GeometryMaterialListClass
();
        //向材质列表添加材质
        materialList.AddMaterial(texture);
        //创建 GeneralMultiPatchCreator 对象
        IGeneralMultiPatchCreator MultiPatchCreator=
        new GeneralMultiPatchCreatorClass();
        MultiPatchCreator.Init(4,1,false,false,false,4,materialList);
        //设置 Part:可以使三角扇或环
        MultiPatchCreator.SetPatchType(0,esriPatchType.esriPatchTypeTriangleStrip);
        MultiPatchCreator.SetMaterialIndex(0,0);
        MultiPatchCreator.SetPatchPointIndex(0,0);
        MultiPatchCreator.SetPatchTexturePointIndex(0,0);
        //创建真实 points.
        WKSPointZ upperLeft=new WKSPointZ();
        WKSPointZ lowerLeft=new WKSPointZ();
        WKSPointZ upperRight=new WKSPointZ();
        WKSPointZ lowerRight=new WKSPointZ();
        upperLeft.X=0;
        upperLeft.Y=0;
        upperLeft.Z=0;
        upperRight.X=300;
        upperRight.Y=0;
        upperRight.Z=0;
        lowerLeft.X=0;
        lowerLeft.Y=0;
        lowerLeft.Z=-100;
        lowerRight.X=300;
        lowerRight.Y=1;
        lowerRight.Z=-100;
        MultiPatchCreator.SetWKSPointZ(0,ref upperRight);
        MultiPatchCreator.SetWKSPointZ(1,ref lowerRight);
        MultiPatchCreator.SetWKSPointZ(2,ref upperLeft);
        MultiPatchCreator.SetWKSPointZ(3,ref lowerLeft);
```

```
//设置贴图的点
WKSPoint textureUpperLeft =new WKSPoint();
WKSPoint textureLowerLeft =new WKSPoint();
WKSPoint textureUpperRight =new WKSPoint();
WKSPoint textureLowerRight =new WKSPoint();
textureUpperLeft.X = 0;textureUpperLeft.Y = 0;
textureUpperRight.X = 1;textureUpperRight.Y = 0;
textureLowerLeft.X = 0;textureLowerLeft.Y = 1;
textureLowerRight.X = 1;textureLowerRight.Y = 1;
MultiPatchCreator.SetTextureWKSPoint(0,ref textureUpperRight);
MultiPatchCreator.SetTextureWKSPoint(1,ref textureLowerRight);
MultiPatchCreator.SetTextureWKSPoint(2,ref textureUpperLeft);
MultiPatchCreator.SetTextureWKSPoint(3,ref textureLowerLeft);
//创建 MultiPatch 对象
IMultiPatch MultiPatch=MultiPatchCreator.CreateMultiPatch() as IMultiPatch;
return MultiPatch;
}
catch (Exception Err)
{
    MessageBox.Show(Err.Message,"提示", MessageBoxButtons.OK,
    MessageBoxIcon.Information);
}
}
```

一、Path 对象

Path 是连续的 Segment 的集合,除路径的第一个 Segment 和最后一个 Segment 外,其余 Segment 的起始点都是前一个 Segment 的终止点。即 Path 对象的中的 Segment 不能出现分离,Path 可以是任意数的 Segment 子类的组合,如图 5-4-2 所示。

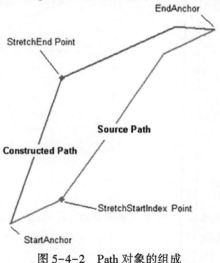

图 5-4-2 Path 对象的组成

99

Path 对象有很多常用的线要素处理方法,如平滑曲线、曲线抽稀等操作,如图 5-4-3 所示。

←	Generalize	Generalizes this path using the Douglas-Poiker algorithm.
■─	GeometryType	The type of this geometry.
←	GeoNormalize	Shifts longitudes, if need be, into a continuous range of 360 degrees.
←	GeoNormalizeFromLongitude	Normalizes longitudes into a continuous range containing the longitude. This method is obsolete.
←	GetSubcurve	Extracts a portion of this curve into a new curve.
■─	IsClosed	Indicates if 'from' and 'to' points (of each part) are identical.
■─	IsEmpty	Indicates whether this geometry contains any points.
■─	Length	The length of the curve.
←	Project	Projects this geometry into a new spatial reference.
←	QueryChordLengthTangents	Returns tangent vectors (relative to corresponding endpoint) at both sides of a Bezier end point; and whether they have been set by user or by smoothing process.
←	QueryEnvelope	Copies this geometry's envelope properties into the specified envelope.
←	QueryFromPoint	Copies this curve's 'from' point to the input point.
←	QueryNormal	Constructs a line normal to a curve from a point at a specified distance along the curve.
←	QueryPoint	Copies to outPoint the properties of a point on the curve at a specified distance from the beginning of the curve.
←	QueryPointAndDistance	Finds the point on the curve closest to inPoint, then copies that point to outPoint; optionally calculates related items.
←	QueryTangent	Constructs a line tangent to a curve from a point at a specified distance along the curve.
←	QueryToPoint	Copies the curve's 'to' point into the input point.
←	ReverseOrientation	Reverses the parameterization of the curve ('from' point becomes 'to' point, first segment becomes last segment, etc).
←	SetChordLengthTangents	Sets tangent vectors (relative to corresponding endpoint) at both sides of a Bezier end point; if either is Nothing, they will be set by smoothing process.
←	SetEmpty	Removes all points from this geometry.
←	Smooth	Converts this path into a smooth approximation of itself that contains only Bezier curve segments.

图 5-4-3 Path 常用的线要素处理方法

二、Ring 对象

Ring 是一个封闭的 Path(图 5-4-4),即起始和终止点具有相同的坐标值,Ring 具有内部和外部属性。一个或多个 Ring 对象组成一个 Polygon 对象。

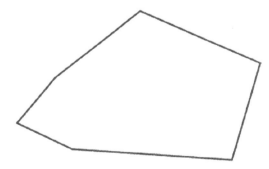

图 5-4-4 Ring 对象的组成

三、Polyline 对象

Polyline 对象是由一个或多个相连或者不相连的 Path 对象组成的有序集合,通常用来代表线状地物如道路、河流、管线等。Polyline 对象在 ArcGIS Engine 中的 OMD 如图 5-4-5 所示。

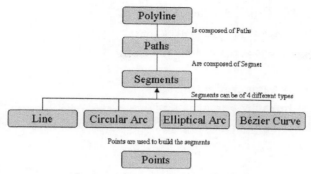

图 5-4-5　Polyline 对象的 OMD

Polyline 对象 OMD 的某些几何对象可以组合产生新的几何形体。如 Polyline 由 Path 构成,Path 又可以由 Segement 组成。但这并不意味着开发人员必须按照这种层次去构造 Polyline。实际上 Polyline 对象可以是单个 Path 对象组成,也可以是多个相连的 Path 对象组成,或者是多个分离的 Path 组成,如图 5-4-6 所示。

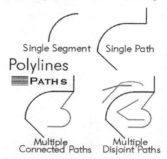

图 5-4-6　Polyline 对象的组成

Polyline 是有序 Path 组成的集合,具有 M、Z 和 ID 属性。Polyline 对象的 IPointCollection 接口包含了所有的节点信息;IGeometryCollection 接口可以获取 Polyline 的 Paths; ISegmentCollection 接口可以获取 Polyline 的 Segments。Polyline 对象必须满足以下准则。

（1）组成 Polyline 对象的所有 Path 对象必须是有效的;

（2）组成 Polyline 对象的所有 Path 对象不能重合,相交或自相交;

（3）组成 Polyline 对象的多个 Path 对象可以连接于某一点,也可以分离;

（4）Path 对象的长度不能为 0。

IPolyline 是 Polyline 类的主要接口。IPolyline 的 Reshape 方法可以使用一个 Path 对象为一个 Polyline 对象整形;IPolyline 的 SimplifyNetwork 方法用于简化网络。Polyline 对象可以使用 IGeometryCollection 接口添加 Path 对象的方法来创建,使用该接口需注意以下情况。

（1）每一个 Path 对象必须是有效的,或使用 IPath∷Simplify 方法后有效;

（2）由于 Polyline 是 Path 对象的有序集合,所以添加 Path 对象时必须注意顺序和方向;

（3）为保证 Polyline 有效,可在创建完 Polyline 对象后使用 ITopologicalOperator 接口的 Simplify 方法。

下面代码片段演示了一个 Polyline 的构成。

```
private object pMissing=Type.Missing;
public IGeometry GetPolylineGeometry()
{
    const double PathCount=3;
    const double PathVertexCount=3;
    IGeometryCollection pGeometryCollection=new PolylineClass();
    for (int i=0;i < PathCount;i++)
    {
        IPointCollection pPointCollection=new PathClass();
        for (int j=0;j < PathVertexCount;j++)
        pPointCollection.AddPoint(GetPoint(),ref pMissing,ref pMissing);
        pGeometryCollection.AddGeometry ( pPointCollection as  IGeometry,
ref pMissing,ref pMissing);
    }
    return pGeometryCollection as IGeometry;
}
private IPoint GetPoint()
{
    const double Min=-10;
    const double Max=10;
    Random random=new Random();
    doublex=Min + (Max-Min) * random.NextDouble();
    doubley=Min + (Max-Min) * random.NextDouble();
    return ConstructPoint(x,y);
}
```

四、几类对象的区别

Segment、Path、Ring 和 Polyline 对象中，Segment 是最小的单位，具体的构成路线可以分为两种：①Segment→Path→Ring(封闭的 Path)；②Segment→Path→Polyline。

因此，可认为 Segment 是一种 Path，只不过这个 Path 由一个 Segment 组成；Ring 也是一种 Path，只不过是一个起点和终点重合的 Path。Segment、Path、Ring 和 Polyline 对象的区别参见图 5-4-7。

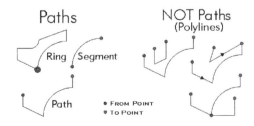

图 5-4-7　Segment、Path、Ring 和 Polyline 对象的区别

第五节　Polygon 对象

Polygon 对象是由一个或多个 Ring 对象组成的有序集合。Polygon 对象可以由单个 Ring 对象构成,也可以由多个 Ring 组成。Polygon 通常用来代表有面积的多边形矢量对象,如行政区,建筑物等。Polygon 对象在 ArcGIS Engine 中的 OMD 如图 5-5-1 所示。

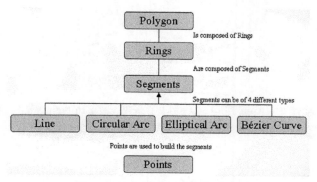

图 5-5-1　Polygon 对象的 OMD

Polygon 对象 OMD 中 Polygon 是由 Rings 构成,而 Ring 又是由 Segment 构成。但这并不意味着开发人员必须按照这种层次去构造 Polygon,采用 Point 集合构造 Polygon 的代码如下:

```
/// <summary>
///通过点构造面
/// </summary>
/// <param name="pPointCollection"></param>
/// <returns></returns>
public IPolygon CreatePolygonByPoints(IPointCollection pPointCollection)
{
    IGeometryBridge2 pGeometryBridge2=new GeometryEnvironmentClass();
    IPointCollection4 pPolygon=new PolygonClass();
    WKSPoint[] pWKSPoint=new WKSPoint[pPointCollection.PointCount];
    for (int i=0;i < pPointCollection.PointCount;i++)
    {
        pWKSPoint[i].X=pPointCollection.get_Point(i).X;
        pWKSPoint[i].Y=pPointCollection.get_Point(i).Y;
    }
    pGeometryBridge2.SetWKSPoints(pPolygon,ref pWKSPoint);
    IPolygon pPoly=pPolygon as IPolygon;
    pPoly.close();
    return pPoly;
}
```

组成 Polygon 的是 Ring,其中 Ring 可以分为 OuterRing(外环)和 InnerRing(内环)。

外环和内环都是有方向的,它们的区别是外环的方向是顺时针的,内环的方向是逆时针,如图 5-5-2 所示。

图 5-5-2　Polygon 对象的组成

Polygon 对象设计了 IArea 接口,该接口用来实现对 Polygon 中心、重心以及面积的访问,以下片段用来获取 Polygon 的面积:

```
IArea pArea=pPolygon as IArea;
DoubleS=pArea.Area;
```

第六节　Curve 对象

除 Point、MultiPoint 和 Envelope 外,其他几何体都可以看作是 Curve(曲线)。Line、Polyline、Polygon、CircularArc、BezierCurve、EllipticArc 和 CircularArc 都是曲线的一种,都实现了 ICurve 接口,相关属性和方法如下。

(1) ICurve 接口的 Length 属性用于返回一个 Curve 对象的长度。

(2) ICurve 接口的 FromPoint 和 ToPoint 属性可以获得 Curve 对象的起止点。

(3) ICurve 接口的 Reverseorientation 方法可以改变一个 Curve 对象的节点次序,即调动 Curve 对象的起始点和终止点互相调换。

(4) ICurve 接口的 IsClosed 属性则可以判断一个 Curve 对象起始点和终止点是否在一个位置上。

(5) ICurve 接口的 GetSubcurve 方法可以复制一条 Curve 对象的特定部分。

对于一条 10km 公路的 Curve 对象,获取其 2~5km 处的公路曲线代码片段如下:

```
//QI 到 ICurve 接口
ICurve pCurve=pPolyline as ICurve;
//创建一个 Polyline 对象
ICurve pNewCurve=new PolylineClass();
bool btrue=true;
//获取 2~5 千米间的曲线对象
pCurve.GetSubcurve(2,5,btrue,out pNewCurve);
```

此外,ICurve 接口的 QueryTangent 和 QueryNormal 方法分别用于获取 Curve 对象上某一点的曲线的切线和法线。

利用 ICurve 接口可以实现线要素平头缓冲区的构建,其思路为:将线向左右两边移动相同的距离,然后将一条线的方向反向,加入另外一条,构造矩形或者矩形面。

```
private IPolygon FlatBuffer(IPolyline pLline1,double pBufferDis)
{
    objecto=System.Type.Missing;
    //分别对输入的线平移两次(正方向和负方向)
    IConstructCurve pCurve1=new PolylineClass();
    pCurve1.ConstructOffset(pLline1,pBufferDis,ref o,ref o);
    IPointCollection pCol=pCurve1 as IPointCollection;
    IConstructCurve pCurve2=new PolylineClass();
    pCurve2.ConstructOffset(pLline1,-1 * pBufferDis,ref o,ref o);
    //把第二次平移的线的所有节点翻转
    IPolyline pline2=pCurve2 as IPolyline;
    pline2.ReverseOrientation();
    //把第二条的所有节点放到第一条线的 IPointCollection 里面
    IPointCollection pCol2=pline2 as IPointCollection;
    pCol.AddPointCollection(pCol2);
    //用面去初始化一个 IPointCollection
    IPointCollection pPointCol=new PolygonClass();
    pPointCol.AddPointCollection(pCol);
    //把 IPointCollection 转换为面
    IPolygon pPolygon=pPointCol as IPolygon;
    //简化节点次序
    pPolygon.SimplifyPreserveFromTo();
    return pPolygon;
}
```

第七节　Geometry 集合接口

通过前文关于 Geometry 对象的介绍可知,除 Point 对象之外,其余几何对象都是通过其他几何对象集合构建而成。如 MultiPoint 对象是点的集合,Path 对象是 Segment 对象的集合,Polyline 对象是 Path 对象的集合,Polygon 对象是 Ring 对象的集合,MultiPatch 对象是 TriangleStrip 和 TrangleFan、Trangle、Ring 对象的集合。

ArcGIS Engine 提供了三个主要的几何图形集合接口用于对几何对象的操作,分别是 IPointCollection、ISegmentCollection 和 IGeometryCollection。这些接口揭示出 ArcGIS Engine 的几何模型的实质——组合模式,但这种组合并不一定按照严格的层次结构组织。

IPointCollection、ISegmentCollection 和 IGeometryCollection 接口在程序开发中经常使用,接下来简单阐述三类接口的使用方法。

IGeometryCollection 接口被 Polygon、Polyline、Multipoint、MultiPatch、Trangle、TrangleStrip、TrangleFan 和 GeometryBag 所实现。IGeometryCollection 接口提供的方法可以让开发人员对一个几何对象的组成元素即子对象进行添加、改变和移除。如:组成 Polyline 对象的子对象是 Path 对象;组成 Polygon 对象的子对象是 Ring 对象;组成 Multipoint 对象的子对象是 Point 对象;组成 MultiPatch 对象的子对象是 TrangleFanTrangleStrip、Triangle

或 Ring 对象。

组成 GeometryBag 对象的是任何类型的几何体对象,实际上 GeometryBag 是一个可以容纳任何类型几何对象的容器。

IGeometryCollection 接口是具有相同类型的几何对象的集合,该接口的 Geometry 属性可以通过一个索引值返回一个组成该几何对象的某个子对象,而 GeometryCount 返回组成该几何对象的子对象的数目。

IGeometryCollection 的 AddGeometry 和 AddGeometries 方法都用于向一个几何对象添加子对象。两者的区别是前者一次只能添加一个几何对象,而后者可以一次添加一个几何对象数组。除此之外,AddGeometry 方法可以将子对象添加到几何的指定索引值的位置,而 AddGeometries 方法将子对象数组添加到集合的最后。

在使用 AddGeometry 方法添加子对象到 Polygon 对象的过程中,如果子对象即 Ring 出现覆盖现象,那么多边形就没有封闭或出现了包含关系,这个 Polygon 就不是简单 Polygon。因此通过 IGometryCollection 来创建一个 Polygon 时,需要使用 ITopologicalOperator 的 Simplify 方法保证其有效性。

一、IGeometryCollection 接口

通过 IGeometryCollection 创建一个 Polygon 对象的代码片段如下:

```
private IPolygon ConstructorPolygon(List<IRing> pRingList)
{
    try
    {
        IGeometryCollection pGCollection=new PolygonClass();
        objecto=Type.Missing;
        for (int i=0;i < pRingList.Count;i++)
        {
            //通过 IGeometryCollection 接口的 AddGeometry 方法
            //向 Polygon 对象中添加 Ring 子对象
            pGCollection.AddGeometry(pRingList[i],ref o,ref o);
        }
        //QI 至 ITopologicalOperator
        ITopologicalOperator pTopological=pGCollection as ITopologicalOperator;
        //执行 Simplify 操作
        pTopological.Simplify();
        IPolygon pPolygon=pGCollection as IPolygon;
        //返回 Polygon 对象
        return pPolygon;
    }
    catch (Exception Err)
        return null;
}
```

```
private IPolygon MergePolygons(IPolygon firstPolygon,IPolygon SecondPolygon)
{
    try
    {
        //创建一个 Polygon 对象
        IGeometryCollection pGCollection1=new PolygonClass();
        IGeometryCollection pGCollection2=firstPolygon as IGeometryCollection;
        IGeometryCollection pGCollction3=SecondPolygon as IGeometryCollection;
        //添加 firstPolygon
        pGCollection1.AddGeometryCollection(pGCollection2);
        //添加 SecondPolygon
        pGCollection1.AddGeometryCollection(pGCollection3);
        //QI 至 ITopologicalOperator
        ITopologicalOperator pTopological=pGCollection1 as ITopologicalOperator;
        //执行 Simplify 操作
        pTopological.Simplify();
        IPolygon pPolygon=pGCollection1 as IPolygon;
        //返回 Polygon 对象
        return pPolygon;
    }
    catch (Exception Err)
        return null;
}
```

需要指出的是:GeometryBag 是支持 IGeometry 接口的几何对象引用的集合,任何几何对象都可以通过 IGeometryCollection 接口添加到 GeometryBag 中。但是在使用拓扑操作的时候,需要注意,不同的几何类型可能会有相互不兼容的情况。在向 GeometryBag 中添加几何对象的时候,GeometryBag 对象需要指定空间参考,添加到其中的几何对象均拥有与 GeometryBag 对象一样的空间参考。在 GIS 中,矢量数据模型是地理数据的重要表现形式,而 Esri 提供了多种方式对矢量数据进行管理(shpfile、coverage 和 Geodatabase)。在 Geodatabase 中,一个要素类的每条记录都有一个 Shape 字段,而 Shape 字段就存储了几何空间形体,几何空间形体用来精确描述现实世界中的空间对象,ArcGIS 中提供了众多的空间分析工具就是对 Shape 字段进行操作的。

二、ISegmentCollection 接口

ISegmentCollection 接口被 Path、Ring、Polyline 和 Polygon 四个类所实现,它们被称作是 Segment 集合对象,使用这个接口可以处理组成 Segment 集合对象中的每一个子 Segment 对象。使用 ISegmentCollection 接口可以为一个 Segment 集合对象添加、插入、删除 Segment 子对象。ISegmentCollection 接口 SetCircle 和 SetRectangle 方法提供了一种简单不需要添加 Segment 的情况下构建一个完成的 Path、Ring、Polyline 和 Polygon 的方法。

三、IPointCollection 接口

IPointCollection 可以被多个几何对象类所实现,这些对象都是由多个点构成,如 Mullipoint、Path、Ring、Polyline、Polygon、TriangleFan、TrangleStrip、Trangle、MultiPatch 等,它们都可以称为 PointCollection 对象。通过 IPointCollection 接口定义的方法可以获取、添加、插入、查询、移除几何对象中的某个顶点。同 IGeometryCollection、ISegmentCollection 接口一样,IPointCollection 接口也定义了操作一个点集合对象的方法。如通过 AddPoint 方法可以向 PointCollection 对象中的特定索引位添加一个点对象,如果不指定位置,则添加到最后;通过 IPointCollection 的 Point 属性通过顶点索引可以得到某一顶点。

四、Geometry 集合接口总结

在 Geometry 模型中的几何对象分为两种类型:一类是用来直接构建要素类的,称为高级几何对象;另一类用来构建高级几何对象相对低一级的几何对象,称为构件几何对象(表 5-7-1)。

表 5-7-1　高级几何对象与低级几何对象

几何对象名称	所属类别	构成子几何对象	用于创建和编辑的接口
Polyline	高级	Path	IGeometryCollection,IPointCollection
Polygon	高级	Ring	IGeometryCollection,IPointCollection
MultiPoint	高级	Point	IGeometryCollection,IPointCollection
Ring	低级	Segment	ISegmentCollection,IPointCollection
Path	低级	Segment	ISegmentCollection,IPointCollection
Segment	低级	Point	IPoint,ILine,ICurve
Point	高级/低级	无	IPoint

第八节　空间参考

ArcGIS 中,每个数据集都具有一个空间参考,该空间参考用于将数据集与通用坐标框架(如地图)内的其他地理数据图层集成。通过空间参考可在地图中集成数据集,以及执行各种集成的分析操作,例如叠加不同的源和空间参考中的数据图层。

一、空间参考概念

(一)大地水准面

大地水准面是由静止海水面并向大陆延伸所形成的不规则的封闭曲面。它是重力等位面,即物体沿该面运动时,重力不做功(如水在这个面上是不会流动的)。因为地球的质量并非在各个点均匀分布,因此重力的方向也会相应发生变化,所以大地水准面的形状是不规则的,如图 5-8-1 所示。

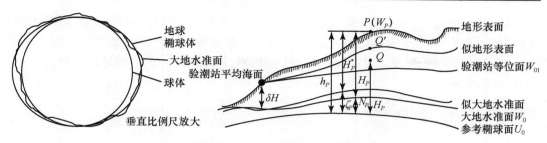

图 5-8-1　几个参考系统的关系图

（二）地球椭球体

由定义可以知大地水准面的形状也是不规则的,仍不能用简单的数学公式表示。为了测量成果的计算和制图的需要,人们选用一个同大地水准面相近的可以用数学方法来表达的椭球体来代替,简称地球椭球体。地球椭球体是一个规则的曲面,是测量和制图的基础,是人们选定的跟大地水准面很接近的规则曲面。地球椭球体可以有多个,采用长半轴、短半轴和扁率来表示。表 5-8-1 列出了常见的参考椭球。

表 5-8-1　常见参考椭球

参考椭球名称	长半轴 a/m	短半轴 b/m	扁率 f
贝赛尔（Bessel）	6377397.155	6356078.963	$(a-b)/a$
克拉克 I（Clarke）	6378206.000	$a(1-f)$	1.0/294.98
克拉克 II（Clarke）	6378249.000	$a(1-f)$	1.0/293.46
海福特（Hayford）	6378388.000	$a(1-f)$	1.0/297.00
克拉索夫斯基（Krasovsky）	6378245.000	6356863.0187730473	$(a-b)/a$
GRS75	6378140.000	6356755.2881575287	$(a-b)/a$
GRS80	6378137.000	$a(1-f)$	1.0/298.26
WGS84	6378137.000	$a(1-f)$	1.0/298.257223563
CGCS2000	6378137.000	$a(1-f)$	1.0/298.257222101

（三）基准面

基准面是在特定区域内与地球表面极为吻合的椭球体。椭球体表面上的点与地球表面上的特定位置相匹配,也就是对椭球体进行定位,该点也被称为基准面的原点。原点的坐标是固定的,所有其他点由其计算获得,如图 5-8-2 所示。

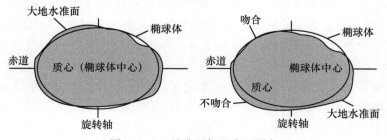

图 5-8-2　基准面与基准面原点

基准面的坐标系原点往往距地心有一定偏移(也有坐标系原点在地心的基准面,如WGS1984、西安 80 和北京 54 的基准面)。因为椭球体通过定位以便能更好地拟合不同的地区,所以同一个椭球体可以拟合好几个基准面,即基准面是基于椭球体进行设置的,如图 5-8-3 所示。

图 5-8-3　ArcGIS 中基准面的设置界面

因为原点不同,所以不同的基准面上,同一个点的坐标是不相同的。以下以华盛顿州贝灵厄姆市为例,使用 NAD27、NAD83 和 WGS84 以十进制为单位比较贝灵厄姆的坐标。如表 5-8-2 所示,NAD83 和 WGS84 表示的坐标几乎相同,但 NAD27 表示的坐标则大不相同,这是由于基准面和旋转椭球体对地球基本形状的表示方式差异造成的。

表 5-8-2　不同基准面时华盛顿州贝灵厄姆市的地理坐标

基准面	经度/(°)	纬度/(°)
NAD 1927	−122.46690368652	48.7440490722656
NAD 1983	−122.46818353793	48.7438798543649
WGS 1984	−122.46818353793	48.7438798534299

(四)地图投影

简单地说,地图投影就是把地球表面的任意点,利用一定数学法则,转换到地图平面上的理论和方法。

二、空间参考坐标系

(一)地理坐标系

地理坐标系(GCS)也称为真实世界的坐标系,是用于确定地物在地球上位置的坐标系,采用经纬度来表示地物的位置。经度和纬度是从地心到地球表面上某点的测量角,通常以度或百分度为单位来测量。图 5-8-4 所示 GCS 将地球显示为具有经度和纬度值的椭球体。

GCS 是基于基准面的使用三维球面来定义地球上的位置,GCS 往往被误称为基准面。然而基准面仅是 GCS 的一部分,GCS 包括角度测量单位、本初子午线和基准面。ArcGIS 中地理坐标系组成如图 5-8-5 所示。

以下代码片段演示了如何改变一个图层的空间参考。

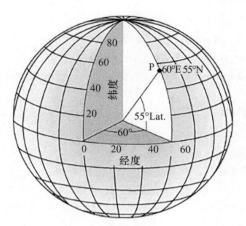

图 5-8-4 地理坐标系

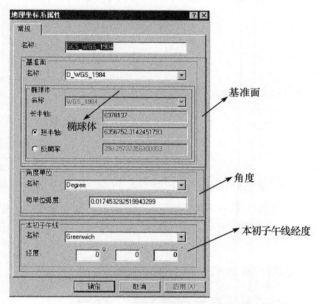

图 5-8-5 ArcGIS 中地理坐标系设置

```
/// <summary>
/// 改变图层的空间参考
/// </summary>
/// <param name = "pFeatureLayer">图层</param>
/// <param name = "pGeoType">空间参考类型</param>
private void ChangeLayerRef( IFeatureLayer pFeatureLayer,int gcsType)
{
    try
    {
        IFeatureClass pFeatureClass =pFeatureLayer. FeatureClass;
        //QI 到 IGeoDataset
        IGeoDataset pGeoDataset =pFeatureClass as IGeoDataset;
```

```
//QI 到 IGeoDatasetSchemaEdit
IGeoDatasetSchemaEdit pGeoDatasetSchemaEdit=pGeoDataset as
IGeoDatasetSchemaEdit;
if(pGeoDatasetSchemaEdit.CanAlterSpatialReference==true)
{
    //创建 SpatialReferenceEnvironmentClass 对象
    ISpatialReferenceFactory2 pSpaRefFactory=new
    SpatialReferenceEnvironmentClass();
    //创建地理坐标系对象
    IGeographicCoordinateSystem pNewGeoSys=
    pSpaRefFactory.CreateGeographicCoordinateSystem(gcsType);//
4214 代表 Beijing1954
    pGeoDatasetSchemaEdit.AlterSpatialReference(pNewGeoSys);
}
}
catch(Exception Err)
{
    MessageBox.Show(Err.Message,"提示",MessageBoxButtons.OK,
    MessageBoxIcon.Information);
}
}
```

（二）投影坐标系

投影坐标系是基于地理坐标系的,采用基于 X、Y 值的坐标系统来描述地球上某个点所处的位置。可认为投影坐标系=地理坐标系(如:北京 54、西安 80、WGS84)+投影方法(如:高斯-克吕格、Lambert 投影、Mercator 投影)+线性单位。ArcGIS 中投影坐标系组成如图 5-8-6 所示。

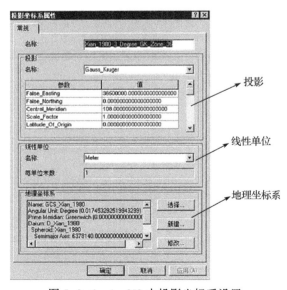

图 5-8-6　ArcGIS 中投影坐标系设置

三、空间参考支持

ArcGIS Engine 提供系列对象供开发人员管理 GIS 坐标系统。对于普通开发人员,了解 ProjectedCoordinateSystem、GeographicCoordinateSystem 和 SpatialReferenceEnvironment 三个组件类是有必要的;对于高级开发人员,可能需要自定义坐标系统,由此需要使用到 Projection、Datum、AngularUnit、Spheriod、PrimeMeridian 和 GeoTransformation 等对象。在 ArcGIS 中除了前述两种坐标系,还有一种称为 Unknown 的坐标系。Unknown 坐标系是当数据没有坐标(如 jpg 等文件)或者坐标文件丢失的时候,ArcMap 不能识别数据的投影信息而默认赋予的,在 ArcGIS Engine 中如图 5-8-7 所示的三个类分别对应了三类典型坐标系。

Classes	Description
GeographicCoordinateSystem	Creates a geographic coordinate system.
ProjectedCoordinateSystem	Creates a projected coordinate system.
UnknownCoordinateSystem	Creates an unknown coordinate system.

图 5-8-7 ArcGIS Engine 提供的三类典型坐标系

利用 ArcGIS Engine 创建坐标系或基准面需借助 SpatialReferenceEnvironmentClass 类,该类实现了 ISpatialReferenceFactory 接口。ISpatialReferenceFactory 接口定义了创建坐标系,基准面等属性和方法,如图 5-8-8 所示。

All ▾	Description
CreateDatum	Creates a predefined datum.
CreateESRISpatialReference	Creates a spatial reference system and defines it from the specified ESRISpatialReference buffer.
CreateESRISpatialReferenceFromPRJ	Creates a spatial reference from a PRJ string.
CreateESRISpatialReferenceFromPRJFile	Creates a spatial reference from a PRJ file.
CreateGeographicCoordinateSystem	Creates a predefined geographic coordinate system.
CreateGeoTransformation	Creates a predefined transformation between geographic coordinate systems.
CreateParameter	Creates a predefined parameter.
CreatePredefinedAngularUnits	Creates a list of predefined angular units.
CreatePredefinedDatums	Creates a list of a list of predefined datums.
CreatePredefinedLinearUnits	Creates a list of predefined linear units.
CreatePredefinedPrimeMeridians	Creates a list of predefined prime meridians.
CreatePredefinedProjections	Creates a list of predefined projections.
CreatePredefinedSpheroids	Creates a list of predefined spheroids.
CreatePrimeMeridian	Creates a predefined prime meridian.
CreateProjectedCoordinateSystem	Creates a predefined projected coordinate system.
CreateProjection	Creates a predefined projection.
CreateSpheroid	Creates a predefined spheroid.
CreateUnit	Creates a predefined unit of measure.
ExportESRISpatialReferenceToPRJFile	Exports a spatial reference to a PRJ file.

图 5-8-8 ISpatialReferenceFactory 接口属性和方法

使用 ISpatialReferenceFactory 创建坐标系时需要传入一个 int 类型的参数,该 int 类型参数是相应坐标系代号,如 4326 代表 WGS1984。图 5-8-9 列出了几类常用坐标系代号。

esriSRGeoCS_VoirolUnifie1960	4305	Voirol Unifie 1960.
esriSRGeoCS_VoirolUnifie1960Degree	104305	Voirol Unifie 1960 (Degree).
esriSRGeoCS_VoirolUnifie1960Paris	4812	Voirol Unifie 1960 (Paris).
esriSRGeoCS_WGS1972	4322	WGS 1972.
esriSRGeoCS_WGS1972BE	4324	WGS 1972 Transit Broadcast Ephemer.
esriSRGeoCS_WGS1984	4326	WGS 1984.

图 5-8-9 常用坐标系代号

（一）同一基准面的坐标转换

同一基准面同一位置经纬度坐标是一样的,不同的是计算成平面坐标的时候可能有所不同。由于转换算法相差较大,以下以经纬度坐标转为平面坐标为例,介绍同一基准面坐标转换的代码示例。

```
private IPoint GetpProjectPoint(IPoint pPoint, bool pBool)
{

    ISpatialReferenceFactory pSpatialReferenceEnvironemnt = new
    SpatialReferenceEnvironment();
    ISpatialReference pFromSpatialReference =
    pSpatialReferenceEnvironemnt.CreateGeographicCoordinateSystem((int)
esriSRGeoCS3Type.esriSRGeoCS_Xian1980);//西安80
    ISpatialReference pToSpatialReference =
    pSpatialReferenceEnvironemnt.CreateProjectedCoordinateSystem((int)
esriSRProjCS4Type.esriSRProjCS_Xian1980_3_Degree_GK_Zone_34);//西安80
    if(pBool==true)//球面转平面
    {

        IGeometry pGeo=(IGeometry)pPoint;
        pGeo.SpatialReference=pFromSpatialReference;
        pGeo.Project(pToSpatialReference);
        return pPoint;

    }
    else //平面转球面
    {

        IGeometry pGeo=(IGeometry)pPoint;
        pGeo.SpatialReference=pToSpatialReference;
        pGeo.Project(pFromSpatialReference);
        return pPoint;

    }

}
```

（二）不同基准面的坐标转换

如前所述,同一位置的坐标在不同基准面上是不一样的,而基准面也是构成坐标系的一个部分。因为基准面在定位的时候牵扯到了相对地心的平移或旋转等,所以对于不同基准面的坐标转换无法直接进行,需要对应的转换参数。常用的转换参数有三参数和七参数,三参数仅是在两个基准面之间进行了 X、Y、Z 轴的平移;七参数不仅考虑了两个基准面之间的平移,还考虑了不同轴方向上的旋转外及比例因子(椭球体大小可能不一样)。如图 5-8-10 所示即为不同基准面的坐标转换原理。

对于不同基准面之间的转换,ArcGIS Engine 提供了一个用来控制转换参数的接口 IGeoTransformation,该接口被图 5-8-11 所示的类实现。

图 5-8-11 中每一个接口对应一种转换方法。如 GeocentricTranslationClass 类实现了三参数,而 CoordinateFrameTransformationClass 类实现了七参数。要实现三参数或者七参数需要 IGeometry2 或更新接口的 ProjectEx 方法。以下代码实现了不同基准面之间的坐标转换。

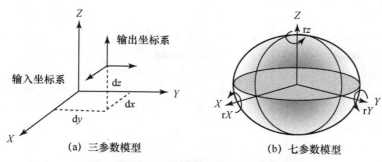

(a) 三参数模型   (b) 七参数模型

图 5-8-10 不同基准面的坐标转换原理

Classes	Description
AbridgedMolodenskyTransformation	Creates an Abridged Molodensky transformation.
CompositeGeoTransformation	Performs a sequence of geographic transformations.
CoordinateFrameTransformation	Creates a Coordinate Frame transformation.
GeocentricTranslation	Creates a geocentric translation.
Geographic2DOffsetTransformation	Creates a geographic 2D offset transformation.
HARNTransformation	Creates a HARN-based transformation.
LongitudeRotationTransformation	Creates a longitude rotation transformation.
MolodenskyBadekasTransformation	Creates a Molodensky-Badekas transformation.
MolodenskyTransformation	Creates a Molodensky transformation.
NADCONTransformation	Creates a NADCON-based transformation.
NTv2Transformation	Creates a NTv2-based transformation.
NullTransformation	Creates a null geographic transformation.
PositionVectorTransformation	Creates a Position Vector transformation.
UnitChangeTransformation	Creates a unit change transformation.

图 5-8-11 实现 IGeoTransformation 接口的类

```
public void ProjectExExample()
{
    ISpatialReferenceFactory pSpatialReferenceFactory =
    new SpatialReferenceEnvironmentClass();
    // ISpatialReference pFromCustom =
    // pSpatialReferenceFactory.CreateESRISpatialReferenceFromPRJFile ( @ "
    E:\arcgis\Engine\zidingyi.prj");
    IPoint pFromPoint = new PointClass();
    pFromPoint.X = 518950.788;
    pFromPoint.Y = 4335923.97;
    IZAware pZAware = pFromPoint as IZAware;
    pZAware.ZAware = true;
    pFromPoint.Z = 958.4791;
    // ((IGeometry)pFromPoint).SpatialReference = pFromCustom;
    // 自定义投影 WGS84 下的北京 6 度 19 带。
    ((IGeometry)pFromPoint).SpatialReference =
    CreateCustomProjectedCoordinateSystem();
    // 目标投影
    IProjectedCoordinateSystem projectedCoordinateSystem =
    pSpatialReferenceFactory.CreateProjectedCoordinateSystem (( int ) es-
    riSRProjCS4Type.esr iSRProjCS_Xian1980_GK_Zone_19);
    // 因为目标和原始基准面不在同一个上，所以牵扯到参数转换，用 7 参数转换
```

115

```
    ICoordinateFrameTransformation pCoordinateFrameTransformation = new
    CoordinateFrameTransformationClass();
    pCoordinateFrameTransformation.PutParameters(-112.117,4.530,21.89,-
0.00058702,-0.00476421,0.00009358,0.99998006411);
    pCoordinateFrameTransformation.PutSpatialReferences (CreateCustomPro-
jectedCoordinateSystem(),projectedCoordinateSystem as ISpatialReference);
    //投影转换
    IGeometry2 pGeometry = pFromPoint as IGeometry2;
    pGeometry.ProjectEx(projectedCoordinateSystem as ISpatialReference ,
esriTransformDirection.esriTransformForward, pCoordinateFrameTransforma-
tion,false,0,0);
}


private IProjectedCoordinateSystem CreateCustomProjectedCoordinateSystem()
{
    ISpatialReferenceFactory2 pSpatialReferenceFactory =
    new SpatialReferenceEnvironmentClass();
    IProjectionGEN pProjection = pSpatialReferenceFactory.CreateProjection
((int) esriSRProjectionType.esriSRProjection_GaussKruger) as IProjectionGEN;
    IGeographicCoordinateSystem pGeographicCoordinateSystem =
    pSpatialReferenceFactory.CreateGeographicCoordinateSystem ((int) es-
riSRGeoCSType.esri SRGeoCS_WGS1984);
    ILinearUnit pUnit =
    pSpatialReferenceFactory.CreateUnit((int)esriSRUnitType.esriSRUnit_
Meter) as ILinearUnit;
    IParameter[] pParameters = pProjection.GetDefaultParameters();
    IProjectedCoordinateSystemEdit pProjectedCoordinateSystemEdit = new
    ProjectedCoordinateSystemClass();

    object pName = "WGS-BeiJing1954";
    object pAlias = "WGS-BeiJing1954";
    object pAbbreviation = "WGS-BeiJing1954";
    object pRemarks = "WGS-BeiJing1954";
    object pUsage = "Calculate Meter From lat and lon";
    object pGeographicCoordinateSystemObject =pGeographicCoordinateSystem as object;
    object pUnitObject = pUnit as object;
    object pProjectionObject = pProjection as object;
    object pParametersObject = pParameters as object;

    pProjectedCoordinateSystemEdit.Define(ref pName , ref pAlias , ref pAb-
breviation,ref pRemarks,ref pUsage,ref pGeographicCoordinateSystemObject,ref
pUnitObject,ref pProjectionObject,ref pParametersObject);
    IProjectedCoordinateSystem5 pProjectedCoordinateSystem =
```

```
pProjectedCoordinateSystemEdit as IProjectedCoordinateSystem5;
        pProjectedCoordinateSystem.FalseEasting=500000;
        pProjectedCoordinateSystem.LatitudeOfOrigin=0;
        pProjectedCoordinateSystem.set_CentralMeridian(true,111);
        pProjectedCoordinateSystem.ScaleFactor=1;
        pProjectedCoordinateSystem.FalseNorthing=0;
        return pProjectedCoordinateSystem;
}
```

本章小结

　　本章主要介绍了 Geomtry 对象及与之相关的类和对象,包括 Geomtry 对象、Point 对象、MultiPoint 对象、Polyline 对象、Polygon 对象、Curve 对象、MultiPatch 对象等。Geomtry 对象是其他几何对象的父类,在使用 Geomtry 时需由其子类完成实例化。同时,ArcGIS Engine 提供了 Geomtry 集合接口的概念,如 IPointCollection 接口、ISegmentCollection 接口和 IGeometryCollection 接口。Geomtry 集合接口主要用于实现对 Geomtry 对象的操作。在此基础上,本章阐述了空间参考与 Geomtry 相关对象的逻辑关联,以实例展示的方式介绍了地理坐标系、投影坐标系的使用方法及不同应用条件下坐标的转换步骤。

复习思考题

1. Geometry 对象主要表达哪些内容?
2. 高级几何对象包括哪些?
3. 构件几何对象包括哪些?
4. 如何利用 Geometry 对象实现从 Polyline 对象到 Polygon 对象的转换?
5. Geomtry 集合接口的作用是什么?
6. 地理坐标系与投影坐标系在使用上有什么区别和联系?
7. 坐标转换的前提和基本步骤是什么?

第六章 矢量数据分析

矢量数据是一类直接以空间坐标为基础,记录地理实体位置及其关系的 GIS 数据。矢量数据按照数据组织结构的不同,可划分为简单数据结构的矢量数据和拓扑数据结构的矢量数据。简单数据结构是以点、线、面等地理实体为组织单元,记录其属性信息和坐标信息的数据结构方式;拓扑数据结构是在记录地理实体位置信息、属性信息的基础上,增加了地理实体间拓扑关系的数据结构方式。实际应用中无论是简单数据结构还是拓扑数据结构的矢量数据,都大量涉及其空间数据的分析,如叠加分析、关系分析、临近分析、拓扑分析、网络分析和空间插值分析等。本章立足满足矢量数据分析的应用需求,重点介绍 ArcGIS Engine 中涉及的矢量数据分析的相关类和方法,并通过实例展示不同矢量数据分析的过程和关键步骤。

第一节 叠加分析

叠加分析是将有关主题层组成的数据层面,进行叠加产生一个新数据层面的操作,其结果综合了原来两层或多层要素所具有的属性,从已有的数据中提取空间隐含的信息。叠加分析不仅包含空间关系的比较,还包含属性关系的比较。叠加分析可以分为矢量图层的叠加分析和栅格数据的叠加分析。其中矢量的叠加分析包括交集(Intersect)、裁减(Clip)、合并叠加(Union)以及合并(Merge)等类型。矢量图层叠加分析需要用到的主要接口是 IBasicGeoProcessor,提供了如图 6-1-1 所示的属性和方法。

图 6-1-1 IBasicGeoProcessor 接口的属性和方法

IBasicGeoProcessor 接口中,所定义几个方法的参数都很相似。以 Intersect 方法为例,其包含的参数如下:

publicIFeatureClass Intersect(

ITable *inputTable*,(第一个要素类)

bool *useSelectedInput*,(是否使用第一个要素中选择的数据)

ITable *overlayTable*,(第二个要素类)

　<u>**bool**</u>　　*useSelectedOverlay*，（是否使用第二个要素中选择的数据）
　<u>**double**</u>　　*Tolerance*，（容差）
　IFeatureClassName　　*outputName*（输出要素对象）
　　）
　　输出要素对象的类型是 IFeatureClassName，也就是名称对象。关于名称对象，在前续章节阐述中，其他几个参数较为容易理解。ESRI 提供的这个方法，其相关的参数正如叠加分析的定义那样，输入相关数据，通过叠加分析，构造一个新的数据从而挖掘潜在信息。
　　以下为进行 Intersect 操作的代码示例。

```
public IFeatureClass Intsect(IFeatureClass_pFtClass , IFeatureClass_pFt-
Overlay , string_FilePath,string_pFileName)
    {
        IFeatureClassName pOutPut =new FeatureClassNameClass();
        pOutPut.ShapeType =_pFtClass.ShapeType;
        pOutPut.ShapeFieldName =_pFtClass.ShapeFieldName;
        pOutPut.FeatureType =esriFeatureType.esriFTSimple;
        // set output location and feature class name
        IWorkspaceName pWsN =new WorkspaceNameClass();
        pWsN.WorkspaceFactoryProgID="esriDataSourcesFile.ShapefileWorkspaceFactory";
        pWsN.PathName =_FilePath;
        // 也可以用这种方法，IName 和 IDataset 的用法
        /*
        IWorkspaceFactory pWsFc =new ShapefileWorkspaceFactoryClass();
        IWorkspace pWs =pWsFc.OpenFromFile(_FilePath,0);
        IDataset pDataset =pWs as IDataset;
        IWorkspaceName pWsN =pDataset.FullName as IWorkspaceName;
        */
        IDatasetName pDatasetName =pOutPut as IDatasetName;
        pDatasetName.Name =_pFileName;
        pDatasetName.WorkspaceName =pWsN;
        IBasicGeoprocessor pBasicGeo =new BasicGeoprocessorClass();
        IFeatureClass pFeatureClass =pBasicGeo.Intersect(_pFtClass as ITable ,
false,_pFtOverlay as ITable , false,0.1,pOutPut);
        return pFeatureClass;
    }
```

代码运行效果如图 6-1-2 所示。

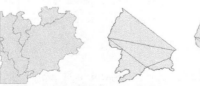

(a) 第一个要素类　　(b) 第二个要素类　　(c) Intersect结果
图 6-1-2　Intersect 操作代码运行效果

第二节 关系分析

GIS 中的空间对象除了拥有属性数据之外,相互之间还存在某种关系。如:一个点在一个面的内部,两个对象相交、相等、包含、相接等关系。关系运算符(RelationalOperators)用于比较两个几何体,并返回一个 boolean 值来说明几何对象之间是否存在上述关系。IRelationalOperatior 接口提供了如图 6-2-1 所示的方法。

←	Contains
←	Crosses
←	Disjoint
←	Equals
←	Overlaps
←	Relation
←	Touches
←	Within

图 6-2-1 IRelationalOperatior 接口的方法

IRelationalOperator 接口被面、线等几何要素实现。IRelationalOperator 接口中方法的参数非常类似(往往是几何对象)。以 Contains 方法为例,其包含的参数如下:

```
publicbool  Contains (IGeometry  other (另一个几个对象));
```

以下为利用 IRelationalOperator 实现空间包含统计的代码示例。

```
IFeatureClass pPolygonFClass=GetFeatureClass(@ "D:\空间查询\分析用的空间数据", "三级成矿区带");

IFeatureClass  pPointFClass=GetFeatureClass(@ "D:\空间查询\分析用的空间数据", "探矿权点");

ITable pTable=CreateTable(@ "D:\空间查询\分析用的空间数据", "Res3");

IFeatureCursor pPolyCursor  =pPolygonFClass.Search(null, false);

IFeature pPolyFeature=pPolyCursor.NextFeature();

while (pPolyFeature ! =null)

{
    IGeometry pPolGeo=pPolyFeature.Shape;

    IRelationalOperator pRel=pPolGeo as  IRelationalOperator;

    int Count=0;

    IFeatureCursor pPointCur=pPointFClass.Search(null, false);

    IFeature pPointFeature=pPointCur.NextFeature();

    while (pPointFeature ! =null)

    {
        IGeometry pPointGeo=pPointFeature.Shape;

        if (pRel.Contains(pPointGeo))

            Count++;
```

```
        pPointFeature=pPointCur.NextFeature();
    }
    if (Count ! =0)
    {
        IRow pRow=pTable.CreateRow();
        pRow.set_Value(1, pPolyFeature.get_Value(0));
        pRow.set_Value(2, Count);
        pRow.Store();
    }
    pPolyFeature=pPolyCursor.NextFeature();
}
```

第三节　临近分析

临近分析用于确定一个到多个要素、或两个要素类间的要素邻近性,经常用来识别与一个要素最近的其他要素或者两个要素间的最短距离等。ArcGIS Engine 中实现临近分析操作的接口是 IProximityOperator。IProximityOperator 接口提供了如图 6-3-1 所示的方法。

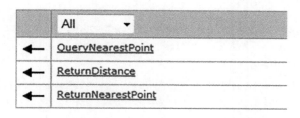

图 6-3-1　IProximityOperator 接口的方法

ReturnDistance、QueryNearesPoin 和 ReturnNearestPoint 方法主要用于得到两个几何对象之间的距离或得到一个给定点到某几何对象的最近点之间的距离(图 6-3-2)。其中:ReturnDistance 方法用于返回两个几何对象间的最短距离;QueryNearesPoin 方法用于查询获取几何对象上离给定输入点的最近距离的点的引用;ReturnNearestPoint 方法用于创建并返回几何对象上离给定输入点的最近距离的点。

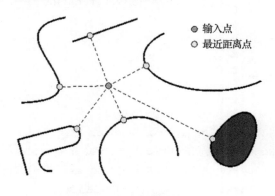

图 6-3-2　字符串运算的结果

以下为通过临近分析操作实现 Moran'I 中的邻接矩阵的代码示例。

Moran'I 分为全局和局部两种。通常情况,先做一个地区的全局 I 指数,全局指数只是表明空间是否出现了集聚或异常值,但并没有告诉在哪里出现。换句话说,全局 Moran'I 只回答 Yes 还是 NO;如果全局有自相关出现,还需继续解析局部自相关。局部 Moran'I 会指明哪里出现了异常值或者哪里出现了集聚,是一个回答 Where 的工具。在计算 Moran 的时候有一个很关键的步骤就是计算邻接矩阵,借助 IProximityOperator 接口可以生成相应矩阵表。

```
/// <summary>
/// 这个字段要是唯一的
/// </summary>
/// <param name="_FilePath"></param>
/// <param name="_TableName"></param>
/// <param name="_pFeatureClass"></param>
/// <param name="_FieldName"></param>
/// <returns></returns>
private ITable CreateWeightTable(string_FilePath , string_TableName , IFeatureClass_pFeatureClass,string_FieldName)
{
    IWorkspaceFactory pWks=new ShapefileWorkspaceFactoryClass();
    IFeatureWorkspace pFwk=pWks.OpenFromFile(_FilePath,0) as IFeatureWorkspace;
    //用于添加表中的必要字段
    ESRI.ArcGIS.Geodatabase.IObjectClassDescription objectClassDescription=
    new ESRI.ArcGIS.Geodatabase.ObjectClassDescriptionClass();
    IFields pTableFields=objectClassDescription.RequiredFields;
    IFieldsEdit pTableFieldsEdit=pTableFields as IFieldsEdit;
    int index=_pFeatureClass.FindField(_FieldName);
    IField pField=new FieldClass();
    IFieldEdit pFieldEdit=pField as IFieldEdit;
    pFieldEdit.Name_2=_FieldName;
    pTableFieldsEdit.AddField(pFieldEdit);
    pFieldEdit.Type_2=_pFeatureClass.Fields.get_Field(index).Type;

    IFeatureCursor pFtCursor=_pFeatureClass.Search(null,false);
    IFeature pFt=pFtCursor.NextFeature();
    while (pFt ! =null )
    {
        IField pFieldv=new FieldClass();
        IFieldEdit pFieldEditv=pFieldv as IFieldEdit;
        pFieldEditv.Name_2=pFt.get_Value(index).ToString();
        pFieldEditv.Type_2=esriFieldType.esriFieldTypeInteger;
        pTableFieldsEdit.AddField(pFieldEditv);
        pFt=pFtCursor.NextFeature();
```

```
        }

        ITable pTable=pFwk.CreateTable(_TableName,pTableFields,null,null,"");
        IFeatureCursor pFtCursor1=_pFeatureClass.Search(null,false);
        IFeature pFt1=pFtCursor1.NextFeature();
        while (pFt1！=null)
        {
            IRow pRow=pTable.CreateRow();
            pRow.set_Value(1,pFt1.get_Value(index));
            pRow.Store();
            pFt1=pFtCursor1.NextFeature();
        }
        return pTable;
    }
    IFeatureClass pPolygonFClass=GetFeatureClass(@"D:\空间查询\分析用的空间数
据","行政区");
    ITable pTable=CreateWeightTable(@"D:\空间查询\分析用的空间数据","Weight",
pPolygonFClass,"NAME");
    IFeature pFt1,pFt2;
    IFeatureCursor pFtCur1,pFtCur2;
    pFtCur1=pPolygonFClass.Search(null,false);
    pFt1=pFtCur1.NextFeature();
    ICursor pCursor=pTable.Update(null,false);
    IRow pRow=pCursor.NextRow();
    intj=0;
    ///这里是关键,在这里进行计算,这里可以通过计算上三角或者下三角进行优化
    while (pFt1！=null)
    {
        IProximityOperator pProx=pFt1.Shape as IProximityOperator;
        pFtCur2=pPolygonFClass.Search(null,false);
        pFt2=pFtCur2.NextFeature();
        while (pFt2！=null)
        {
            double dis=pProx.ReturnDistance(pFt2.Shape);
            if(dis==0)
            {
                pRow.set_Value(j+2,1);
                pRow.Store();
            }
            pFt2=pFtCur2.NextFeature();
            j++;
        }
        j=0;
```

```
        pRow=pCursor.NextRow();
        pFt1=pFtCur1.NextFeature();
}
```

代码运行效果如图 6-3-3 所示。

OID	Name	北京市	天津市	河北省	上海市	福建省	江西省	山东省	河南省	湖北省	湖南省	海南省	陕西省	宁夏回族自	香港特别行	贵州省	重庆市	四川省
0	北京市	1	1	1	0	0	0	0	0	0	0	0	0	0	0	0	0	0
1	天津市	1	1	1	0	0	0	0	0	0	0	0	0	0	0	0	0	0
2	河北省	1	1	1	0	0	0	1	1	0	0	0	0	0	0	0	0	0
3	上海市	0	0	0	1	0	0	0	0	0	0	0	0	0	0	0	0	0
4	福建省	0	0	0	0	1	1	0	0	0	0	0	0	0	0	0	0	0
5	江西省	0	0	0	0	1	1	0	0	1	1	0	0	0	0	0	0	0
6	山东省	0	0	1	0	0	0	1	1	0	0	0	0	0	0	0	0	0
7	河南省	0	0	1	0	0	0	1	1	1	0	0	1	0	0	0	1	0
8	湖北省	0	0	0	0	0	0	0	1	1	0	0	1	0	0	1	1	1
9	湖南省	0	0	0	0	0	1	0	0	1	1	0	0	0	0	1	1	0
10	海南省	0	0	0	0	0	0	0	0	0	0	1	0	0	0	0	0	0
11	陕西省	0	0	0	0	0	0	0	1	1	0	0	1	1	0	0	1	1
12	宁夏回族自治	0	0	0	0	0	0	0	0	0	0	0	1	1	0	0	0	0
13	香港特别行政	0	0	0	0	0	0	0	0	0	0	0	0	0	1	0	0	0
14	贵州省	0	0	0	0	0	0	0	0	1	1	0	0	0	0	1	1	1
15	重庆市	0	0	0	0	0	0	0	1	1	1	0	1	0	0	1	1	1
16	四川省	0	0	0	0	0	0	0	0	1	0	0	1	0	0	1	1	1
17	山西省	0	0	1	0	0	0	0	0	0	0	0	0	0	0	0	0	0
18	浙江省	0	0	0	1	1	1	0	0	0	0	0	0	0	0	0	0	0

图 6-3-3　临近分析实现 Moran′I 中邻接矩阵的代码运行效果

第四节　拓扑分析

拓扑分析是空间分析中的重要部分,各种空间分析的结果都可以通过几何图像之间的拓扑运算实现。如查找距离超市 1000m 内有多少居民,居民中有多少潜在顾客。即是一个典型的缓冲区分析问题,其实际就是给超市做了个 1000m 的缓冲区,然后用这个缓冲区和居民数据叠加以挖掘潜在顾客。空间拓扑关系定义在 ITopologicalOperator 接口中,从帮助文档中可以获得 ITopologicalOperator 的详细信息,表述为:ITopologicalOperator 接口提供了基于现有几何体(geometries)之间拓扑关系来构建新几何体的属性和方法。

以下为在地图上通过鼠标点击实现空间缓冲查询的代码示例。

```
IMap pMap=axMapControl1.Map;
IActiveView pActView=pMap as IActiveView;
IPoint pt=pActView.ScreenDisplay.DisplayTransformation.ToMapPoint(e.x,e.y);
ITopologicalOperator pTopo=pt as ITopologicalOperator;
IGeometry pGeo=pTopo.Buffer(500);
ESRI.ArcGIS.Display.IRgbColor rgbColor=new ESRI.ArcGIS.Display.RgbColorClass();
rgbColor.Red=255;
ESRI.ArcGIS.Display.IColor color=rgbColor;//Implicit Cast
ESRI.ArcGIS.Display.ISimpleFillSymbol simpleFillSymbol=new
ESRI.ArcGIS.Display.SimpleFillSymbolClass();
simpleFillSymbol.Color=color;
ESRI.ArcGIS.Display.ISymbol symbol=simpleFillSymbol as
ESRI.ArcGIS.Display.ISymbol;
pActView.ScreenDisplay.SetSymbol(symbol);
pActView.ScreenDisplay.DrawPolygon(pGeo);
pMap.SelectByShape(pGeo,null,false);
```

```
//闪动 1000 次
axMapControl1.FlashShape(pGeo,1000,2,symbol);
axMapControl1.ActiveView.Refresh();
```

代码运行效果如图 6-4-1 所示。

图 6-4-1　图上通过鼠标点击实现空间缓冲查询的代码运行效果

第五节　网络分析

　　网络是由一系列相互连通的点和线组成,用来描述地理要素(资源)的流动情况,用来模拟城市交通网络,如连接各个城市的高速公路、连接各家各户的排给水网络等。网络分析解决的问题包括:①路径分析,寻找最佳路径功能主要包括确定两点间的最佳路径和多点间的最佳路径;②服务区域的判定,在一个网络路径上确定任何位置的服务区域和服务网络,并显示在视图中(在创建服务区的基础上,可评估该地点的可达性);③查找最邻近设施,在网络路径上找出距某一位置最近的设施,并设计到达这些设施的最近路线。网络分析的应用领域包括:导航应用(导航图生成);物流配送应用;爆管分析、上下游追踪分析应用等。

一、网络分析类型

　　ArcGIS 提供了两种网络分析:基于 Geometric Network 的有向网络和基于 Network Dataset 的无向网络。有向网络分析是指网络中流动的物质必须按照在 Network 中定义好的规则前进,运行路径都是事先定义好的,可以被修改,但是不能被事物本身修改。无向网络分析是指事物可以自由定义在网络中前进的方向、速度以及终点。如一个卡车司机可以决定在哪条道路上开始行进、在什么地方停止、采用什么方向。并且还可以给网络设置限定性规则,例如是单行线还是禁行。Geometric Network 与 Network Dataset 的区别如表 6-5-1 所示。

表 6-5-1　Geometric Network 与 Network Dataset 的区别

Geometric Network	Network Dataset
Network features：Edges and junctions	Network elements：Edges，junctions，and turns
数据源：GDB feature classes only	数据源：GDB feature classes，shapefiles，or StreetMap data
System manages connectivity	User controls when connectivity is bui
Weights based on feature attribute fields	More robust attribute（weight）model
存在于 Feature dataset only	存在于 Feature dataset or workspace
单模型	单模型或者多模型
Network tracing functionality	Network solver functionality
utilities/natural resources modeling	transportation modeling
不支持转弯	支持转弯
uses custom features：simple/complex edge features and junctions	uses simple features：points and lines

二、有向网络分析

Geometry Network 分析属于有向网络或者定向网络，网络中的流向由源（Source）、汇（Sink）以及通达性决定，网络中流动的资源自身不能决定流向。如水流的路径是预先设定好的，只能按照预先设定好的路径进行流通。尽管可以人为地通过开关阀门来达到改变水流流向的目的，但这属于流通规则的内容。在效用网络中，水、电、气通过管道和线路输送给用户，水、电、气被动地由高压向低压输送，不能主观选择方向。Geometric Network 主要用于模拟现实世界中的水网、电网、煤气网、电话服务等资源网络。有向网络分析解决的问题包括：寻找连通的/不连通的管线；上/下游追踪；寻找环路；寻找通路；爆管分析。

Geometric Network 由一组相互连接的 Edge 和 Junctions 组成，并且包含 Connectivity Rules。Geometric Network 必须构建于 Geodatabase 的 Feature Dataset 中，其中的 Feature Class 是作为 Junctions 和 Edge 的数据源。

Geometric 中有两种类型的 Edges：①Simple Edges，连着两个 Junctions，Edge 的每一头连接一个 Junction；②Complex Edges，通常在端点处至少连接两个 Junctions，而且在 Edge 的中间部分，也可以连接很多 Junctions，如主管道上可以连接多个支管道。

Geometric 中有两种类型的 Junctions：①User defined Junctions，在构建 Geometric Network 时，根据用户定义的 Point Source 生成的 Junctions；②Orphan Junctions，当第一个 EdgeFeature Class 添加到 Geometric Network 时，创建了 Simple Junction Feature Class，被称为 Orphan Junction Feature Class，主要是用于维护网络的完整性。当用户添加其他 Junctions Feature 时,该点处的 Orphan Junctions 将被删除;此外当用户删除 Geometric Network 时,则 Orphan Junctions 也被删除。

当创建一个 Geometric Network 时,也创建了一个相应的 Logic Network,用于表现和模型化要素之间的连通关系,实现 Tracing 和 Flow 计算。Logic Network 是由一系列的 Table 组成,并且由 ArcGIS 维护。当 Geometric Network 被更新或者删除时,Logic Network 会自动更新。

(一) 有向网络中的相关元素

(1) Sources 和 Sinks。

网络要素的流动方向是从 Sources 和 Sinks 来计算的,从 Sources 流出,汇于 Sinks。可以在创建 Geometric Network 时,将 Junctions 设置为 Sources 或 Sinks,或者都不是,一旦设定为 Source 或 Sink,则在属性表中添加字段 AncillaryRole 用于记录其类型。

(2) Network Weight。

网络可以被设置权重,用于表示网络要素在其中流动的环境,利用参与网络的 Feature 的属性来设置网络的 Weight。

(3) Enable and Disable Feature。

Geometric Network 中的 Edge 和 Junctions 可以在 Logic Network 中设置为 Enabled 或者 Disabled。网络的 Enabled 或者 Disabled 状态是由要素属性字段 Enabled 设置的,可以选择的属性为 True 或 False,当通过简单要素类创建 Geometric Network 时,该字段自动添加为输入要素中,并且缺省状态下属性值为 True。

(4) Connectivity。

在现实生活中,Geometric Network 中并不是所有的要素都可以相互连接的,系统所创建的网络连通性可能不适合,则用户可以根据自己的需要修改 Connectivity,方法是:在 ArcCatalog 中点击创建的 Geometric Network,在 Properties 中选择 Connectivity 面板,实现 Connectivity 的设置。可以创建的 Connectivity Rule 包括 Edge – Junction Connectivity 和 Edge—Edge Connectivity 两种。

(二) ArcMap 中的有向网络创建

有向网络分析的前提在于有向网络的创建,ArcMap 为有向网络的创建提供了丰富的操作界面。由于 ArcGIS Engine 提供给开发人员的是 API,界面上的设置也是相应的 API 参数。因此,ArcGIS Engine 网络分析功能的开发需参照 ArcMap 网络分析的操作界面。ArcMap 按照图 6-5-1 所示步骤创建一个有向网络:①在 Catalog 中打开创建有向网络的工具;②输入有向网络名称;③输入参与有向网络创建的要素类;④确认是否采用 enable 字段;⑤指定 source 和 sink 参数;⑥确定有向网络中边的权重;⑦建立有向网络。

(三) ArcGIS Engine 中的有向网络创建

以下为 Geometric Network 有向网络创建的代码示例。

```
/// <summary>
/// 打开个人数据库
/// </summary>
/// <param name = "_pGDBName"></param>
```

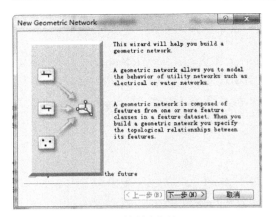

(a) 网络创建向导

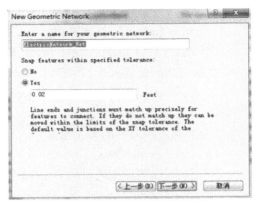

(b) 输入网络名称

(c) 参与要素类

(d) 设置enable字段

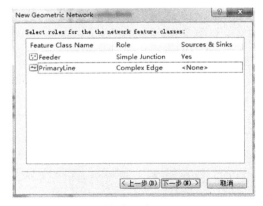

(e) 设置sink和source

(f) 设置边的权重

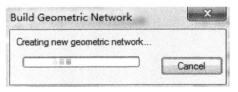

(g) 建立网络

ElectricNetwork_Net

ElectricNetwork_Net_Junctions

(h) 网络显示

图 6-5-1　ArcMap 中有向网络创建步骤

```
/// <returns></returns>
public IWorkspace GetWorkspace(String_pGDBName)
{
    IWorkspaceFactory pWsFac=new AccessWorkspaceFactoryClass();
    IWorkspace pWs=pWsFac.OpenFromFile(_pGDBName,0);
    return pWs;
}


public void CreateGeometricNetwork(IWorkspace_pWorkspace,IFeatureDataset-
Name_pFeatureDatasetName,String_pGeometricName)
{
    INetworkLoader2 pNetworkLoader=new NetworkLoaderClass();
    //网络的名称
    pNetworkLoader.NetworkName=_pGeometricName;
    //网络的类型
    pNetworkLoader.NetworkType=esriNetworkType.esriNTUtilityNetwork;
    //Set the containing feature dataset.
    pNetworkLoader.FeatureDatasetName=(IDatasetName)_pFeatureDataset-
Name;
    //检查要建立几何网络的数据,每一个要素只能参与一个网络
    if(pNetworkLoader.CanUseFeatureClass("PrimaryLine")==
    esriNetworkLoaderFeatureClassCheck.esriNLFCCValid)
    {
        pNetworkLoader.AddFeatureClass("PrimaryLine",
        esriFeatureType.esriFTComplexEdge,null,false);
    }
    if(pNetworkLoader.CanUseFeatureClass("Feeder")==
    esriNetworkLoaderFeatureClassCheck.esriNLFCCValid)
    {
        pNetworkLoader.AddFeatureClass("Feeder",
        esriFeatureType.esriFTSimpleJunction,null,false);
    }
    //数据中没有 enable 字段,所以用了 false,如果用 true 的话,要进行相关设置
    INetworkLoaderProps   pNetworkLoaderProps=
    (INetworkLoaderProps)pNetworkLoader;
    pNetworkLoader.PreserveEnabledValues=false;
    //Set the ancillary role field for the Feeder class.
    String defaultAncillaryRoleFieldName=
    pNetworkLoaderProps.DefaultAncillaryRoleField;
```

129

```
esriNetworkLoaderFieldCheck ancillaryRoleFieldCheck =
pNetworkLoader.CheckAncillaryRoleField("Feeder",efaultAncillaryRoleFieldName);
switch (ancillaryRoleFieldCheck)
{
    case esriNetworkLoaderFieldCheck.esriNLFCValid:
    case esriNetworkLoaderFieldCheck.esriNLFCNotFound:
    pNetworkLoader.PutAncillaryRole("Feeder",esriNetworkClassAncil-
    laryRole.esriNCARSourceSink,defaultAncillaryRoleFieldName);
        break;
    default:
        Console.WriteLine("The field {0} could not be used as an ancil-
    lary role field.",defaultAncillaryRoleFieldName);
        break;
}
pNetworkLoader.SnapTolerance = 0.02;
//给几何网络添加权重
pNetworkLoader.AddWeight("Weight",esriWeightType.esriWTDouble,0);
//将权重和 PrimaryLine 数据中的 SHAPE_Length 字段关联
pNetworkLoader.AddWeightAssociation("Weight","PrimaryLine",
"SHAPE_Length");
//构建网络
pNetworkLoader.LoadNetwork();
}
```

以下为 CreateGeometricNetwork 函数调用的代码示例：

```
IWorkspace pWs = GetWorkspace(@ "E:\arcgis\Engine\Geometric.mdb");
IFeatureWorkspace pFtWs = pWs as IFeatureWorkspace;
IFeatureDataset pFtDataset = pFtWs.OpenFeatureDataset("work");
IDataset pDataset = pFtDataset as IDataset;
IFeatureDatasetName pFtDatasetName = pDataset.FullName as
IFeatureDatasetName;
CreateGeometricNetwork(pWs,pFtDatasetName,"TestGeometric");
```

代码运行效果如图 6-5-2 所示。

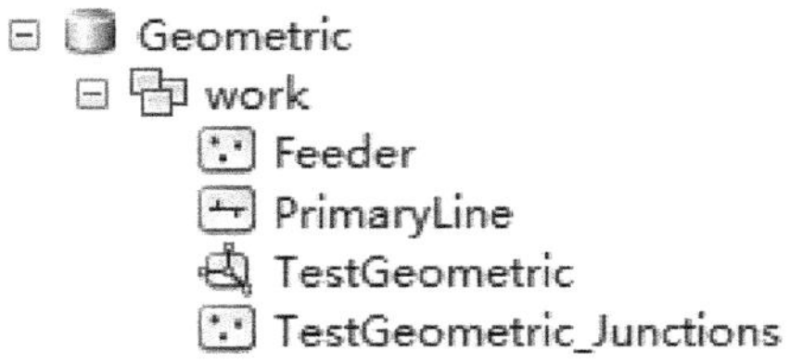

图 6-5-2　Geometric Network 有向网络创建的代码运行效果

（四）ArcGIS Engine 中的有向网络分析

在创建几何网络的基础上即可进行有向网络分析,网络分析的操作功能封装在 ITraceFlowSolverGEN 接口中,该接口的方法如图 6-5-3 所示。

← FindAccumulation	Finds the total cost of all reachable network elements based on the specified flow method.
← FindCircuits	Finds all reachable network elements that are parts of closed circuits in the network.
← FindCommonAncestors	Finds all reachable network elements that are upstream from all the specified origins.
← FindFlowElements	Finds all reachable network elements based on the specified flow method.
← FindFlowEndElements	Finds all reachable network end elements based on the specified flow method.
← FindFlowUnreachedElements	Finds all unreachable network elements based on the flow method.
← FindPath	Finds a path between the specified origins in the network.
← FindSource	Finds a path upstream to a source or downstream to a sink, depending on the specified flow method.
← PutEdgeOrigins	Sets the starting edges for this trace solver.
← PutJunctionOrigins	Sets the starting junctions for this trace solver.
■→ TraceIndeterminateFlow	Indicates if directional traces include edges with indeterminate or uninitialized flow direction.

图 6-5-3　ITraceFlowSolverGEN 接口的方法

以下为 Geometric Network 有向网络最短路径分析的代码示例。

```
public void SolvePath ( IMap _ pMap, IGeometricNetwork _ pGeometricNetwork,
string_ pWeightName, IPointCollection _ pPoints, double _ pDist, ref IPolyline _
pPolyline,ref double_pPathCost)
    {
        try
        {
            //这 4 个参数其实就是一个定位 Element 的指标
            int intEdgeUserClassID;
            int intEdgeUserID;
            int intEdgeUserSubID;
            int intEdgeID;
            IPoint pFoundEdgePoint;
            double dblEdgePercent;
            ITraceFlowSolverGEN pTraceFlowSolver = new TraceFlowSolverClass ( )
        as ITraceFlowSolverGEN;
            INetSolver pNetSolver =pTraceFlowSolver as INetSolver;
            //操作是针对逻辑网络的,INetwork 是逻辑网络
            INetwork pNetwork =_pGeometricNetwork.Network;
            pNetSolver.SourceNetwork =pNetwork;
            INetElements pNetElements =pNetwork as INetElements;
            int pCount =_pPoints.PointCount;
            //定义一个边线旗数组
            IEdgeFlag[ ] pEdgeFlagList =new EdgeFlagClass[pCount];
            IPointToEID pPointToEID =new PointToEIDClass ( );
            pPointToEID.SourceMap =_pMap;
            pPointToEID.GeometricNetwork =_pGeometricNetwork;
            pPointToEID.SnapTolerance =_pDist;
            for ( int i =0;i < pCount;i++)
```

```
{
    INetFlag pNetFlag=new EdgeFlagClass() as INetFlag;
    IPoint pEdgePoint=_pPoints.get_Point(i);
    //查找输入点的最近的边线
    pPointToEID.GetNearestEdge ( pEdgePoint, out  intEdgeID, out
pFoundEdgePoint,out dblEdgePercent);
    pNetElements.QueryIDs ( intEdgeID, esriElementType.esriETEdge,
out intEdgeUserClassID,out intEdgeUserID,out intEdgeUserSubID);
    pNetFlag.UserClassID=intEdgeUserClassID;
    pNetFlag.UserID=intEdgeUserID;
    pNetFlag.UserSubID=intEdgeUserSubID;
    IEdgeFlag pTemp=(IEdgeFlag)(pNetFlag as IEdgeFlag);
    pEdgeFlagList[i]=pTemp;
}
pTraceFlowSolver.PutEdgeOrigins(ref pEdgeFlagList);
INetSchema pNetSchema=pNetwork as INetSchema;
INetWeight pNetWeight=pNetSchema.get_WeightByName(_pWeightName);
INetSolverWeightsGEN pNetSolverWeights  =pTraceFlowSolver as IN-
etSolverWeightsGEN;
pNetSolverWeights.FromToEdgeWeight=pNetWeight;//开始边线的权重
pNetSolverWeights.ToFromEdgeWeight=pNetWeight;//终止边线的权重
object[] pRes=new object[pCount-1];
//通过 FindPath 得到边线和交会点的集合
IEnumNetEID pEnumNetEID_Junctions;
IEnumNetEID pEnumNetEID_Edges;
pTraceFlowSolver.FindPath(esriFlowMethod.esriFMConnected,
esriShortestPathObjFn.esriSPObjFnMinSum,
out pEnumNetEID _ Junctions, out  pEnumNetEID _ Edges, pCount - 1, ref
pRes);
//计算元素成本
_pPathCost=0;
for ( int i=0;i < pRes.Length;i++)
{
    double m_Va=(double)pRes[i];
    _pPathCost=_pPathCost + m_Va;
}
IGeometryCollection pNewGeometryColl=_pPolyline  as
IGeometryCollection;//QI
ISpatialReference pSpatialReference=_pMap.SpatialReference;
IEIDHelper pEIDHelper=new EIDHelperClass();
pEIDHelper.GeometricNetwork=_pGeometricNetwork;
pEIDHelper.OutputSpatialReference=pSpatialReference;
pEIDHelper.ReturnGeometries=true;
```

132

```
IEnumEIDInfo pEnumEIDInfo =
pEIDHelper.CreateEnumEIDInfo(pEnumNetEID_Edges);
int Count =pEnumEIDInfo.Count;pEnumEIDInfo.Reset();
for (int i=0;i < Count;i++)
{
    IEIDInfo pEIDInfo =pEnumEIDInfo.Next();
    IGeometry pGeometry =pEIDInfo.Geometry;
    pNewGeometryColl.AddGeometryCollection(pGeometry as
    IGeometryCollection);
}
}
catch (Exception ex)
{
    Console.WriteLine(ex.Message);
}
}
```

代码运行效果如图 6-5-4 所示(红色表示计算结果)。

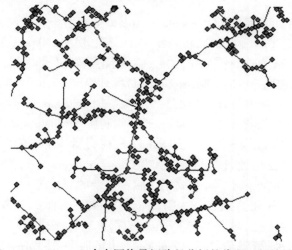

图 6-5-4　Geometric Network 有向网络最短路径分析的代码运行效果(彩图见插页)

三、无向网络分析

Nework Dataset 分析属于无向网络分析,无向网络分析的网络是存储在 Network Dataset 中。Network Dataset 由 Feature 要素创建而来,能够用来表现复杂场景,包括 Multimodal 交通网络以及包含多个网络属性以模拟网络限制条件和层次的数据结构。Nework Dataset 中边的流向不确定,且流动的资源可以决定流向。如交通系统中流通介质可以自行决定方向、速度和目的地。无向网络分析解决的问题有:最短路径分析;物流输送配送;临近设施分析;服务区分析;选址分析。

Network Dataset 包含三种类型:①Network Dtaset,创建网络的数据源存储于 Personal 或者 Enterprise Geodatabase 中,因为其中可以存储很多数据源,因此可以构建 Multimodal

Network；②Shapefile-based Network Dataset，基于 Polyline Shapefile 文件创建，也可以添加 Shapefile Turn Feature Class，这种 Network Dataset 不支持多种 Edge 类型，也不能用于创建 Multimodal Networks；③ArcGIS Network Analyst，可读取 SDC Network Dataset 且可实现网络分析功能，而不能创建 Network Dataset。

Network Elements 包含 Edges、Junctions 和 Turns 三类。

（一）无向网络中的相关元素

Connectivity Group 用于创建 Multimodal Transportation Network。确定 ArcGIS Network Analyst 的 Connectivity 属性前提在于定义 Connectivity Group。每一个 Edge Source 只能够被赋予一个 Connectivity Group，而 Junction Source 可以被赋予多种 Connectivity Group。只有将 Junction 设为两种或者多种 Connectivity Group，才可连接不同 Connectivity Group 的 Edge。

Network Dataset 支持三种 Connectivity Model：①Connecting Edges within a Connectivity Group，可以设置"Endpoint Connectivity"（边和边只能在终点处相交），也可以设置"Any Vertex Connectivity"（可以在边的任意位置相交）；②Connecting Edges through Junctions across Connectivity Group，能够将不同 Connectivity Group 中的 Edge 通过被不同 Connectivity Group 共享的 Junctions 连接；③Elevation Fields，主要用于 Network Dataset 中检查 Line Endpoints 的 Connectivity。

Edge Feature 具有如下属性：①Network Attribute，主要用于设定网络的流通属性，包括 Name、Usage Type 等；②Unit，包括 Centimeter，Meter 等；③Data Types，包括 Boolean、Integer、Float、Double 等；④Use by Default；⑤Cost，如走过某段路需要花费的时间；⑥Descriptors，对某条道路的描述信息，例如道路速度的限制，有多少个红绿灯等；⑦Restrictions，如某条线是禁行，或者是单向的；⑧Hierarchy，如道路的分级信息；⑨Types of Evaluators used by a network。

Network 的 Attribute 都需要设定 Value，通常是利用 Evaluators 从 Network Source 中获取属性值。具备四种 Evaluators：①Field Evaluator，利用属性字段的值；②Field Expression Evaluator，利用属性字段构建计算表达式；③Constant Evaluators，赋予常数；④VBscript Evaluators，通过执行 VBScript 代码，主要用于赋予复杂的属性值。

每个 Junction Source 和 Turn Source 需要一个 Evaluator，而每个 Edge Source 需要两个及以上的 Edge，且每个 Edge 需要具有 Evaluator 属性。

Turn 的类型有多种，可以是 Multi Edge Turn，也可以是 U-Turn。ArcGIS 中 Turn 通过 Turn Feature Class 转变而来，Turn Feature Class 等价于 Polyline Feature Class。Turn Feature Class 必须与其他 Network 要素处于同一 Feature Dataset 中，具备相同的空间参考，不参与 Connectivity Groups，也不具备 Elevation 信息。Turn 至少具备两条 Edge，至多 20 条 Edge。Setting Directions 支持 Directions 的 Network Dataset 必须至少满足以下要求：①具备 Length 属性；②至少有一个 Edge Source；③在 Edge Source 上至少有一个 Text 字段。

（二）ArcMap 中无向网络创建

同有向网络一样，无向网络分析的前提在于无向网络的创建。相比于有向网络，无向网络的建立过程相对复杂，ArcMap 按照如图 6-5-5 所示步骤创建一个无向网络：①在 Catalog 中打开创建无向网络的工具，输入无向网络名称；②输入参与无向网络创建的要素类；③确定是否使用转向数据集；④设置网络连通性；⑤确定是否使用高程字段模拟网络连通性；⑥确定无向网络中边的权重；⑦确定是否建立行驶方向；⑧建立无向网络。

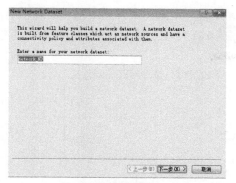

(a) 网络创建向导

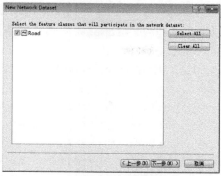

(b) 参与要素类

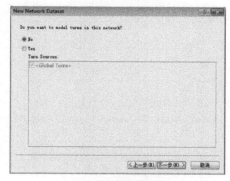

(c) 转向数据集采用

(d) 设置网络连通性

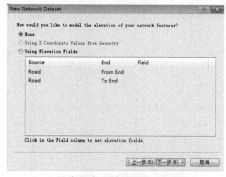

(e) 高程字段模拟网络连通性

(f) 设置边的权重

(g) 行驶方向确定

(h) 网络显示

图 6-5-5 ArcMap 中无向网络创建步骤

（三）ArcGIS Engine 中的无向网络创建

以下为 Network dataset 无向网络创建的代码示例。

```
/// <summary>
///个人数据库的路径,要素数据集的路径,建立网络的名称,参与网络的要素类
/// </summary>
/// <param name="_pWsName"></param>
/// <param name="_pDatasetName"></param>
/// <param name="_pNetName"></param>
/// <param name="_pFtName"></param>
void CreateNetworkDataset ( string _ pWsName, string _ pDatasetName, string _
pNetName,string_pFtName)
{
    IDENetworkDataset pDENetworkDataset =new DENetworkDatasetClass();
    pDENetworkDataset.Buildable =true;
    IWorkspace pWs =GetWorkspace(_pWsName);
    IFeatureWorkspace pFtWs =pWs as IFeatureWorkspace;
    IFeatureDataset pFtDataset =pFtWs.OpenFeatureDataset(_pDatasetName);
    //定义空间参考,负责会出错
    IDEGeoDataset pDEGeoDataset =(IDEGeoDataset)pDENetworkDataset;
    IGeoDataset pGeoDataset =pFtDataset as IGeoDataset;
    pDEGeoDataset.Extent =pGeoDataset.Extent;
    pDEGeoDataset.SpatialReference =pGeoDataset.SpatialReference;
    //网络数据集的名称
    IDataElement pDataElement =(IDataElement)pDENetworkDataset;
    pDataElement.Name =_pNetName;
    //参加建立网络数据集的要素类
    INetworkSource pEdgeNetworkSource =new EdgeFeatureSourceClass();
    pEdgeNetworkSource.Name =_pFtName;
    pEdgeNetworkSource.ElementType =esriNetworkElementType.esriNETEdge;
    //要素类的连通性
    IEdgeFeatureSource pEdgeFeatureSource   =(IEdgeFeatureSource)pEdgeNet-
workSource;
    pEdgeFeatureSource.UsesSubtypes =false;
    pEdgeFeatureSource.ClassConnectivityGroup =1;
    pEdgeFeatureSource.ClassConnectivityPolicy
    =esriNetworkEdgeConnectivityPolicy.esriNECPEndVertex;
    //不用转弯数据
    pDENetworkDataset.SupportsTurns =false;
    IArray pSourceArray =new ArrayClass();
    pSourceArray.Add(pEdgeNetworkSource);
    pDENetworkDataset.Sources =pSourceArray;
    //网络数据集的属性设置
    IArray pAttributeArray =new ArrayClass();
```

136

```
    //Initialize variables reused when creating attributes:
    IEvaluatedNetworkAttribute pEvalNetAttr;
    INetworkAttribute2 pNetAttr2;
    INetworkFieldEvaluator pNetFieldEval;
    INetworkConstantEvaluator pNetConstEval;
    pEvalNetAttr=new EvaluatedNetworkAttributeClass();
    pNetAttr2=(INetworkAttribute2)pEvalNetAttr;
    pNetAttr2.Name="Meters";
    pNetAttr2.UsageType=esriNetworkAttributeUsageType.esriNAUTCost;
    pNetAttr2.DataType=esriNetworkAttributeDataType.esriNADTDouble;
    pNetAttr2.Units=esriNetworkAttributeUnits.esriNAUMeters;
    pNetAttr2.UseByDefault=false;
    pNetFieldEval=new NetworkFieldEvaluatorClass();
    pNetFieldEval.SetExpression("[METERS]","");
    //方向设置
    pEvalNetAttr.set_Evaluator(pEdgeNetworkSource,
    esriNetworkEdgeDirection.esriNEDAlongDigitized,(INetworkEvaluator)
pNetFieldEval);
    pEvalNetAttr.set_Evaluator(pEdgeNetworkSource,esriNetworkEdgeDirec-
tion.esriNEDAgainstDigitized,(INetworkEvaluator)
    pNetFieldEval);
    pNetConstEval=new NetworkConstantEvaluatorClass();
    pNetConstEval.ConstantValue=0;
    pEvalNetAttr.set_DefaultEvaluator(esriNetworkElementType.esriNETEdge,
    (INetworkEvaluator)pNetConstEval);
    pEvalNetAttr.set_DefaultEvaluator(esriNetworkElementType.esriNETJunction,
(INetworkEvaluator)pNetConstEval);
    pEvalNetAttr.set_DefaultEvaluator(esriNetworkElementType.esriNETTurn,
    (INetworkEvaluator)pNetConstEval);
    //一个网络数据集可以有多个属性,我只添加了一个
    pAttributeArray.Add(pEvalNetAttr);
    pDENetworkDataset.Attributes=pAttributeArray;
    //创建网络数据集,注意在创建几何网络的时候会锁定相应的要素类,因此不要用ArcMap
或者catalog等打开参相应的数据
    INetworkDataset pNetworkDataset=Create(pFtDataset,pDENetworkDataset);
    //建立网络
    INetworkBuild pNetworkBuild=(INetworkBuild)pNetworkDataset;
    pNetworkBuild.BuildNetwork(pGeoDataset.Extent);
}
```

以下为 CreateNetworkDataset 函数调用的代码示例:

```
/// <summary>
/// 创建无向网络
/// </summary>
```

```
/// <param name = "_pFeatureDataset"></param>
/// <param name = "_pDENetDataset"></param>
/// <returns></returns>
public  INetworkDataset Create(IFeatureDataset_pFeatureDataset,
IDENetworkDataset2_pDENetDataset)
    {
        IFeatureDatasetExtensionContainer pFeatureDatasetExtensionContainer =
(IFeatureDatasetExtensionContainer)_pFeatureDataset;
        IFeatureDatasetExtension pFeatureDatasetExtension =pFeatureDatase-
tExtensionContainer.FindExtension(esriDatasetType.esriDTNetworkDataset);
        IDatasetContainer2 pDatasetContainer2 = (IDatasetContainer2) pFeature-
DatasetExtension;
        IDEDataset pDENetDataset =(IDEDataset)_pDENetDataset;
        INetworkDataset pNetworkDataset = (INetworkDataset) pDatasetContain-
er2.CreateDataset
        (pDENetDataset);
        return pNetworkDataset;
    }
```

（四）ArcGIS Engine 中的无向网络分析

以下为 Network dataset 无向网络最短路径分析的代码示例。

```
/// <summary>
///_pFtClass 参数为 Stops 的要素类,_pPointC 是用鼠标点的点生成的点的集合,最后 一个
参数是捕捉距离
/// </summary>
/// <param name = "_pNaContext"></param>
/// <param name = "_pFtClass"></param>
/// <param name = "_pPointC"></param>
/// <param name = "_pDist"></param>
void  NASolve(INAContext_pNaContext,IFeatureClass_pFtClass,IPointCollec-
tion_pPointC,double_pDist)
    {
        INALocator pNAlocator =_pNaContext.Locator;
        for (int i = 0;i <_pPointC.PointCount;i++)
        {
            IFeature pFt =_pFtClass.CreateFeature();
            IRowSubtypes pRowSubtypes =pFt as IRowSubtypes;
            pRowSubtypes.InitDefaultValues();
            pFt.Shape =_pPointC.get_Point(i) as IGeometry;
            IPoint pPoint =null;
            INALocation pNalocation =null;
            pNAlocator.QueryLocationByPoint(_pPointC .get_Point(i), ref pNa-
location,ref pPoint,ref_pDist);
            INALocationObject pNAobject =pFt as INALocationObject;
```

```
            pNAobject.NALocation=pNalocation;
            int pNameFieldIndex=_pFtClass.FindField("Name");
            pFt.set_Value(pNameFieldIndex,pPoint.X.ToString() + "," +
            pPoint.Y.ToString());
            int pStatusFieldIndex=_pFtClass.FindField("Status");
            pFt.set_Value(pStatusFieldIndex,
            esriNAObjectStatus.esriNAObjectStatusOK);
            int pSequenceFieldIndex=_pFtClass.FindField("Sequence");
            pFt.set_Value(_pFtClass.FindField("Sequence"),
            ((ITable)_pFtClass).RowCount(null));
            pFt.Store();
        }
    }
    /// <summary>
    /// 获取网络数据集
    /// </summary>
    /// <param name="_pFeatureWs"></param>
    /// <param name="_pDatasetName"></param>
    /// <param name="_pNetDatasetName"></param>
    /// <returns></returns>
    INetworkDataset GetNetDataset(IFeatureWorkspace_pFeatureWs,string_pData-
setName,string_pNetDatasetName)
    {
        ESRI.ArcGIS.Geodatabase.IDatasetContainer3 pDatasetContainer=null;
        ESRI.ArcGIS.Geodatabase.IFeatureDataset pFeatureDataset=
        _pFeatureWs.OpenFeatureDataset(_pDatasetName);
        ESRI.ArcGIS.Geodatabase.IFeatureDatasetExtensionContainer
        pFeatureDatasetExtensionContainer=pFeatureDataset as
        ESRI.ArcGIS.Geodatabase.IFeatureDatasetExtensionContainer;//Dynamic Cast
        ESRI.ArcGIS.Geodatabase.IFeatureDatasetExtension pFeatureDatasetExtension=
        pFeatureDatasetExtensionContainer.FindExtension
        (ESRI.ArcGIS.Geodatabase.esriDataset Type.esriDTNetworkDataset);
        pDatasetContainer=pFeatureDatasetExtension as
        ESRI.ArcGIS.Geodatabase.IDatasetContainer3;//Dynamic Cast
        ESRI.ArcGIS.Geodatabase.IDataset pNetWorkDataset=
        pDatasetContainer.get_DatasetByName(ESRI.ArcGIS.Geodatabase.esriDatasetType.
        esriDTN etworkDataset,_pNetDatasetName);
        return pNetWorkDataset as ESRI.ArcGIS.Geodatabase.INetworkDataset;//
    }
    /// <summary>
    /// 加载 NetworkDataset 到 Map 中
    /// </summary>
    /// <param name="_pMap"></param>
```

```
/// <param name = "_pNetworkDataset"></param>
void loadNet( IMap_pMap,INetworkDataset_pNetworkDataset)
{
    INetworkLayer pNetLayer = new NetworkLayerClass( );
    pNetLayer.NetworkDataset = _pNetworkDataset;
    _pMap.AddLayer( pNetLayer as ILayer);
}
/// <summary>
/// 获取网络分析上下文,这个接口是网络分析中很重要的一个
/// </summary>
/// <param name = "_pNaSolver"></param>
/// <param name = "_pNetworkDataset"></param>
/// <returns></returns>
public INAContext GetSolverContext( INASolver_pNaSolver ,INetworkDataset
_pNetworkDataset)
{
    //Get the Data Element
    IDatasetComponent pDataComponent = _pNetworkDataset as IDatasetComponent;
    IDEDataset pDeDataset = pDataComponent.DataElement;
    INAContextEdit pContextEdit = _pNaSolver.CreateContext( pDeDataset as
    IDENetworkDataset,_pNaSolver.Name) as INAContextEdit;
    // Prepare the context for analysis based upon the current network dataset schema.
    pContextEdit.Bind( _pNetworkDataset,new GPMessagesClass( ) );
    return pContextEdit as INAContext;
}
/// <summary>
/// 获取 NALayer
/// </summary>
/// <param name = "_pNaSover"></param>
/// <param name = "_pNaContext"></param>
/// <returns></returns>
INALayer GetNaLayer( INASolver_pNaSover,INAContext_pNaContext)
{
    return_pNaSover.CreateLayer( _pNaContext);
}
```

以下为 NASolve 函数调用的代码示例。

```
IFeatureClass pftclass = pNaContext.NAClasses.get_ItemByName( "Stops") as
IFeatureClass;
NASolve( pNaContext,pftclass,pPointC,5000);
IGPMessages gpMessages = new GPMessagesClass( );
bool pBool = pNASolveClass.Solve( pNaContext,gpMessages,null);
```

代码运行效果如图 6-5-6 所示(绿色表示计算结果)。

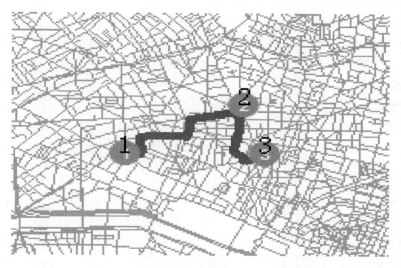

图 6-5-6　Network dataset 无向网络最短路径分析的代码运行效果(彩图见插页)

第六节　空间插值

GIS 地理空间信息采集是对某种地理空间现象或特征进行的地理空间测量,其本质是一种离散的样本测量。利用有限的采样点数据,对研究区域内其他未知区域的特征数据进行地理空间信息的推理和估计的方法称为地理空间插值。

GIS 中常用的地理空间插值方法主要有:①距离加权倒数空间插值法(IDW);②自然临近空间插值法;③样条空间插值法;④克里格空间插值法;⑤趋势空间插值法。上述地理空间插值方法为未知点的推理和估算提供了技术手段,其测算结果具有统计意义。

测算结果与样本空间大小及样本空间的分布直接相关,插值方法在预测估值时都相应的前提假设,也就是每一种插值算法的理论前提。ArcGIS Engine 中空间插值的方法定义在 IInterpolationOp 接口中,现已升级至 IInterpolationOp3。IInterpolationOp3 接口提供了如图 6-6-1 所示的方法。

←	IDW
←	Krige
←	NaturalNeighbor
←	Spline
←	TopoToRasterByFile
←	Trend
←	TrendWithRms
←	Variogram

图 6-6-1　IInterpolationOp3 接口的方法

IFeatureClassDescriptor 接口:该接口被 FeatureClassDescriptor 对象实现,FeatureClass-

Descriptor 对象通过指定一个值字段用来描述插值所需的信息。

IRasterAnalysisEnvironment 接口:该接口定义了插值后生成栅格的大小、范围和 Mask (掩码)等。

IRasterRadius 接口:该接口与距离有关(如 IDW 与距离有关),用于设置距离相关的信息,IRasterRadius 接口被 RasterRadiusClass 类实现。

以下为利用 ArcGIS Engine 实现 IDW 插值的代码示例。

```
public IGeoDataset IDW ( IFeatureClass _pFeatureClass, string _pFieldName,
double_pDistance,double_pCell,int_pPower)
{
    IGeoDataset Geo =_pFeatureClass as IGeoDataset;
    object pExtent =Geo.Extent;
    objecto =Type.Missing;
    IFeatureClassDescriptor pFeatureClassDes =new
    FeatureClassDescriptorClass();
    pFeatureClassDes.Create(_pFeatureClass,null,_pFieldName);
    IInterpolationOp pInterOp =new RasterInterpolationOpClass();
    IRasterAnalysisEnvironment pRasterAEnv =pInterOp as
    IRasterAnalysisEnvironment;
    //pRasterAEnv.Mask =Geo;
    pRasterAEnv.SetExtent ( esriRasterEnvSettingEnum.esriRasterEnvValue , ref
pExtent,ref o);
    object pCellSize =_pCell;//可以根据不同的点图层进行设置
    pRasterAEnv.SetCellSize ( esriRasterEnvSettingEnum.esriRasterEnvValue,
ref pCellSize);
    IRasterRadius pRasterrad =new RasterRadiusClass ();object obj =Type.Missing;
pRasterrad.SetFixed(_pDistance,ref obj);
    object pBar =Type.Missing;
    IGeoDataset pGeoIDW =pInterOp.IDW(pFeatureClassDes as IGeoDataset ,
    _pPower,pRasterrad,ref pBar);
    return pGeoIDW;
}
```

第七节　缓冲区分析

缓冲区分析是以点、线、面实体为基础,自动建立其一定范围内的缓冲区多边形图层,然后建立该图层与目标图层的叠加,进而分析得到所需结果。它是 GIS 中用来解决邻近度问题的重要空间分析工具。

在 ArcGIS 中缓冲区分析方法由接口 ITopologicalOperator 提供(public IGeometry Buffer(double distance)),具体实现方法如下代码示例。

```
private void BufferArea( IPolygon pPolygon)
{
```

```
IPointCollection pointCollection=pPolygon as IPointCollection;
IArea area=pointCollection as IArea;
System.Windows.Forms.MessageBox.Show("原始多边形面积：" + area.Area);
ITopologicalOperator topologicalOperator=pointCollection as ITopolog-
icalOperator;
//向外缓冲
IPolygon polygon=topologicalOperator.Buffer(1) as IPolygon;
area=polygon as IArea;
System.Windows.Forms.MessageBox.Show("向外缓冲距离后面积：" + area.Area);
//向内缓冲
polygon=topologicalOperator.Buffer(-1) as IPolygon;
area=polygon as IArea;
System.Windows.Forms.MessageBox.Show("向内缓冲距离后面积：" + area.Area);
}
```

　　ArcMap 中有两种方式实现缓冲区：①在编辑工具条中开启编辑的状态下可以在"编辑器"下拉菜单中找到"缓冲区"选项，此处可对地图界面中选中的点、线、面要素进行实现缓冲区；②在 ArcToolbox 工具箱中，分析工具→邻域分析→缓冲区（图 6-7-1），打开后设置相关的参数（图 6-7-2）。

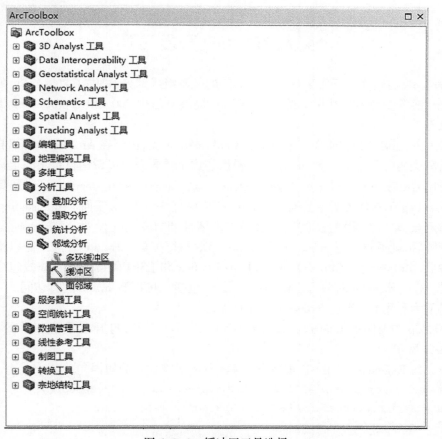

图 6-7-1　缓冲区工具选择

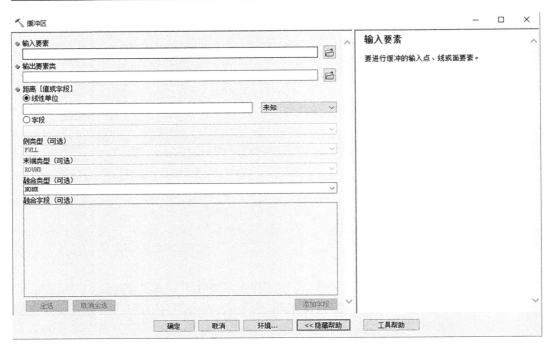

图 6-7-2　缓冲区工具设置

第八节　GP 开发工具

Geoprocessing(GP 开发工具)是 ArcGIS 的基础组成部分,提供了数据分析、数据管理和数据转换等多数 GIS 常用工具。ArcGIS 10 提供了超过 700 个 Geoprocessing 工具实现上述操作。

Esri 在 ArcGIS Engine 9.2 中添加了 GeoProcessor 类,由于在 ArcMap 中可以自定义一些用来解决相关问题的工具,而 Engine 提供的这个类同样可以调用自定义的工具。

使用 GeoProcessor 需定义 GeoProcessor 对象,Geoprocessor.Geoprocessor 是简化调用 Geoprocessing 工具任务的主要对象。该对象是执行 ArcGIS 中任何 Geoprocessing 工具的唯一访问点,是一个粗粒度对象,包含了许多属性和方法。在设置完 Geoprocessing 操作类的参数后,则通过 GeoProcessor 的 Excute 函数执行工具。Excute 方法中需以操作对象作为参数(如 Intersect、Clip 等),可通过 ArcToolBox 和 ESRI 的帮助文档查找包含的相应操作类。Geoprocessor 对象可以使用任何语言,包括 .NET 和 Java 等进行访问。

以下为利用 GP 实现 Intersect 分析的代码示例。

ArcMap 中要实现 Intersect,只需要找到 Intersect 工具,打开后设置相关的参数,如图 6-8-1 所示。

ArcGIS Engine 中利用 GP 实现 Intersect 分析只需如下简短语句。

```
GeoProcessor gp=new ESRI.ArcGIS.Geoprocessor.GeoProcessor();
Intersect pIntsect=new ESRI.ArcGIS.AnalysisTools.Intersect();
gp.OverwriteOutput=true;
gp.SetEnvironmentValue("workspace",@ "E:\arcgis\Engine\空间数据");
```

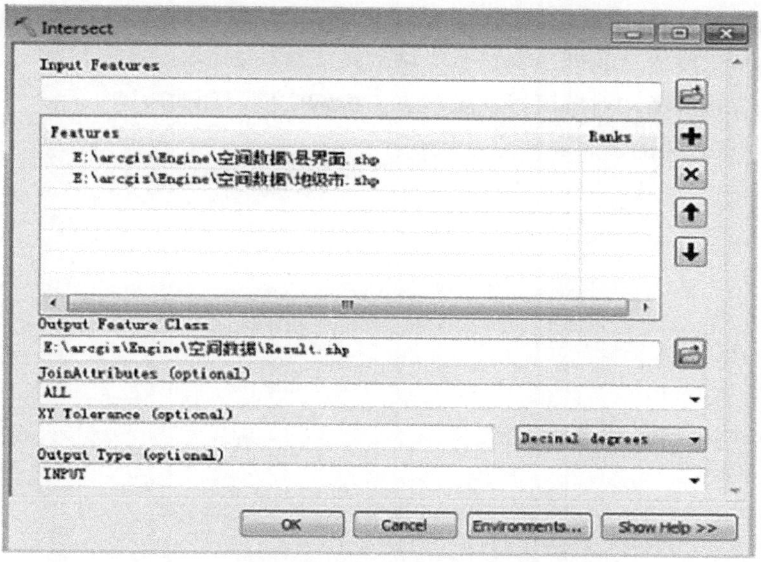

图 6-8-1 Intersect 工具设置

```
pIntsect.in_feature="县界面.shp";
pIntsect.out_feature_class="Result.shp";
pIntsect.output_type="INPUT";
gp.Execute(pIntsect,null);
```

上述代码简单明了,相比于非 GP 调用方式,GP 调用几乎是零代码就完成了 Intersect 操作。但需要指出的是:由于许可的原因,ArcGIS Engine 中不是所有的工具都可以通过这样的操作实现;但 ArcGIS Desktop Editor 级别的工具在 ArcGIS Engine 的 Geodatabaseupdate 许可中是可以完全实现的;如果要实现 ArcGIS Desktop Info 中的所有功能,那么就需要有 ArcGIS Desktop Info 的许可。

本章小结

本章主要介绍了 ArcGIS Engine 中进行矢量数据分析的基本方法,包括叠加分析、关系分析、临近分析、拓扑分析、网络分析和空间插值分析等。阐明了矢量数据分析涉及的相关类和对象,以及在实际应用中类的实例化和对象中属性赋值及方法的操作。GP 开发工具提供了一组丰富的工具和机制来实现 GIS 工作流的自动化操作,这些工具和机制能够使用模型、脚本、高级开发语言将一系列的工具按照一定操作顺序结合在一起,完成更复杂的 GIS 工作流,其优点在于仅使用较少的代码就可以实现 ArcMap 工具箱中工具功能的调用,缺点在于 GP 开发工具的分割粒度相对较大,对于定制化要求较高的开发需求难以满足。

复习思考题

1. 阐述在 ArcMap 中和在 ArcGIS Engine 中实现矢量数据分析的差别。

2. 阐述关系分析和临近分析在使用对象和返回结果方面的差异。

3. 如何利用网络分析的类和对象实现航线的最短路径分析？

4. 拓扑分析的类和对象可以在哪些方面进行应用？如何应用？

5. GP 开发工具的优点和缺点是什么？

第七章 栅格数据分析

GIS 数据一般可分为两种主要的类型:栅格数据和矢量数据。矢量数据由结点、弧、线,以及它们之间用以组成地理空间数据的关联关系来定义,真实要素和表面可以表示为存储在 GIS 中的矢量数据;栅格数据则是栅格单元的矩形矩阵,以行和列的形式表示,每个栅格单元表示地球表面上一块经过定义的方形区域,其值在整个栅格单元范围内始终保持不变。表面可以通过栅格数据呈现,数据中的每个栅格单元均表示实际信息的某个值。该值可以为高程数据、污染程度、地下水位高度等。栅格数据从数学的角度来看就是一个二维矩阵,对栅格数据的分析可以看成是对二维矩阵的数学计算。本章立足满足栅格数据分析的应用需求,重点介绍 ArcGIS Engine 中涉及的栅格数据分析的相关类和方法,并通过实例展示不同栅格数据分析的过程和关键步骤。

第一节 栅格数据分析概述

栅格数据一般可以存储为 ESRI GRID(由一系列文件组成)、TIFF 格式(包括一个 TIF 文件和一个 AUX 文件)、IMAGINE Image 格式等。在 ArcGIS Engine 中一般调用 ISaveAs 接口保存栅格数据。

一个栅格数据集由一个或者多个波段(RasterBand)的数据组成,一个波段就是一个数据矩阵。对于格网数据(DEM 数据)和单波段的影像数据,表现为只有一个波段数据的栅格数据集,而对于多光谱影像数据则表现为具有多个波段的栅格数据集。

栅格目录(RasterCatalog)用于显示某个研究区域内各种相邻的栅格数据,这些相邻的栅格数据经过拼接处理可以合成一幅大的影像图。

ArcGIS 10 定义了一种新的栅格数据管理模型(镶嵌数据集),镶嵌数据集可以看作是栅格数据集和栅格目录的混合技术。镶嵌数据集是地理数据库中的数据模型,用于管理一组以目录形式存储并以镶嵌影像方式查看的栅格数据集(影像)。镶嵌数据集具有高级栅格查询功能和处理函数,可用作提供影像服务的源。

一、栅格数据分析扩展模块

ArcGIS Desktop 中提供了诸多用来处理栅格数据的工具,以便进行数据管理、转换和变换。但在分析操作中使用栅格数据,还需要使用 ArcGIS Engine 中的扩展模块。即 ArcGIS Spatial Analyst 和 ArcGIS 3D Analyst 扩展模块。

ArcGIS Spatial Analyst 扩展模块提供了一整套高级空间建模和分析工具,可用来执行集成的栅格和矢量分析;ArcGIS 3D Analyst 扩展模块可用于高效地显示、分析和生成表面数据,并且提供了用于进行三维建模和分析的工具。

利用上述两类扩展模块可以创建基于栅格的数据,并对其查询、分析和绘图。在空间分析模块中可以采用的数据包括影像、Grid 和其他的栅格数据集。

ArcGIS Spatial Analyst 扩展模块适用于生成 GRID 表面,此外还包含强大的表面分析工具,包括能够写复杂的地图代数命令。开发人员可以从现存数据中得到新的数据,分析空间关系和空间特征,如距离制图、统计分析等。

ArcGIS 3D Analyst 扩展模块适用于三维可视化分析,能够对表面数据进行高效率的可视化和分析。此外,ArcGIS 3D Analyst 扩展模块还提供了三维建模的高级 GIS 工具,如挖填分析、通视分析等。

ArcGIS Spatial Analyst 和 ArcGIS 3D Analyst 扩展模块均可以实现坡度、坡向、山体阴影计算等功能。

需要指出的是:GeoAnalyst 类库是被 ArcGIS Spatial Analyst 和 ArcGIS 3D Analyst 扩展模块共享的类库,该类库包含了核心的空间分析操作,且基于栅格类相关的对象和接口 Datasourcesraster 类库实现。如图 7-1-1 所示即为 GeoAnalystObject 的 OMD。

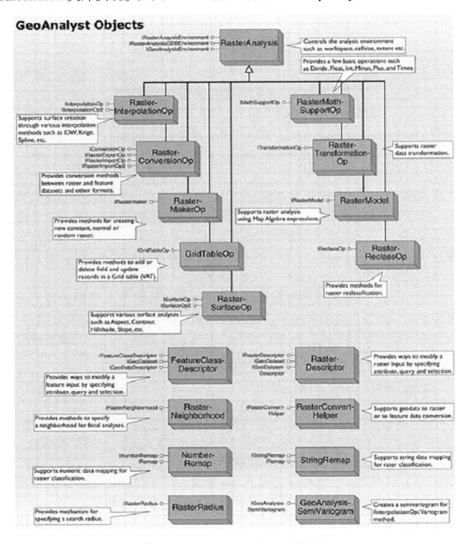

图 7-1-1　GeoAnalystObject 的 OMD

二、栅格数据分析辅助对象

栅格数据分析操作复杂,在 ArcGIS Engine 中要使用栅格数据分析,往往是需诸多对象相互协作才能完成。GeoAnalystObject OMD 中的上半部分是一组栅格的数据分析对象的集合,下半部分存在的系列孤立对象(通常称为辅助对象)则用于指定分析对象的参数。如 IDW 插值需设置距离阈值等。以下的 kriging 插值中就用到了两个辅助对象。

```
public void Kkriging( IFeatureClass pFeatureClass)
{
    //FeatureClassDescriptor 对象用于控制和描述插值的参数
    IFeatureClassDescriptor pFDescr = new FeatureClassDescriptorClass();
    pFDescr.Create(pFeatureClass,null,"Ozone");
    //栅格半径辅助对象用于控制插值的参数
    IRasterRadius pRasRadius = new RasterRadiusClass();
    object object_Missing = System.Type.Missing;
    pRasRadius.SetVariable(12,ref object_Missing);
    IInterpolationOp pInterpOp = new RasterInterpolationOpClass();
    IRaster pRasterOut = (IRaster)pInterpOp.Krige((IGeoDataset)pFDescr,
    esriGeoAnalysisSemiVariogramEnum.esriGeoAnalysisExponentialSemiVariogram,
    pRasRadius,false,ref object_Missing);
}
```

三、栅格数据分析关键步骤

栅格数据分析关键步骤包括:①分析环境设置;②设置输入参数(输入数据等);③执行分析操作;④使用分析结果分析环境设置。

由于 ArcGIS 10 将 Sptial Analyst 和 3D Analyst 工具条的功能移植到了 Toolbox 中,所以分析环境是在打开工具后的 Enviroment Settings 中设置。如图 7-1-2 所示即为 Enviro-

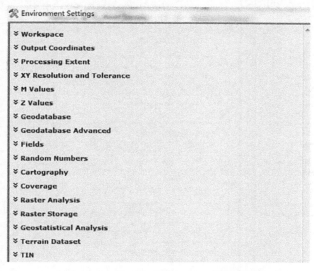

图 7-1-2 Enviroment Settings 操作界面

ment Settings 的操作界面。

Enviroment Settings 操作界面中的相关参数如下：

（1）坐标系统。与矢量数据类似，没有坐标系统的栅格数据是没有使用价值的。很多基本的空间分析操作都要求栅格数据指定坐标系统，同时指定输出结果的坐标系统。

（2）输出栅格形式。缺省情况下，大多数的空间分析操作生成的栅格是 ArcInfo 的 Grid 格式，生成的 Grid 有临时和永久两种形式。

（3）设置分析范围。在 Processings Extent 中，可以设置空间分析范围及坐标范围。一般情况是选择等同于某个图层的空间范围或者当前显示范围。

（4）设置 Cell 大小。分析结果缺省的 Cell 大小为输入数据的最大 Cell 大小，开发人员可以指定 Cell 大小或指定输出 Cell 等同于输入的某个数据的 Cell 大小。

除了上述设置外，还要对工作目录进行设置和分析 Mask（掩码），分析掩码是用来标识分析中操作的部分，分析掩码中的空值单元将被屏蔽掉。

ArcGIS Engine 中提供的与分析环境对应的接口是 IRasterAnalysisEnvironment，该接口的属性和方法如图 7-1-3 所示。

All ▼		Description
■-■	DefaultOutputRasterPrefix	The default output raster prefix.
■-■	DefaultOutputVectorPrefix	The default output vector prefix.
←	GetCellSize	Gets the type and value of cell size in the RasterAnalysis.
←	GetExtent	Gets the type and values of extent in the RasterAnalysis.
■-◻	Mask	Mask allows processing to occur only for a selected set of cells.
■-◻	OutSpatialReference	The output spatial reference of GeoAnalysis.
■-◻	OutWorkspace	The output workspace of GeoAnalysis.
←	Reset	Remove all previously stored default rasteranalysis environments.
←	RestoreToPreviousDefaultEnvironment	Restores to the previous default raster analysis environment.
←	SetAsNewDefaultEnvironment	Sets the raster analysis environment of the object as new default environment.
←	SetCellSize	Sets the type and value of cell size in the RasterAnalysis.
←	SetExtent	Sets the type and values of extent in the RasterAnalysis.
■-■	VerifyType	The verify type of the RasterAnalysis.

图 7-1-3　IRasterAnalysisEnvironment 接口的属性和方法

ArcGIS Engine 中提供的空间分析的类也几乎全部继承了 IRasterAnalysisEnvironment 接口，在帮助手册中可以看到以下类继承了 IRasterAnalysisEnvironment 接口，如图 7-1-4 所示。

Classes	Description
GridTableOp	ESRI grid VAT operations class.
RasterAnalysis	A collection of information about the raster analysis environment.
RasterConditionalOp (esriSpatialAnalyst)	A mechanism for performing conditional operations on rasters.
RasterConversionOp	ESRI raster conversion and import operations class.
RasterDensityOp (esriSpatialAnalyst)	A mechanism for performing density operations on rasters.
RasterDistanceOp (esriSpatialAnalyst)	A mechanism for performing distance operations on rasters.
RasterExtractionOp (esriSpatialAnalyst)	A mechanism for performing operations that extract cells from rasters.
RasterGeneralizeOp (esriSpatialAnalyst)	A mechanism for performing simplifying operations on rasters.
RasterGroundwaterOp (esriSpatialAnalyst)	A mechanism for performing groundwater operations on rasters.
RasterHydrologyOp (esriSpatialAnalyst)	A mechanism for performing hydrological operations on rasters.
RasterInterpolationOp	Raster interpolation operation class.
RasterLocalOp (esriSpatialAnalyst)	A mechanism for performing local operations on rasters.
RasterMakerOp	A mechanism for generating rasters.
RasterMapAlgebraOp (esriSpatialAnalyst)	A mechanism for performing MapAlgebra operations on rasters.
RasterMathOps (esriSpatialAnalyst)	A mechanism for performing mathematical operations on rasters.
RasterMathSupportOp	Raster mathematic support operation class.
RasterModel	A mechanism that allows scripting of operations, and inclusion of non-raster input/output formats (feature data, tables, etc).
RasterMultivariateOp (esriSpatialAnalyst)	A mechanism for performing multivariate operations on rasters.
RasterNeighborhoodOp (esriSpatialAnalyst)	A mechanism for performing neighbourhood operations on rasters.
RasterReclassOp	Raster Reclass operation class.
RasterSettings (esriSpatialAnalystUI)	Raster Settings object to hold seetings in an application.
RasterSurfaceOp	Raster surface operation class.
RasterTransformationOp	ESRI Transformation operations class.
RasterZonalOp (esriSpatialAnalyst)	A mechanism for performing zonal operations on rasters.

图 7-1-4　继承 IRasterAnalysisEnvironment 接口的类

图 7-1-4 与 ArcGIS Desktop 中的以下功能对应,如图 7-1-5 所示。

图 7-1-5　ArcGIS Desktop 与 ArcGIS Engine 对应的空间分析功能

ArcGIS Engine 中与空间分析相关的对象被分到三个不同的类库当中,每一个类库包含与空间分析相关的一些对象和接口。之所以这样划分,是因为许可的模式。一些与空间分析相关的对象在 ArcGIS 的核心产品中;一些类库(GeoAnalystlibrary)可用于 3D 分析和空间分析当中;还有一些只能被拥有空间分析的模块使用(IExtractionOp)。

四、栅格数据分析相关接口

栅格数据结构简单、直观,非常利于计算机操作和处理,是 GIS 常用的空间基础数据格式。基于栅格数据的空间分析是 GIS 空间分析的基础,也是 ArcGIS 空间分析的重要组成部分。ArcGIS Engine 中对栅格数据的空间分析提供了诸多接口,以下对常用分析接口进行简单介绍。

(一) IRasterProps 接口

IRasterProps 接口用来描述通用的栅格数据的属性,如行数、列数等。以下代码用来获取栅格数据的高和宽。

```
void GetRasterProps(IRaster pRaster)
{
    IRasterProps pRasterPros=pRaster as IRasterProps;
    int pH=pRasterPros.Height;//3973
    int pW=pRasterPros.Width;//5629
}
```

(二) IRasterCursor 接口

IRasterCursor 接口控制着 Raster 的像素块(Pixblock)。IRasterCurosr 与 IFeatureCursor

一样拥有 Next 方法(用于获取下一个 Pixblock)。默认情况下,IRasterCurosr 将整个 Raster 划分为高 128 的像素块(宽为整个 Raster 的宽),IRasterCurosr 每次读取比前一次低于 128 行的像素块。IRasterCurosr 接口的属性和方法如图 7-1-6 所示。

All ▼		Description
←	Next	Iterates to the next PixelBlock.
▪—	PixelBlock	The current PixelBlock.
←	Reset	Return to state when first created.
▪—	TopLeft	The offset of the current PixelBlock.

图 7-1-6 IRasterCurosr 接口的属性和方法

IRasterCursor 接口的获取需采用 IRaster∷CreateCursor 或 IRaster2∷CreateCursorEx 方法。两类方法的区别在于:前者不需要参数(系统默认),而后者是需要 IPnt 类型参数大小。

```
void GetRasterCursorDefault( IRaster pRaster)
{
    IRasterCursor pRasterCursor =pRaster.CreateCursor();
    while (pRasterCursor.Next())
    {
        IPixelBlock pPixBlock =pRasterCursor.PixelBlock;
        intW =pPixBlock.Width;
        //这个 W 也就是整个栅格数据记得宽度
        intH =pPixBlock.Height;
    }
}


void GetRasterCursorCustom( IRaster pRaster)
{
    IRaster2 pRaster2 =pRaster as IRaster2;
    IPnt pPnt =new PntClass();
    pPnt.X =256;
    pPnt.Y =256;
    // IRasterCursor pRasterCursor2 =pRaster2.CreateCursorEx(null);
    //参数 null 的时候,获取 PixBlock 大小为 1*1
    while (pRasterCursor2.Next())
    {
        IPixelBlock pPixBlock =pRasterCursor2.PixelBlock;
        intW =pPixBlock.Width;
        intH =pPixBlock.Height;
    }
}
```

（三）IPixelBlock 接口

栅格数据的容量一般很大,应尽可能提高数据存取效率。如果按照数组的方式一个一个像素地读取,将整个栅格数据集都装进二维数组将会占用较大内存。ArcGIS 用数据库管理栅格数据的时候是按照 block(默认是 128×128)将数据存在数据库中的,在 Arc-GIS Engine 中,IPixelBlock 接口提供了类似的功能。

（四）IRasterLayerExport 接口

IRasterLayerExport 接口提供的栅格数据提取功能有限,只能以矩形范围作为提取范围。如果需要更强大的栅格数据提供功能,应采用 IExtractionOp 接口,IExtractionOp 接口提供了多边形、圆、属性、矩形等几种形式作为限制条件提取栅格数据。

（五）IRasterDataset 接口

IRasterDataset 接口用来读取栅格数据集。栅格数据集可认为是对栅格数据的抽象,用于代表磁盘上的栅格数据(如 jpg、img 等)。以下代码用来读取栅格数据集。

```
IRasterWorkspace pRasterWs=GetRasterWorkspace(@ " \data \IDW 数据");
IRasterDataset pRasterDataset =
pRasterWs.OpenRasterDataset("MOD02HKM.A2010068.0310.005.2010069144441.GEO-副本 .tif");
```

（六）IRasterBandCollection 接口

栅格数据由一个或多个波段组成,这些波段的集合被 IRasterBandCollection 接口控制。如果要获取栅格数据的某一个具体波段,应该采用 IRasterBandCollection 接口实现。

（七）IRaster 接口

IRaster 接口被 Raster 对象实现。Raster 对象是一个内存对象,IRaster 接口用于控制对栅格数据像素的读取。IRaster 接口的 ResampleMethod 方法用于控制栅格数据的重采样。IRaster 接口的方法如图 7-1-7 所示。

←	CreateCursor	Allocates a Raster Cursor for fast raster scanning.
←	CreatePixelBlock	Allocates a PixelBlock of requested size.
←	Read	Read a block of pixels starting from the top left corner.
←→	ResampleMethod	Interpolation method used when reading pixels.

图 7-1-7　IRaster 接口的方法

（八）IRasterLayer 接口

IRasterLayer 接口和 Featurelayer 接口类似,是用来承载 Raster 对象的重要接口。IRasterLayer 接口也可用来控制栅格数据的渲染。以下代码用来打开一个栅格数据。

```
private void 打开栅格数据ToolStripMenuItem_Click(object sender,EventArgs e)
{
    IRasterWorkspace pRasterWs=GetRasterWorkspace(@ " \data \IDW 数据");
    IRasterDataset pRasterDataset =
    pRasterWs.OpenRasterDataset("MOD02HKM.A2010068.0310.005.2010069144441.GEO 副本 .tif");
    IRasterLayer pRasterLayer=new RasterLayerClass();
    pRasterLayer.CreateFromDataset(pRasterDataset);
    axMapControl1.Map.AddLayer(pRasterLayer as ILayer);
}
```

（九）IRasterGeometryProc 接口

IRasterGeometryProc 接口被 RasterGeometryProc 对象实现,而 RasterGeometryProc 对象只能操作 Raster 对象。由于 Raster 对象是内存对象,意味着对 Raster 对象的操作是临时的。IRasterGeometryProc 接口包含诸多对 Raster 进行处理的方法,如可以利用一个矩形对栅格数据进行裁剪,或者对 Raster 进行重采样等。IRasterGeometryProc 接口的属性和方法如图 7-1-8 所示。

All	Description
Clip	Clips the input raster based on the specified envelope.
Flip	Flips the input raster.
IsPixelToMapTransSimple	Indicates if the transformation of pixel to map is simple.
LeastSquareFit	Computes a least squares fit for the input control points.
Merge	Merges the input rasters into a single dataset.
Mirror	Mirrors the input raster.
Mosaic	Mosaics the input rasters into a single dataset.
PointsTransform	Transforms a set of points based upon the transformation being applied to the input raster.
ProjectFast	Projects the input raster using a single polynomial fit to compute the adjustment between coordinate systems.
Rectify	Persists the input raster to a new dataset of the specified format.
Register	Outputs the current transformation properties to the dataset header or auxilliary file.
Resample	Resamples the input raster to a new cellsize.
ReScale	Scales the input raster by the specified x and y scale factors.
Reset	Resets the input raster to its native coordinate space.
Rotate	Rotates the input raster around the specified pivot by an angle specified in degrees.
Shift	Shifts the input raster by deltaX and deltaY map units.
TwoPointsAdjust	Performs a Hermite transformation on the input raster based upon the 2 input control point pairs.
Warp	Warps the input raster based upon the input control points using the transformation type specified.

图 7-1-8　IRasterGeometryProc 接口的属性和方法

五、简单栅格数据分析

（一）栅格数据重采样

栅格数据的重采样主要基于最邻近采样(NEAREST)、双线性(ILINEAR)和三次卷积采样(CUBIC)三种方法。

（1）最邻近采样:采用输入栅格数据中最临近栅格值作为输出值,在重采样后的输出栅格中的每个栅格值都是输入栅格数据中真实存在而未加任何改变的值。这种方法简单易用,计算量小,重采样的速度快。

（2）双线性采样:寻找待计算点(x,y)点周围四个邻点,在 y 方向(或 X 方向)内插两次,再在 x 方向(或 y 方向)内插一次,得到(x,y)点的栅格值。

（3）三次卷积采样:以增加邻点获得最佳插值函数。与双线性采样类似,寻找待计算点周围相邻的 16 个点,可先在某一方向上内插(如先在 x 方向上,每四个值依次内插四次),再根据四次的计算结果在 y 方向上内插,最终得到内插结果。

以下代码采用双线性采样对栅格数据进行重采样。

```
IRasterGeometryProc rasterGeometryProc=new RasterGeometryProcClass();
rasterGeometryProc.Resample(rstResamplingTypes.RSP_CubicConvolution,new-
CellSize, clipRaster);
```

（二）改变栅格数据像素值

```
public void ChangeRasterValue(IRasterDataset2 pRasterDatset)
```

```
{
    IRaster2 pRaster2 =pRasterDatset.CreateFullRaster() as IRaster2;
    IPnt pPntBlock=new PntClass();
    pPntBlock.X=128;
    pPntBlock.Y=128;
    IRasterCursor pRasterCursor=pRaster2.CreateCursorEx(pPntBlock);
    IRasterEdit pRasterEdit=pRaster2 as IRasterEdit;
    if (pRasterEdit.CanEdit())
    {
        IRasterBandCollection pBands=pRasterDatset as IRasterBandCollection;
        IPixelBlock3 pPixelblock3 =null;
        int pBlockwidth=0;
        int pBlockheight=0;
        System.Array pixels;
        IPnt pPnt =null;
        object pValue;
        long pBandCount=pBands.Count;
        //获取 Nodata
        // IRasterProps pRasterPro=pRaster2 as IRasterProps;
        //object pNodata=pRasterPro.NoDataValue;
        do
        {
            pPixelblock3 =pRasterCursor.PixelBlock as IPixelBlock3;
            pBlockwidth=pPixelblock3.Width;
            pBlockheight=pPixelblock3.Height;
            for (int k=0;k < pBandCount;k++)
            {
                pixels =(System.Array)pPixelblock3.get_PixelData(k);
                for (int i=0;i < pBlockwidth;i++)
                {
                    for (int j=0;j < pBlockheight;j++)
                    {
                        pValue=pixels.GetValue(i,j);
                        if (Convert.ToInt32(pValue)= =0)
                        {
                            pixels.SetValue(Convert.ToByte(50),i,j);
                        }
                    }
                }
                pPixelblock3.set_PixelData(k,pixels);
            }
            pPnt =pRasterCursor.TopLeft;
            pRasterEdit.Write(pPnt,(IPixelBlock)pPixelblock3);
```

```
        }
    while (pRasterCursor.Next());
    System.Runtime.InteropServices.Marshal.ReleaseComObject(pRasterEdit);
    }
}
```

代码运行效果如图 7-1-9 所示。

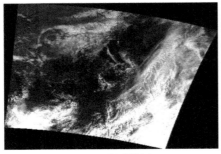 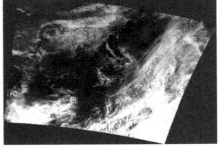

(a) 原始影像图　　　　　　　　　　(b) 处理后影像图

图 7-1-9　改变栅格数据像素值的代码运行效果

（三）栅格数据分块

栅格数据量往往较大,为提高处理效率,需将栅格数据进行分块处理并在需要的时候进行数据合并。ArcGIS 的工具箱直接提供了这个工具,以下通过代码实现类似功能。

```
/// <summary>
/// 分割栅格数据
/// </summary>
/// <param  name = "pRasterDataset"></param>
/// <param  name = "pOutputWorkspace"></param>
/// <param  name = "pWidth"></param>
/// <param  name = "pHeight"></param>
public void CreateTilesFromRasterDataset ( IRasterDataset pRasterDataset,
IWorkspace pOutputWorkspace, int pWidth, int pHeight)
    {
        IRasterProps pRasterProps =(IRasterProps)pRasterDataset.CreateDefaultRaster();
        double xTileSize=pRasterProps.MeanCellSize().X * pWidth;
        double yTileSize=pRasterProps.MeanCellSize().Y * pHeight;
        int xTileCount =(int)Math.Ceiling((double)pRasterProps.Width /pWidth);
        int yTileCount =(int)Math.Ceiling((double)pRasterProps.Height /pHeight);
        IEnvelope pExtent =pRasterProps.Extent;
        IEnvelope pTileExtent =new EnvelopeClass();
        ISaveAs pSaveAs =null;
        for ( int i = 0;i < xTileCount;i++)
        {
            for ( int j = 0;j < yTileCount;j++)
            {
                pRasterProps =(IRasterProps)pRasterDataset.CreateDefaultRaster();
```

```
            pTileExtent.XMin=pExtent.XMin + i * xTileSize;
            pTileExtent.XMax=pTileExtent.XMin + xTileSize;
            pTileExtent.YMin=pExtent.YMin + j * yTileSize;
            pTileExtent.YMax=pTileExtent.YMin + yTileSize;
            pRasterProps.Height=pHeight;
            pRasterProps.Width=pWidth;
            pRasterProps.Extent=pTileExtent;
            pSaveAs=(ISaveAs)pRasterProps;
            pSaveAs.SaveAs("tile_" + i + "_" + j + ".tif", pOutputWork-
        space,"TIFF");
        }
    }
}
```

（四）栅格数据拉伸

```
    public IRasterRenderer StretchRenderer (ESRI.ArcGIS.Geodatabase.IRasterDataset
pRasterDataset)
    {
        try
        {
            //Define the from and to colors for the color ramp.
            IRgbColor pFromColor=new RgbColorClass();
            pFromColor.Red=255;
            pFromColor.Green=0;
            pFromColor.Blue=0;
            IRgbColor pToColor=new RgbColorClass();
            pToColor.Red=0;
            pToColor.Green=255;
            pToColor.Blue=0;
            //Create the color ramp.
            IAlgorithmicColorRamp pRamp=new AlgorithmicColorRampClass();
            pRamp.Size=255;
            pRamp.FromColor=pFromColor;
            pRamp.ToColor=pToColor;
            bool createColorRamp;
            pRamp.CreateRamp(out createColorRamp);
            //Create a stretch renderer.
            IRasterStretchColorRampRenderer pStretchRenderer=new
            RasterStretchColorRampRendererClass();
            IRasterRenderer pRasterRenderer=(IRasterRenderer)pStretchRenderer;
            //Set the renderer properties.
            IRaster pRaster=pRasterDataset.CreateDefaultRaster();
            pRasterRenderer.Raster=pRaster;pRasterRenderer.Update();
            pStretchRenderer.BandIndex=0;
```

```
pStretchRenderer.ColorRamp=pRamp;
//Set the stretch type.
IRasterStretch pStretchType=(IRasterStretch)pRasterRenderer;
pStretchType.StretchType=
esriRasterStretchTypesEnum.esriRasterStretch_StandardDeviations;
pStretchType.StandardDeviationsParam=2;
return pRasterRenderer;
}
catch(Exception ex)
{
System.Diagnostics.Debug.WriteLine(ex.Message);
return null;
}
}
```

(五) 模拟栅格计算器

ArcGIS 栅格数据分析的强大不仅仅在于 ArcGIS 直接提供了众多的分析工具,而且还提供了一个栅格计算器。利用栅格计算器可以结合开发人员设定的模型,通过一定的脚本去执行,让分析功能更加灵活。ArcGIS Engine 要实现这样一个功能,需使用 IMapAlgebraOp 接口。IMapAlgebraOp 接口的属性和方法如图 7-1-10 所示。

All ▼	Description
← BindRaster	Binds a symbol to a GeoDataset.
← Execute	Produces a GeoDataset by executing an expression.
← UnbindRaster	Unbind a symbol.

图 7-1-10　IMapAlgebraOp 接口的属性和方法

其中:BindRaster 和 UnbindRaster 是一组相反的操作,分别用于将栅格数据和一个符号绑定与分离;Execute 方法是用来执行设计的计算表达式。以下实现将栅格数据的数值除以 1000 的计算表达式。

```
public static void UsingRasterMapAlgebra(string pFileName,string pValue)
{
string pFolderName=Path.GetDirectoryName(pFileName);
 IRasterDataset pRaster = OpenFileRasterDataset(pFolderName,
Path.GetFileNameWithoutExtension(pFileName));
IMapAlgebraOp pMapAlgebraOp;
pMapAlgebraOp=new RasterMapAlgebraOpClass();
IRasterAnalysisEnvironment pEnv=default(IRasterAnalysisEnvironment);
pEnv=(IRasterAnalysisEnvironment)pMapAlgebraOp;
IWorkspaceFactory workspaceFactory=new RasterWorkspaceFactoryClass();
IWorkspace pWorkspace=workspaceFactory.OpenFromFile(pFolderName,0);
pEnv.OutWorkspace=pWorkspace;
pMapAlgebraOp.BindRaster((IGeoDataset)pRaster,"Ras01");
string sOut="[Ras01] "+ "/" + pValue;
```

```
IRaster rasOut =(IRaster)pMapAlgebraOp.Execute(sOut);
//保存 "[Ras01] /1000"
ISaveAs2 pSaveAs;
pSaveAs =(ISaveAs2)rasOut;
pSaveAs.SaveAs ( pFileName  +  DateTime.Now.Date.Minute.ToString ( ),
pWorkspace,"GRID");
}
```

第二节　表面分析

一、表面相关概念

3D 表面模型是三维空间中要素(真实或假想)的一种数字表达形式。如地下天然气矿床以及用于测定地下水位深度的深井组成的网络。表面也可以是派生的或假想的,某种特定细菌在每个井中的污染程度就是派生表面的一个示例。这些污染程度级别也可以绘制成 3D 表面地图。假想 3D 表面通常在视频游戏或计算机模拟环境中可以见到。通常可以使用专门设计的算法来获取或计算 3D 表面,这些算法对点、线或面数据进行采样然后将其转换为数字 3D 表面。ArcGIS 可以创建和存储栅格、TIN 和 terrain 数据集三种类型的表面模型。

栅格数据是栅格单元的矩形矩阵,以行和列的形式表示。每个栅格单元均表示地球表面上一块经过定义的方形区域,其值在整个栅格单元范围内始终保持不变。表面可以通过栅格数据呈现,数据中的每个栅格单元均表示实际信息的某个值。该值可以为高程数据、污染程度、地下水位高度等。

不规则三角网(TIN)是基于矢量的数字地理数据的一种形式,通过将一系列折点(点)组成三角形来构建。通过由一系列边连接各个折点,形成三角网。可通过多种不同的插值方法形成这些三角形(如 Delaunay 三角测量法或距离排序法)。ArcGIS 支持 Delaunay 三角测量方法。

二、表面分析接口

栅格表面分析经常使用到 ISurfaceop 和 ISurface 接口,尽管两个接口只有两个字母的差别,但是功能与用法却差异较大。

ISurfaceOp 接口被 RasterSurfaceOpClass 类实现,且 RasterSurfaceOpClass 类包含在 ESRI. ArcGIS. GeoAnalyst 类库中。ESRI. ArcGIS. GeoAnalyst 类库中的接口和类是被拥有 ArcGIS Spatial Analyst 和 ArcGIS 3D Analyst 扩展模块的用户拥有。ISurfaceOp 接口所拥有的属性和方法如图 7-2-1 所示。

ArcGIS Desktop 的空间分析模块提供的 Surface 工具集如图 7-2-2 所示。

对比图 7-2-1 和图 7-2-2 可知,ISurfaceOp 接口可以实现空间分析模块下 Surface 工具集中的全部功能。相比于 ISurfaceOp 接口,ISurface 接口被 RasterSurfaceClass 类实现,而 RasterSurfaceClass 类是在 ESRI. ArcGIS. Analyst3D 类库中,也就是这个接口只能在 3D 分析中使用。ISurface 接口提供了更多的属性和方法,如图 7-2-3 所示。

All ▼	Description
← Aspect	Calculates Aspect.
← Contour	Creates contours or isolines based off of a constant interval from a base contour.
← ContourAsPolyline	Creates a single contour or isoline that passes through a specified point on a surface.
← ContourList	Creates contours or isolines based off a list of contour values.
← ContoursAsPolylines	Creates multiple contours or isolines that pass through specified points on a surface.
← Curvature	Calculates curvature, optionally including profile and plan curvature.
← CutFill	Calculates cut and fill areas.
← HillShade	Calculates Hillshade.
← Slope	Calculates Slope.
← Visibility	Performs visibility analysis on a surface based on a set of input observation points.

图 7-2-1　ISurfaceOp 接口的属性和方法

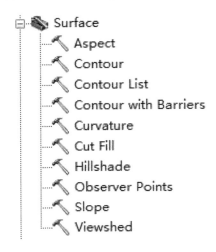

图 7-2-2　ArcGIS Desktop 提供的 Surface 工具集

← AsPolygons	Converts the surface to a polygon feature class representing slope or aspect.
← Contour	Output contours based on the specified root value and interval.
← ContourList	Output a list of contours corresponding to the specified elevation values.
■ Domain	The interpolation domain of the surface.
← GetAspectDegrees	Returns the aspect at the specified location in degrees.
← GetAspectRadians	Returns the aspect at the specified location in radians.
← GetContour	Returns a contour passing through the queried point.
← GetElevation	Returns the z value of the specified location.
← GetLineOfSight	Computes the visibility of a line-of-sight from the observer to the target.
← GetProfile	Returns a polyline with z values interpolated from the surface.
← GetProjectedArea	Returns the projected area of the surface above or below an input z value.
← GetSlopeDegrees	Returns the slope at the specified location in degrees.
← GetSlopePercent	Returns the slope at the specified location in percent.
← GetSlopeRadians	Returns the slope at the specified location in radians.
← GetSteepestPath	Returns the steepest path downhill from the specified point.
← GetSurfaceArea	Returns the area measured on its surface above or below an input z value.
← GetVolume	Returns the volume above or below an input z value.
← InterpolateShape	Interpolates z values for a defined geometric shape.
← InterolateShapeVertices	Interpolates z values for a defined geometric shape at its vertices only.
← IsVoidZ	Returns TRUE if the passed value is equal to the surface's void value.
← Locate	Returns the intersection of the query ray and the surface.
← LocateAll	Returns the distances of intersections of the query ray and the surface.
← QueryNormal	Returns the vector normal to the specified triangle.
← QueryPixelBlock	Derives slope, aspect, hillshade, or elevation from the input surface and writes the result to the provided PixelBlock.

图 7-2-3　ISurface 接口的属性和方法

160

三、空间分析的表面分析

（一）邻域分析

```
public IGeoDataset CreateNeighborhoodOpBlockStatisticsRaster(IGeoDataset
GeoDataset)
{
    INeighborhoodOp pNeighborhoodOP=new RasterNeighborhoodOpClass();
    IRasterNeighborhood pRasterNeighborhood=new RasterNeighborhoodClass();
    pRasterNeighborhood.SetRectangle(3,3,esriGeoAnalysisUnitsEnum.esriUnitsCells);
    IGeoDataset pGeoOutput = pNeighborhoodOP.BlockStatistics(GeoDataset,
esriGeoAnalysisStatisticsEnum.esriGeoAnalysisStatsMean,pRasterNeighbor-
hood,true);
    return pGeoOutput;
}
```

（二）裁剪分析

```
public IGeoDataset CreateExtractOp(IGeoDataset pGeoDataset,IPolygon pPolygone)
{
    ESRI.ArcGIS.SpatialAnalyst.IExtractionOp pExtractionOp=
    new ESRI.ArcGIS.SpatialAnalyst.RasterExtractionOpClass();
    ESRI.ArcGIS.Geodatabase.IGeoDataset pGeoOutput=
    pExtractionOp.Polygon(pGeoDataset , pPolygone , true);
    return pGeoOutput;
}
```

（三）密度分析

密度分析的对象为 RasterDensityOp，而该对象实现了 IDensityOp 接口。IDensityOp 接口定义了密度分析的常用方法，如点密度、核密度等，如图 7-2-4 所示。

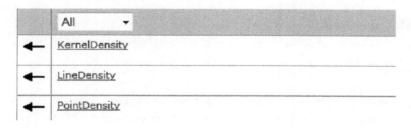

图 7-2-4　IDensityOp 接口的方法

```
public IRaster DensityAnalyst(IFeatureClass pFeatureClass,string pField-
Name,double pCellSize,double pRadius)
{
    //辅助对象,设置密度分析时候的参数
    IFeatureClassDescriptor pFDescr=new FeatureClassDescriptorClass();
    pFDescr.Create(pFeatureClass,null,pFieldName);
    IDensityOp pDensityOp=new RasterDensityOpClass();
```

```
//设置环境
IRasterAnalysisEnvironment pEnv=pDensityOp as IRasterAnalysisEnvironment;
object object_cellSize=(System.Object)pCellSize;
pEnv.SetCellSize(esriRasterEnvSettingEnum.esriRasterEnvValue,ref object_cellSize);
System.Double double_radio_dis=pRadius;
object object_radio_dis=(System.Object)double_radio_dis;
object Missing=Type.Missing;
//核函数密度制图方法生成栅格数据
IRaster pRaster = pDensityOp.KernelDensity(pFDescr as IGeoDataset,ref
object_radio_dis,ref Missing) as IRaster;
return pRaster;
}
```

代码运行效果如图 7-2-5 所示。

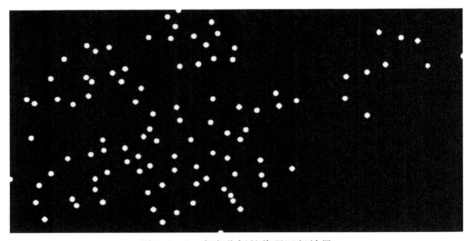

图 7-2-5   密度分析的代码运行效果

(四) IDistanceOp 接口

```
public IGeoDataset CreateDistanceOpCostPathRaster ( IGeoDataset pGeoData-
set1,IGeoDataset pGeoDataset2,IGeoDataset pGeoDataset3)
{
    IDistanceOp pDistanceOp=new RasterDistanceOpClass();
    IGeoDataset pGeoDataset Output = pDistanceOp.CostPath ( pGeoDataset1,
pGeoDataset2,                                        pGeoDataset3,
esriGeoAnalysisPathEnum.esriGeoAnalysisPathForEachZone);
    return pGeoDatasetOutput;
}
```

5. RasterConvertHelperClass 接口

```
public void ConvertRaterToLineFeature(string pRasterWs,string pRasterData-
setName,string pShapeFileName)
{
    IRasterDataset  pRasterDataset =
```

162

```
    GetRasterWorkspace(pRasterWs).OpenRasterDataset(pRasterDatasetName);
    IConversionOp pConversionOp = new RasterConversionOpClass();
    IRasterAnalysisEnvironment pEnv = (IRasterAnalysisEnvironment)pConver-
sionOp;
    IWorkspaceFactory pWorkspaceFactory = new RasterWorkspaceFactoryClass();
    IWorkspace pWorkspace = pWorkspaceFactory.OpenFromFile(pRasterWs,0);
    pEnv.OutWorkspace = pWorkspace;
    IWorkspaceFactory pShapeFactory = new ShapefileWorkspaceFactoryClass();
    IWorkspace pShapeWS = pShapeFactory.OpenFromFile(pRasterWs,0);
    System.Object pDangle = (System.Object)1.0;
    IGeoDataset pFeatClassOutput =
    pConversionOp.RasterDataToLineFeatureData ((IGeoDataset) pRasterDataset,
pShapeWS,pShapeFileName,false,false,ref pDangle);
}


/// <summary>
/// 要素转成 Grid
/// </summary>
/// <param name="pFeaureClass"></param>
/// <param name="pRasterWorkspaceFolder"></param>
/// <param name="pCellsize"></param>
/// <param name="pGridName"></param>
/// <returns></returns>
public IGeoDataset CreateGridFromFeatureClass(IFeatureClass pFeaureClass,
String pRasterWorkspaceFolder,double pCellsize , string pGridName)
{
    // Explicit Cast
    IGeoDataset pGeoDataset = (ESRI.ArcGIS.Geodatabase.IGeoDataset)pFeaureClass;
    ISpatialReference pSpatialReference = pGeoDataset.SpatialReference;
    IConversionOp pConversionOp = new
    ESRI.ArcGIS.GeoAnalyst.RasterConversionOpClass();
    IWorkspaceFactory pWorkspaceFactory = new
    ESRI.ArcGIS.DataSourcesRaster.RasterWorkspaceFactoryClass();
    IWorkspace  pWorkspace =
    pWorkspaceFactory.OpenFromFile(pRasterWorkspaceFolder,0);
    // Explicit Cast
    IRasterAnalysisEnvironment pAnalysisEnvironment =
    (ESRI.ArcGIS.GeoAnalyst.IRasterAnalysisEnvironment)pConversionOp;
    pAnalysisEnvironment.OutWorkspace = pWorkspace;
    ESRI.ArcGIS.Geometry.IEnvelope pEnvelope = new
    ESRI.ArcGIS.Geometry.EnvelopeClass();
    pEnvelope = pGeoDataset.Extent;
    object pObjectCellSize = (System.Object)pCellsize;
```

163

```
pAnalysisEnvironment.SetCellSize(ESRI.ArcGIS.GeoAnalyst.esriRasterEnvSettingEnum.es
riRasterEnvValue,ref pObjectCellSize);
    object object_Envelope=(System.Object)pEnvelope;
    object object_Missing=Type.Missing;
    pAnalysisEnvironment.SetExtent(ESRI.ArcGIS.GeoAnalyst.esriRasterEnvSettingEnum.
esriRasterEnvValue,ref object_Envelope,ref object_Missing);
    pAnalysisEnvironment.OutSpatialReference=pSpatialReference;
    IRasterDataset  pRasterDataset=new
    ESRI.ArcGIS.DataSourcesRaster.RasterDatasetClass();
    pRasterDataset=pConversionOp.ToRasterDataset(pGeoDataset,"GRID",pWork-
space,pGridName);
    IGeoDataset pGeoOutput=(ESRI.ArcGIS.Geodatabase.IGeoDataset)pRaster-
Dataset;
    return pGeoOutput;
}
```

四、3D 相关的表面分析

（一）获取高程

```
double GetElevation(IRaster pRaster,IPoint point)
{
    IRasterSurface pRasterSurface=new RasterSurfaceClass();
    pRasterSurface.PutRaster(pRaster,0);
    ISurface pSurface=pRasterSurface as ISurface;
    return pSurface.GetElevation(point);
}
```

（二）通视分析

```
if(axMapControl1.Map.get_Layer(0)! =null)
{
    IRasterLayer pRasterLayer=axMapControl1.Map.get_Layer(0) as IRasterLayer;
    IRasterSurface pRasterSurface=new RasterSurfaceClass();
    pRasterSurface.PutRaster(pRasterLayer.Raster,0);

    ISurface pSurface=pRasterSurface as ISurface;
    IPolyline pPolyline=axMapControl1.TrackLine() as IPolyline;IPoint pPoint=null;
    IPolyline pVPolyline=null;
    IPolyline pInPolyline=null;
    object pRef=0.13;
    bool pBool=true;
    //获取 Dem 的高程
    double pZ1=pSurface.GetElevation(pPolyline.FromPoint);
    double pZ2=pSurface.GetElevation(pPolyline.ToPoint);
    IPoint pPoint1=new PointClass();
```

```
    pPoint1.Z=pZ1;
    pPoint1.X=pPolyline.FromPoint.X;
    pPoint1.Y=pPolyline.FromPoint.Y;
    IPoint pPoint2=new PointClass();pPoint2.Z=pZ2;
    pPoint2.X=pPolyline.ToPoint.X;
    pPoint2.Y=pPolyline.ToPoint.Y;
    pSurface.GetLineOfSight(pPoint1 , pPoint2 , out pPoint , out pVPolyline,
out pInPolyline,out pBool,false,false,ref pRef);
    if (pVPolyline ! =null)
    {
        IElement pLineElementV=new LineElementClass();
        pLineElementV.Geometry=pVPolyline;
        ILineSymbol pLinesymbolV=new SimpleLineSymbolClass();
        pLinesymbolV.Width=2;
        IRgbColor pColorV=new RgbColorClass();
        pColorV.Green=255;
        pLinesymbolV.Color=pColorV;
        ILineElement pLineV=pLineElementV as ILineElement;
        pLineV.Symbol=pLinesymbolV;
        axMapControl1.ActiveView.GraphicsContainer.AddElement(pLineElementV,0);
    }
    if (pInPolyline ! =null)
    {
        IElement pLineElementIn=new LineElementClass();
        pLineElementIn.Geometry=pInPolyline;
        ILineSymbol pLinesymbolIn=new SimpleLineSymbolClass();
        pLinesymbolIn.Width=2;
        IRgbColor pColorIn=new RgbColorClass();
        pColorIn.Red=255;
        pLinesymbolIn.Color=pColorIn;
        ILineElement pLineIn=pLineElementIn as ILineElement;
        pLineIn.Symbol=pLinesymbolIn;
        axMapControl1.ActiveView.GraphicsContainer.AddElement(pLineElementIn,1);
    }
    axMapControl1.ActiveView.PartialRefresh(esriViewDrawPhase.esriViewGraphics,null,
null);
}
```

代码运行效果如图 7-2-6 所示。

（三）Tin 表面分析

Tin 表面分析需使用 ITinSurface 接口，ITinSurface 继承了 ISurface 接口。由于空间分析和 3D 分析在栅格表面分析有部分重合，但是 Tin 的表面分析只能在 3D 分析下进行。ITinSurface 接口的属性和方法如图 7-2-7 所示。

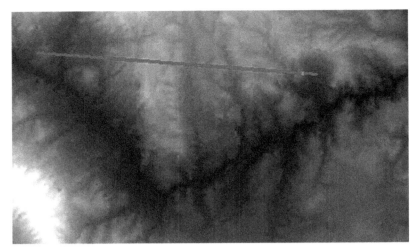

图 7-2-6　通视分析的代码运行效果

←	AsPolygons	Converts the surface to a polygon feature class representing slope or aspect.
←	Contour	Output contours based on the specified root value and interval.
←	ContourList	Output a list of contours corresponding to the specified elevation values.
■	Domain	The interpolation domain of the surface.
←	GetAspectDegrees	Returns the aspect at the specified location in degrees.
←	GetAspectRadians	Returns the aspect at the specified location in radians.
←	GetContour	Returns a countour passing through the queried point.
←	GetElevation	Returns the z value of the specified location.
←	GetIntensity	Returns the hillshade brightness value of the plane defined by the three points.
←	GetLineOfSight	Computes the visibility of a line-of-sight from the observer to the target.
←	GetPartialVolumeAndArea	Returns portion of the TIN's volume above or below an input z value.
←	GetProfile	Returns a polyline with z values interpolated from the surface.
←	GetProjectedArea	Returns the projected area of the surface above or below an input z value.
←	GetSlopeDegrees	Returns the slope at the specified location in degrees.
←	GetSlopePercent	Returns the slope at the specified location in percent.
←	GetSlopeRadians	Returns the slope at the specified location in radians.
←	GetSteepestPath	Returns the steepest path downhill from the specified point.
←	GetSurfaceArea	Returns the area measured on its surface above or below an input z value.
←	GetSurfaceElement	Returns the surface element at the specified location.
←	GetVolume	Returns the volume above or below an input z value.
←	InterpolateShape	Interpolates z values for a defined geometric shape.
←	InterpolateShapeVertices	Interpolates z values for a defined geometric shape at its vertices only.
←	IsVoidZ	Returns TRUE if the passed value is equal to the surface's void value.
←	Locate	Returns the intersection of the query ray and the surface.

图 7-2-7　ITinSurface 接口的属性和方法

（1）打开 Tin 表面。

```
public ITinLayer GetTINLayer(string pPath) // 打开 TIN 文件
{
    ITinWorkspace pTinWorkspace;IWorkspace pWS;
    IWorkspaceFactory pWSFact = new TinWorkspaceFactoryClass();
    ITinLayer pTinLayer = new TinLayerClass();
    string pathToWorkspace = System.IO.Path.GetDirectoryName(pPath);
    string tinName = System.IO.Path.GetFileName(pPath);
    ITin pTin;
```

```
    pWS=pWSFact.OpenFromFile(pathToWorkspace,0);
    pTinWorkspace=pWS as ITinWorkspace;
    if(pTinWorkspace.get_IsTin(tinName))
    {
        pTin=pTinWorkspace.OpenTin(tinName);
        pTinLayer.Dataset=pTin;
        pTinLayer.ClearRenderers();
        return pTinLayer;
    }
    else
    {
        MessageBox.Show("该目录不包含 Tin 文件");
        return null;
    }
}
```

打开 Tin 表面还可以采用以下代码实现。

```
ITinAdvanced2 pTin=new TinClass();
pTin.Init(@ "E:\arcgis\Engine\IDW 数据\dvtin");
ITinLayer pTinLayer=new TinLayerClass();
pTinLayer.Dataset=pTin;
axMapControl1.Map.AddLayer(pTinLayer as ILayer);
```

（2）创建 Tin 表面。

```
private void 创建 TinToolStripMenuItem_Click(object sender,EventArgs e)
{
    IFeatureClass pFeatureClass=GetFeatureClass(@ "E:\arcgis\Engine\IDW 数
据","山东 20100321");
    IField  pField=pFeatureClass.Fields.get_Field(pFeatureClass.FindField("H"));
    ITin pTin=CreateTin(pFeatureClass,pField,@ "E:\arcgis\Engine\IDW 数据\Tin-
Test");
    ITinLayer pTinLayer=new TinLayerClass();
    pTinLayer.Dataset=pTin;
    axMapControl1.Map.AddLayer(pTinLayer as ILayer);
}


/// <summary>
/// 创建 Tin
/// </summary>
/// <param name="pFeatureClass"></param>
/// <param name="pField"></param>
/// <param name="pPath"></param>
/// <returns></returns>
public ITin CreateTin(IFeatureClass pFeatureClass, IField pField, string
pPath)
```

```
{
    IGeoDataset pGeoDataset = pFeatureClass as IGeoDataset;
    ITinEdit pTinEdit = new TinClass();
    pTinEdit.InitNew(pGeoDataset.Extent);
    object pObj = Type.Missing;
    pTinEdit.AddFromFeatureClass(pFeatureClass, null, pField, null, esriT-
inSurfaceType.esriTinMassPoint, ref pObj);
    pTinEdit.SaveAs(pPath, ref pObj);
    pTinEdit.Refresh();
    return pTinEdit as ITin;
}
```

代码运行效果如图 7-2-8 所示。

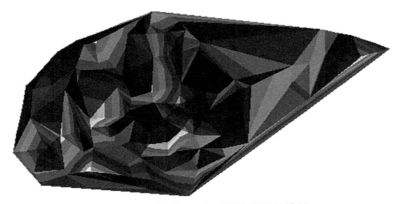

图 7-2-8　创建 Tin 表面的代码运行效果

（3）由 Tin 表面生成等高线。

```
private void Tin2Contour(ITin pTin , IFeatureClass pFeatureClass)
{
    ITinSurface pTinSurface = pTin as ITinSurface;
    //不要启动编辑,因为这个接口会在要素类中添加字段
    pTinSurface.Contour(0 , 2,pFeatureClass,"Height",0);
}
private void 等高线 ToolStripMenuItem_Click(object sender , EventArgs e)
{
    ITinLayer pTinLayer = GetTINLayer(@ "E: \arcgis \Engine \IDW 数据 \dvtin");
    IFeatureClass pFeatureClass = GetFeatureClass(@ "E: \arcgis \Engine \IDW
数据","TinContour");
    Tin2Contour(pTinLayer.Dataset as ITin ,pFeatureClass);
    IFeatureLayer pFeatLayer = new FeatureLayerClass();pFeatLayer.Name = "等高线";
    pFeatLayer.FeatureClass = pFeatureClass;
    axMapControl1.Map.AddLayer(pFeatLayer as ILayer);
}
```

代码运行效果如图 7-2-9 所示。

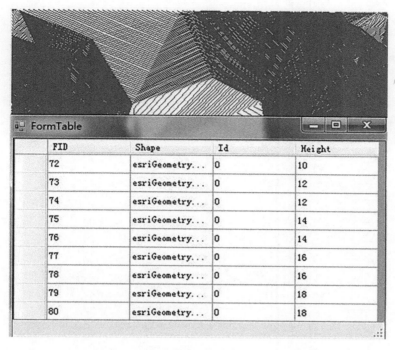

图7-2-9 由Tin表面生成等高线的代码运行效果

（4）由Tin表面生成泰森多边形。

```
private void 泰森多边形 ToolStripMenuItem_Click(object sender,EventArgs e)
{
    ITinLayer pTinLayer=GetTINLayer(@"E:\arcgis\Engine\IDW数据\dvtin");
    IFeatureClass pFeatureClass=GetFeatureClass(@"E:\arcgis\Engine\IDW数据","Vr");
    CreateVr(pFeatureClass,pTinLayer.Dataset as ITin);
    IFeatureLayer pFeatLayer=new FeatureLayerClass();
    pFeatLayer.Name="泰森多边形";
    pFeatLayer.FeatureClass=pFeatureClass;
    axMapControl1.Map.AddLayer(pFeatLayer as ILayer);
}
/// <summary>
/// 创建泰森多边形
/// </summary>
/// <param name="pFeatureClass"></param>
/// <param name="pTin"></param>
void CreateVr(IFeatureClass pFeatureClass , ITin pTin)
{
    ITinNodeCollection pTinColl=pTin as ITinNodeCollection;
    pTinColl.ConvertToVoronoiRegions(pFeatureClass,null,null,"","");
}
```

代码运行效果如图7-2-10所示。

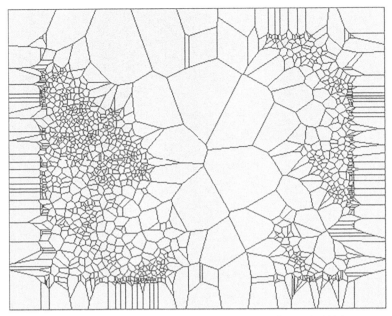

图 7-2-10   由 Tin 表面生成泰森多边形的代码运行效果

第三节   栅格数据渲染

一、栅格数据简单渲染

以下为栅格数据简单渲染的代码示例。

```
public IRasterRenderer ColormapRenderer (ESRI.ArcGIS.Geodatabase.IRasterDataset
pRasterDataset)
    {
        try
        {
            IRasterRenderer pColormapRender =new RasterColormapRendererClass();
            IRaster pRaster =pRasterDataset.CreateDefaultRaster();
            pColormapRender.Raster  =pRaster;
            return pColormapRender;
        }
        catch (Exception  ex)
        {
            System.Diagnostics.Debug.WriteLine(ex.Message);
            return null;
        }
    }
```

二、栅格数据分级渲染

以下为栅格数据分级渲染的代码示例。

```
public IRasterRenderer ClassifyRenderer(ESRI.ArcGIS.Geodatabase.IRasterDatasetp
RasterDataset)
{
    try
    {
        //Create the classify renderer.
        IRasterClassifyColorRampRenderer pClassifyRenderer=new
        RasterClassifyColorRampRendererClass();
        IRasterRenderer  pRasterRenderer=(IRasterRenderer)pClassifyRenderer;
        //Set up the renderer properties.
        IRaster pRaster=pRasterDataset.CreateDefaultRaster();
        pRasterRenderer.Raster=pRaster;
        pClassifyRenderer.ClassCount=9;
        pRasterRenderer.Update();
        IRgbColor pFromColor=new RgbColorClass();
        pFromColor.Red=255;
        pFromColor.Green=0;
        pFromColor.Blue=0;
        IRgbColor pToColor=new RgbColorClass();
        pToColor.Red=0;
        pToColor.Green=255;
        pToColor.Blue=255;
        //Set the color ramp for the symbology.
        IAlgorithmicColorRamp pRamp=new AlgorithmicColorRampClass();
        pRamp.Size=9;
        pRamp.FromColor=pFromColor;
        pRamp.ToColor=pToColor;
        bool pBoolColorRamp;
        pRamp.CreateRamp(out pBoolColorRamp);
        //Create the symbol for the classes.
        IFillSymbol pFillSymbol=new SimpleFillSymbolClass();
        for (int i=0;i < pClassifyRenderer.ClassCount;i++)
        {
            pFillSymbol.Color=pRamp.get_Color(i);
            pClassifyRenderer.set_Symbol(i,(ISymbol)pFillSymbol);
            pClassifyRenderer.set_Label(i,Convert.ToString(i));
        }
        return pRasterRenderer;
    }
    catch (Exception ex)
    {
        System.Diagnostics.Debug.WriteLine(ex.Message);
        return null;
```

```
        }
    }
```

第四节　栅格数据影像金字塔创建

以下为栅格数据波段影像金字塔创建的代码示例。

```
/// <summary>
/// 波段统计和创建影像金字塔
/// </summary>
/// <param name="pRasterDataset"></param>
public static void CalculateStatsAndPyramids(IRasterDataset pRasterDataset)
{
    IRasterBandCollection pBandColl=(IRasterBandCollection)pRasterDataset;
    //波段统计
    for (int i=0;i < pBandColl.Count;  i++)
    {
        IRasterBand pRasterBand=pBandColl.Item(i);
        pRasterBand.ComputeStatsAndHist();
    }
    //创建金字塔
    IRasterPyramid pRasterPyramids=(IRasterPyramid)pRasterDataset;
    if (pRasterPyramids.Present==false)
    {
        pRasterPyramids.Create();
    }
}
```

本章小结

本章主要介绍了 ArcGIS Engine 中进行栅格数据分析的基本方法,包括表面分析、数据渲染和影像金字塔的创建等。阐明了栅格数据分析涉及的相关类和对象,以及在实际应用中类的实例化和对象中属性赋值及方法的操作。

复习思考题

1. 如何实现由高程点数据创建 TIN,并由 TIN 生成等高线?
2. 如何利用表面分析对 DEM 进行坡度坡向分析?
3. 简述 DEM 通视分析使用的类和对象,以及类和对象之间的关系。
4. 栅格数据渲染和影像金字塔创建的区别与联系是什么?

第八章 地理空间数据编辑

ArcGIS Engine 中的编辑操作必须位于编辑会话中,且编辑操作不能在其他编辑操作中嵌套。Geodatabase 编辑是长事务操作,一个编辑会话对应于一个长事务,应用程序在编辑会话中看到的仅是该应用程序对数据更改引起的数据变化,其他同时执行的更改(若允许)在编辑会话被保存或丢弃之前是看不到的(SDE 数据库可以多人同时编辑)。本章系统阐述了 ArcGIS Engine 中地理空间数据编辑相关的类和对象,总结了 IWorkspaceEdit、IMultiuserWorkspaceEdit 与 IEngineEditor 接口的逻辑关联,并通过实例展示了等高线赋值过程中的相关类和对象的应用示范。

第一节　IWorkspaceEdit 接口

IWorkspaceEdit 接口是 ArcGIS Engine 实现空间数据编辑的重要接口,它让程序启动或者停止一个编辑流程,在这个编辑流程内,可以对数据库中的数据进行删除、添加和更改。所有对要素或属性的修改都可以放到一个会话中,这个会话就相当于 ArcMap 中的 StartEdting,当会话启动后,就可以在图层中对数据进行修改、删除等操作。需要注意的是:如果正在使用 IEngineEditor 接口编辑 Geodatabase,则无须使用该接口控制编辑。IWorkspaceEdit 接口的属性和方法如图 8-1-1 所示。

All ▼	Description
← AbortEditOperation	Aborts an edit operation.
← DisableUndoRedo	Disables Undo and Redo of edit operations.
← EnableUndoRedo	Enables Undo and Redo of edit operations.
← HasEdits	True if there are any completed edit operations that need to be saved.
← HasRedos	True if there are any completed undos that can be redone.
← HasUndos	True if there are any completed edit operations that can be undone.
← IsBeingEdited	True if the workspace is being edited.
← RedoEditOperation	Causes a Redo to be performed on the last undo.
← StartEditing	Starts editing the workspace.
← StartEditOperation	Begins an edit operation.
← StopEditing	Stops editing the workspace.
← StopEditOperation	Ends an edit operation.
← UndoEditOperation	Causes an Undo to be performed on the last edit operation.

图 8-1-1　IWorkspaceEdit 接口的属性和方法

ArcGIS Engine 的编辑相当于数据库中一个事物的操作。参照 ArcMap 中的编辑步骤:启动编辑→编辑操作→保存编辑,在启动编辑时 ArcMap 相当于开启了一个与关系型数据库中对应的一个事务。开启编辑、保存编辑、停止编辑对应了 IWorkspaceEdit 接口提供的编辑方法。

以下为基于 IWorkspaceEdit 接口为数据库中的一个表创建一个新行的代码示例。

```
public void StartEdit( IWorkspace pWorkspace, ITable pTable)
{
    IWorkspaceEdit pWorkspaceEdit =( IWorkspaceEdit)pWorkspace;
    //启动编辑会话
    pWorkspaceEdit.StartEditing( false);
    //启动编辑操作
    pWorkspaceEdit.StartEditOperation();
    IRow pRow= pTable.CreateRow();
    pRow.set_Value(2,"练习");
    pRow.Store();
    //结束编辑操作
    pWorkspaceEdit.StopEditOperation();
    //结束编辑会话
    pWorkspaceEdit.StopEditing( true);
}
```

以下为基于 **IWorkspaceEdit** 接口进行要素记录批量写入(1000 条记录)的代码示例。

```
/// <summary>
///编辑的全局变量
/// </summary>
/// <param name = "sender"></param>
/// <param name = "e"></param>
private void button6_Click_1( object sender,EventArgs e)
{
    IWorkspaceFactory pWsF =new ShapefileWorkspaceFactory();
    IFeatureWorkspace pFtWs = pWsF.OpenFromFile(@ "E: \arcgis \Engine \数据",
 0) as IFeatureWorkspace;
    IFeatureClass pFtClass =pFtWs.OpenFeatureClass( "edit");
    IFeatureLayer pFt =new FeatureLayerClass();
    pFt.FeatureClass = pFtClass;
    pFt.Name = "画线";
    axMapControl1.Map.AddLayer(pFt as ILayer);
    axMapControl1.Refresh();

    IDataset pDataset =pFtClass as IDataset;
    IWorkspace pWs = pDataset.Workspace;
    pWsEdit = pWs as IWorkspaceEdit;
    pWsEdit.StartEditing( true);
    pWsEdit.StartEditOperation();
    pBoolStart = pWsEdit.IsBeingEdited();
    IFeatureBuffer pFeatureBuffer = pFtClass.CreateFeatureBuffer();
    IFeatureCursor pFtCusor = pFtClass.Insert( true);
    ESRI.ArcGIS.Geometry.IPolyline polyline =
    new ESRI.ArcGIS.Geometry.PolylineClass();
```

```
ESRI.ArcGIS.Geometry.IPoint pPoint = new
ESRI.ArcGIS.Geometry.PointClass();
ESRI.ArcGIS.Geometry.IPoint pPoint2 = new
ESRI.ArcGIS.Geometry.PointClass();
for ( int i = 0; i < 1000; i++)
{
    pPoint.X = 48 + i * 102;
    pPoint.Y = 65 + i * 10;
    polyline.FromPoint = pPoint;
    pPoint2.X = 480 + i * 10;
    pPoint2.Y = 615 + i * 102;
    polyline.ToPoint = pPoint2;
    pFeatureBuffer.Shape = polyline;
    pFeatureBuffer.set_Value(2,i);
    object pFeatureOID = pFtCusor.InsertFeature(pFeatureBuffer);
}
pFtCusor.Flush();
pWsEdit.StopEditing(true);
axMapControl1.Refresh();
}
```

代码运行效果如图 8-1-2 所示。

图 8-1-2　基于 IWorkspaceEdit 接口进行要素记录批量写入的代码运行效果

第二节　IMultiuserWorkspaceEdit 接口

IMultiuserWorkspaceEdit 接口为多用户编辑设计,主要针对 SDE 数据库。IMultiuser-WorkspaceEdit 接口的方法如图 8-2-1 所示。

IMultiuserWorkspaceEdit. StartMultiuserEditing 方法是 SDE 数据库的编辑入口,相当于 IWorksspaceEditor. Start 方法。IMultiuserWorkspaceEdit. StartMultiuserEditing 方法可开启 SDE 数据库的版本会话和非版本会话,区别在于该方法需要的一个形式参数。该形式参

数属于枚举类型,取值如图 8-2-2 所示。

	All	Description
	MultiuserEditSessionMode	
	StartMultiuserEditing	
	SupportsMultiuserEditSessionMode	

图 8-2-1　IMultiuserWorkspaceEdit 接口的方法

esriMultiuserEditSessionMode Constants

Constant	Value	Description
esriMESMVersioned	0	
esriMESMNonVersioned	1	

图 8-2-2　StartMultiuserEditing 方法的枚举型形式参数

以下为基于 IMultiuserWorkspaceEdit 接口编辑 SDE 版本的代码示例。

```
public void StartSDEVersion(IWorkspace pWorkspace)
{
    IMultiuserWorkspaceEdit pMWorkspaceEdit =
    (IMultiuserWorkspaceEdit)pWorkspace;
    IWorkspaceEdit  pWorkspaceEdit = (IWorkspaceEdit)pWorkspace;
    //启动版本编辑会话
    pMWorkspaceEdit.StartMultiuserEditing ( esriMultiuserEditSessionMode.
esriMESMVersione d);
    //启动编辑操作
    pWorkspaceEdit.StartEditOperation();
    //编辑过程 ...
    //结束编辑操作
    pWorkspaceEdit.StopEditOperation();
    //结束编辑会话
    pWorkspaceEdit.StopEditing(true);
}
```

第三节　IEngineEditor 接口

IEngineEditor 接口被 EngineEditor 对象继承并实现,该接口就对应于 ArcMap 中编辑工具条的 Editor 工具,控制整个编辑的生命周期。需要指出的是:开发人员可以在 ToolbarControl 上将 Editor 工具模拟出来,然后应用 ArcGIS Desktop 中的 Start Editing 功能;也可以采用代码的方式实现 ArcGIS Engine 中的 Editor 工具;但一个应用程序中只能应用一种方式。如图 8-3-1 所示,左图为 ArcGIS Desktop 提供的编辑工具条,右图为 ArcGIS Engine 控件模拟的编辑工具条。

IEngineEditor 接口的属性和方法如图 8-3-2 所示。

IEngineEditor 包含诸多 Task(Task 理解为执行一个操作而封装的流程)。参照 ArcMap,当在 ArcMap 中创建一个新要素时,需将 Task 中选择为 Create New Feature,然后在

Editor 工具条上结合草图工具实现对数据的编辑。此外,Task 对开发人员是开放的,可以自定义操作。IEngineEditTask 接口的属性和方法如图 8-3-3 所示。

图 8-3-1　ArcGIS Desktop 与 ArcGIS Engine 下编辑工具条

←	AbortOperation	Aborts an edit operation.
←	AddTask	Adds a task to the EngineEditor.
■–□	CurrentTask	The current edit task.
←	EditSelection	The selected features that are editable.
■–■	EditSessionMode	The current edit session mode.
■–	EditState	The EngineEditor's current edit state.
■–	EditWorkspace	The workspace being edited.
←	EnableUndoRedo	Indicates if undo/redo capabilities are enabled.
←	GetTaskByUniqueName	Retrieves a task by UniqueName from the EngineEditor.
←	HasEdits	Indicates if edits have been made.
←	InvertAgent	Draws the EngineEditor's snapping agent.
■–	Map	The map being edited.
■–	SelectionCount	The number of selected features that are editable.
←	StartEditing	Starts an edit session.
←	StartOperation	Starts an edit operation.
←	StopEditing	Stops an edit session.
←	StopOperation	Stops an edit operation.
■–	Task	The edit task at the specified index.
■–	TaskCount	The number of edit tasks.

图 8-3-2　IEngineEditor 接口的属性和方法

All ▾		Description
←	Activate	Notifies the task that the edit sketch is activated.
←	Deactivate	Notifies the task that the edit sketch is deactivated.
■–	GroupName	The group into which the edit task is placed.
■–	Name	The name of the edit task.
←	OnDeleteSketch	Notifies the task that the edit sketch has been deleted.
←	OnFinishSketch	Notifies the task that the edit sketch is complete.
■–	UniqueName	The unique name of the edit task.

图 8-3-3　IEngineEditTask 接口的属性和方法

表 8-3-1 展示了 IEngineEditor 接口与 IWorkspaceEdit 接口相关方法的比较。

表 8-3-1　IEngineEditor 接口与 IWorkspaceEdit 接口相关方法比较

Task	IEngineEditor	IWorkspaceEdit
Start an edit session	StartEditing	StartEditing
Stop an edit session	StopEditing	StopEditing
Start an edit operation	StartOperation	StartEditOperation
Stop an edit operation	StopOperation	StopEditOperation
Abort an edit operation	AbortOperation	AbortEditOperation
Rollback an edit operation	UndoOperation	UndoEditOperation

Task	IEngineEditor	IWorkspaceEdit
Reapply an edit operation	RedoOperation	RedoEditOperation
Commit edits	StopEditing(True)	StopEditing(True)

IEngineEditor 接口被 EngineEditorClass 实现,EngineEditor 对象相当于 ArcMap 中编辑时用到的 Editor 工具条,ArcMap 中 Editor 工具条的使用步骤包括:①StartEditing;②将 Targetlayer 设置为需要编辑的图层;③设置 Task 为 Create New Feature;④使用草图工具开始编辑要素。

Editor 工具条使用步骤分别对应 4 个相关接口,其中 3 个接口可在 EngineEditorClass 中直接实现,分别是 IEngineEditor 接口、IEngineEditLayer 接口和 IEngineEditSketch 接口,另外的 ITask 接口为 IEngineEditor 接口的一个属性,Task 是一个任务流,ArcGIS 中的 Task 是对一系列操作的封装,也就是利用草图工具所做的一系列动作(Mousedown、Mousemove 等)。

第四节　地理空间数据编辑示例(等高线赋值)

等高线赋值是地形图矢量化过程中的常用编辑功能,ArcGIS Engine 并没有直接提供相应功能函数。以下利用 ArcGIS Engine 提供的编辑接口实现等高线赋值功能,主要代码如下。

一、程序主函数设计代码

```
IWorkspaceFactory pWsF = new ShapefileWorkspaceFactory();
IFeatureWorkspace pFtWs = pWsF.OpenFromFile(@ "E:\arcgis\Engine\数据",0)
as IFeatureWorkspace;
IFeatureClass pFClass = pFtWs.OpenFeatureClass("ctour9_Clip");
IFeatureLayer pFtLayer = new FeatureLayerClass();
pFtLayer.Name = "等高线";
pFtLayer.FeatureClass = pFClass;
axMapControl1.AddLayer(pFtLayer as ILayer);axMapControl1.Refresh();
pEngineEditor = new EngineEditorClass();
//启动编辑
pEngineEditor.StartEditing(pFtWs as IWorkspace,axMapControl1.Map);
pEngineEditor.StartOperation();
//设置目标图层
IEngineEditLayers pEditLayer = pEngineEditor as IEngineEditLayers;
pEditLayer.SetTargetLayer(pFtLayer,0);
//设置任务流
pEngineEditor.CurrentTask = new CalculatContourTask() as
IEngineEditTask;
//启用草图工具
```

```
ICommand pSketch=new ControlsEditingSketchToolClass();
pSketch.OnCreate(axMapControl1.Object);
axMapControl1.CurrentTool= pSketch as ITool;
//结束编辑
if ( pEngineEditor.EditState = = esriEngineEditState. esriEngineStateEdit-
ing)
{
    pEngineEditor.StopEditing(true);
}
```

二、等高线赋值类设计代码

```
using System;
using System.Collections.Generic;
using System.Text;
using System.Runtime.InteropServices;
using ESRI.ArcGIS.ADF.CATIDs;
using ESRI.ArcGIS.Controls;
using ESRI.ArcGIS.Geodatabase;
using ESRI.ArcGIS.Geometry;
using ESRI.ArcGIS.Carto;
using ESRI.ArcGIS.esriSystem;
using System.Windows.Forms;
namespace EngineApplication
{
    public class CalculatContourTask : ESRI. ArcGIS. Controls. IEngineEditTask
    {
        #region Private Members
        IEngineEditor pEngineEditor;
        IEngineEditSketch pEditSketch;
        IEngineEditLayers pEditLayer;
        #endregion
        IFeatureLayer pFeatureLayer;
        #region IEngineEditTask Implementations
        public  void Activate(ESRI.ArcGIS.Controls.IEngineEditor pEditor,
    ESRI.ArcGIS.Controls.IEngineEditTask pOldTask)
        {
            if (pEditor==null)
                return;
            pEngineEditor= pEditor;
            pEditSketch=pEngineEditor as IEngineEditSketch;
            pEditSketch.GeometryType=esriGeometryType. esriGeometryPoly-
        line;
            pEditLayer= pEditSketch as IEngineEditLayers;
```

```
        //Listen to engine editor events
    ((IEngineEditEvents_Event)pEditSketch).OnTargetLayerChanged
+= new IEngineEditEvents_OnTargetLayerChangedEventHandler(OnTar-
getLayerChanged);
    ((IEngineEditEvents_Event)pEditSketch).OnCurrentTaskChanged
+= new IEngineEditEvents_OnCurrentTaskChangedEventHandler(OnCur-
rentTaskChanged);
}

public void Deactivate()
{
    pEditSketch.RefreshSketch();
    //Stop listening to engine editor events.
    ((IEngineEditEvents_Event)pEditSketch).OnTargetLayerChanged
-=
    OnTargetLayerChanged;
    ((IEngineEditEvents_Event)pEditSketch).OnCurrentTaskChanged
-=
    OnCurrentTaskChanged;
    //Release object references.
    pEngineEditor=null;
    pEditSketch=null;
    pEditLayer= null;
}
public string GroupName
{
    get
    {
        //This property allows groups to be created/used in the
        EngineEditTaskToolControl treeview.
        //If an empty string is supplied the task will be appear in
    an "Other Tasks" group.
        //In this example the Reshape Polyline_CSharp task will ap-
    pear in the existing Modify Tasks group.
        return "Modify Tasks";
    }
}
public string Name
{
    get
    {
        return "CalculateContourTask";//unique edit task name
    }
```

```
    }

public void OnDeleteSketch()
{

}

public void OnFinishSketch()
{

    //get reference to featurelayer being edited
    pFeatureLayer= pEditLayer.TargetLayer as IFeatureLayer;
    //get reference to the sketch geometry
    IGeometry pPolyline= pEditSketch.Geometry;
    if (pPolyline.IsEmpty==false)
    {

        ParaSetting pFormSetting=new
        ParaSetting(pFeatureLayer.FeatureClass);
        pFormSetting.ShowDialog();

        if (pFormSetting.DialogResult==DialogResult.OK)
        {
            pHeightName= pFormSetting.pFieldNames.Text;
            pHeight  =  Convert.ToDouble ( pFormSetting.dHeight.
        Text);
            pInterval = Convert.ToDouble ( pFormSetting.dInterval.
        Text);
            pFormSetting.Dispose();
            pFormSetting= null;
            IFeatureCursor  pFeatureCursor  =  GetFeatureCursor
        (pPolyline, pFeatureLayer.FeatureClass);
            CalculateIntersect(pFeatureCursor,pPolyline);
            MessageBox.Show("计算完成");
        }

    }

    //refresh the display
    IActiveView pActiveView= pEngineEditor.Map as IActiveView;
    pActiveView.PartialRefresh(esriViewDrawPhase.esriViewGeography,
    (object)pFeatureLayer,pActiveView.Extent);
}
public string UniqueName
{
    get
    {
        return "CalculateContourTask";
```

```
            }
        }
        #endregion
        #region Event Listeners
        public void OnTargetLayerChanged()
        {
            PerformSketchToolEnabledChecks();
        }

        void OnCurrentTaskChanged()
        {
            if (pEngineEditor.CurrentTask.Name == "CalculateContourTask")
            {
                PerformSketchToolEnabledChecks();
            }
        }
        #endregion
        private IFeatureCursor GetFeatureCursor(IGeometry pGeometry, IFeatureClass
    pFeatureClass)
        {
            //空间过滤器的创建
            ISpatialFilter pSpatialFilter = new SpatialFilter();
            pSpatialFilter.Geometry = pGeometry;
            //空间过滤器几何体实体
            //空间过滤器参照系
            //空间过滤器空间数据字段名
            pSpatialFilter.GeometryField = pFeatureClass.ShapeFieldName;
            //空间过滤器空间关系类型
            pSpatialFilter.SpatialRel = esriSpatialRelEnum. esriSpatialRe-
    lIntersects;
            //相交
            IFeatureCursor pFeatureCursor = pFeatureClass.Search(pSpatial-
    Filter,
            false);
            return pFeatureCursor;
        }
        //起始等高线值
        private double pHeight;
        //等高线间距
        private double pInterval;
        //高程字段名
        private string pHeightName;
```

```
    private void CalculateIntersect(IFeatureCursor pFeatureCursor,IGe-
ometry
  pGeometry)
  {
      if (pFeatureCursor= =null)
         return;
      //要素游标
      IMultipoint pIntersectionPoints= null;
      //多点
      IPointCollection pPointColl= null;
      List<IFeature> pFeatureList= new List<IFeature>();
      //和直线相交的要素集合
          ITopologicalOperator pTopoOperator= pGeometry as ITopolog-
      icalOperator;IPointCollection pSketchPointColl= pGeometry as
      IPointCollection;
      //所画直线的起点
      IPoint pPoint0= pSketchPointColl.get_Point(0);
      IFeature pFeature= pFeatureCursor.NextFeature();
      pFeatureList.Clear();
      while ((pFeature! =null))
      {
          //和直线相交的要素集合
          pFeatureList.Add(pFeature);
          pFeature= pFeatureCursor.NextFeature();
      }
      IPolyline pPolyline=pGeometry as IPolyline;
      IPoint pPointF= pPolyline.FromPoint;
      Dictionary<double,IFeature> pDic= new Dictionary<double,IFea-
  ture>();
      //IProximityOperator
      //此时 pFeatureL 中的等值线并不是按顺序(空间)排列,需要排序
      //求出各交点到直线起点距离
      int pCount= pFeatureList.Count;
      double[] sortArray= new double[pCount];
      for (int i= 0;i <=pCount- 1;i++)
      {
          try
          {
              pFeature= pFeatureList[i];
              //求交点:
              pIntersectionPoints = pTopoOperator.Intersect ( pFea-
          ture.Shap, esriGeometryDimension.esriGeometry0Dimension)
          as IMultipoint;
```

183

```
            pPointColl = pIntersectionPoints as IPointCollection;
            sortArray [ i ] = GetDistace ( pPointF, pPointColl.get _
        Point(0));
            pDic.Add( GetDistace ( pPointF ,    pPointColl.get _Point
        (0)) ,pFeatureList[i]);
            //距离
            //下个要素
            pFeature = pFeatureCursor.NextFeature();
        }
        catch ( Exception e)
        {
            MessageBox.Show( e.ToString());
        }
    }
    //冒泡法
    for ( int H = sortArray.Length - 1;H >= 0;H--)
    {
        for ( int j = 0;j < H;j++)
        {
            if ( sortArray[ j] > sortArray[ j + 1])
            {
                double temp = sortArray[ j];
                sortArray[ j] = sortArray[ j + 1];
                sortArray[ j + 1] = temp;
            }
        }
    }
    int pFieldIndex =
    pFeatureLayer.FeatureClass.Fields.FindField(pHeightName);
    Dictionary<IFeature,  double> pDicdis =
    new Dictionary<IFeature,double>();
    for ( int m = 0;m < sortArray.Length;m++)
    {
        foreach ( KeyValuePair<double,IFeature> pKey in pDic)
        {
            if ( sortArray[m] == pKey.Key)
            {
                IFeature pFeatureH = pKey.Value;
                pFeatureH.set_Value(pFieldIndex,pHeight + pInter-
                val * m);
                pFeatureH.Store();
            }
        }
```

```
        }
    }
    /// <summary>
    ///获取我们画的线和等高线之间的距离
    /// </summary>
    /// <param name="pPoint1"></param>
    /// <param name="pPoint2"></param>
    /// <returns></returns>
    private double GetDistace(IPoint pPoint1,IPoint pPoint2)
    {
        //pPoint1.X = GetPlan(pPoint1.X);
        //pPoint1.Y = GetPlan(pPoint1.Y);
        //pPoint2.X = GetPlan(pPoint2.X);
        //pPoint2.Y = GetPlan(pPoint2.Y);
        // return (pPoint1.X - pPoint2.X) * (pPoint1.X - pPoint2.X) +
    (pPoint1.Y - pPoint2.Y) * (pPoint1.Y - pPoint2.Y);
        IProximityOperator pProximity = pPoint1 as IProximityOperator;
        return pProximity.ReturnDistance(pPoint2);
    }
    #region private methods
    private void PerformSketchToolEnabledChecks()
    {
        if (pEditLayer = =null)
        return;
        //Only enable the sketch tool if there is a polyline target lay-
    er.
        if (pEditLayer.TargetLayer.FeatureClass.ShapeType ! =
        esriGeometryType.esriGeometryPolyline)
        {
            pEditSketch.GeometryType = esriGeometryType. esriGeometry-
            Null;
            return;
        }
        pEditSketch.GeometryType = esriGeometryType. esriGeometryPoly-
        line;
    }
    #endregion
    }
}
```

三、窗体界面类设计代码

```
public partial class ParaSetting : Form
{
```

```
public ParaSetting(IFeatureClass pFtClass)
{
    InitializeComponent();
    this.pFeatureClass = pFtClass;
}

IFeatureClass pFeatureClass;

private void ParaSetting_Load(object sender, EventArgs e)
{
    AddFdName(this.pFeatureClass);
}

private void AddFdName(IFeatureClass pFeatureClass)
{
    pFieldNames.Items.Clear();
    for (int i = 0;i <=pFeatureClass.Fields.FieldCount - 1;i++)
    {
        if(pFeatureClass.Fields.get_Field(i).Type = =
        esriFieldType.esriFieldTypeDouble ||pFeatureClass.Fields.get
        _Field(i).Type
            ==esriFieldType.esriFieldTypeInteger)
        {
            pFieldNames.Items.Add(pFeatureClass.Fields.get_Field(i).
        Name);
        }
    }
}
```

代码运行效果如图 8-4-1 所示。

	FID	Shape *	ID	CONTOUR
	79	Polyline	86	30
	78	Polyline	85	25
	63	Polyline	68	20
	46	Polyline	51	15
	35	Polyline	40	10
	0	Polyline	3	0
	1	Polyline	5	0
	2	Polyline	6	0

(a) 等高线参数设置   (b) 等高线高程显示

图 8-4-1　等高线赋值代码运行效果

本章小结

本章主要介绍了 ArcGIS Engine 中数据编辑操作常用的三种接口,即 IWorkspaceEdit 接口、IMultiuserWorkspaceEdit 接口和 IEngineEditor 接口,并通过等高线赋值实例操作进行演示。需要注意的是,应用程序使用 Geodatabase 编辑会话和编辑操作管理数据库事务,其优势在于:①将编辑组合成事务,如在编辑完成之前发生错误,事物可以回滚;②可遍历数据库维护"重做"和"撤销"数据库操作堆栈,以调用 UndoEditOperation 和 RedoEditOperation;③允许出现批量更新,在编辑 SDE 数据库性能方面优势显著;④允许多个用户同时并发编辑数据,在编辑会话期间用户不会看到其他用户所做的变化,直到会话结束;⑤保证在一个编辑会话中存在唯一的数据库检索行对象实例,如果已在编辑会话中实例化了该对象,则任何对非回收对象的访问将返回其在内存中的对象实例。

复习思考题

1. 如何利用 IWorkspaceEdit 接口实现地理空间数据属性和图形要素的编辑?

2. IMultiuserWorkspaceEdit 接口与 IWorkspaceEdit 接口的差别主要体现在哪里?

3. 在哪种应用条件下 IEngineEditor 接口会优先使用? 它的优势在哪里?

4. 如何利用 ArcGIS Engine 提供的编辑接口实现水深点赋值功能?

第九章　地图符号化

地图符号是表达空间数据的一种重要手段,是将现实世界可视化的有力工具,也是地图沟通的语言表达。地图符号不仅仅表示了空间数据的位置,还表示了空间数据的特征、布局形状等。如在一个城市管线系统中不同的线符号表示不同类型的管线,不同的点符号表示不同类型的设备等。地图符号也可以表达与空间位置相关的丰富信息,如人口密度符号可以直观地表示人口数量的空间分布情况。所以地图符号化决定着地图以何种"面目"展现给地图的使用者,对 GIS 开发有非常重要的意义。

ArcGIS Engine 提供了丰富的控件和组件库来实现地图符号化的相关功能。ArcGIS Engine 提供了 SymbologyControl 控件用于显示 ArcGIS 符号库中的符号,而组件库中的组件对象分为 Color、Symbol 和 Renderer 三大系列,地图符号化就是通过多个组件对象合作完成。

第一节　Color 对象

颜色(Color)是现实世界中事物的普遍属性。不同的行业中颜色的定义不尽相同。常见的红绿蓝三原色称为 RGB 颜色模型,除此之外,印刷行业常用的一种颜色模型称为 CMYK 颜色模型,而在遥感图像处理领域还需使用另外一种颜色模型 HSI。ArcGIS Engine 中 Color 对象实现了 IColor 接口,该接口被以下对象实现,如图 9-1-1 所示。

Classes	Description
CmykColor	A color in the CMYK(Cyan Magenta Yellow, Black) color system.
GrayColor	A color in the grayscale color system.
HlsColor	A color in the HLS(Hue, Luminance, Saturation) color system.
HsvColor	A color in the HSV (Hue, Saturation, Value) color system.
RgbColor	A color in the RGB(Red Green Blue) color system.

图 9-1-1　实现 IColor 接口的对象

由图 9-1-1 可知,ArcGIS Enine 中存在 5 种颜色模型,即 RGB 颜色模型、HIS 颜色模型、HSV 颜色模型、CMYK 颜色模型和 GARY 颜色模型(没有彩色,灰度图像由 8 位信息组成,并使用 256 级的灰色来模拟颜色层次)。

一、RGB 颜色模型

RGB 色彩模式使用 RGB 模型为图像中每一个像素的 RGB 分量分配一个 0~255 范围内的强度值。即每种颜色的取值有 256 种,按 256×256×256 计算,可得到 16777216 种颜色,此值是用 RGB 色彩空间可表示的颜色数量,也就是计算机术语中的"真彩色"。当 R = G = B = 0 时,"灯"最弱,此时为纯黑色;当

(彩图见插页)

R=G=B=255 时,"灯"最亮,此时为纯白色;当 R=G=255,B=0 时,得到 CMYK 中的黄色;当 G=B=255,R=0 时,得到 CMYK 中的青色;当 R=B=255,G=0,得到 CMYK 中的洋红色。

以下代码通过 R、G、B 值构建 RGBColor 对象。

```
private IRgbColor GetRGB(int r,int g,int b)
{
        IRgbColor pRgbColor=new RgbColorClass();//构建一个 RgbColorClass
        pRgbColor.Red=r;//设置 Red 属性
        pRgbColor.Green=g;//设置 Green 属性
        pRgbColor.Blue=b;//设置 Blue 属性
        return pRgbColor;
}
```

二、HSI 颜色模型

HSI 颜色模型从人的视觉系统出发,采用色调(Hue)、饱和度(Saturation)和亮度(Intensity)来描述色彩。HSI 颜色模型可以用圆锥空间模型来描述。用这种描述 HSI 色彩空间的圆锥模型相当复杂,但却能将色调、饱和度和亮度的变化情形表现清楚。通常把色调和饱和度统称为色度,用来表示颜色的类别与深浅程度。由于人的视觉对亮度的敏感程度远强于对颜色浓淡的敏感程度,为了便于色彩处理和识别,人的视觉系统经常采用 HSI 颜色模型(比 RGB 颜色模型更符合人的视觉特性)。在图像处理和计算机视觉中大量算法都可在 HSI 颜色模型中方便地使用,且可大大简化图像分析和处理的工作量。HSI 颜色模型和 RGB 颜色模型只是同一物理量的不同表示法,两者之间存在着转换关系。

三、HSV 颜色模型

HSV 颜色模型由色调(Hue)、饱和度(Saturation)和色明度(Value)构成。HSV 颜色模型对应于圆柱坐标系中的一个圆锥形子集。圆锥的顶面对应于 V=1,包含 RGB 模型中的 R=1、G=1、B=1 三个面,所代表的颜色较亮。色彩 H 由绕 V 轴的旋转角给定,红色对应于角度 0°,绿色对应于角度 120°,蓝色对应于角度 240°。HSV 颜色模型中,每一种颜色和它的补色相差 180°。饱和度 S 取值从 0~1,所以圆锥顶面的半径为 1。HSV 颜色模型所代表的颜色域是 CIE 色度图的子

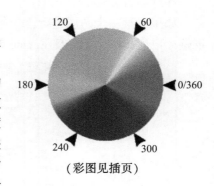

（彩图见插页）

集,模型中饱和度为百分之百的颜色其纯度一般小于百分之百。在圆锥顶点(原点)处,V=0,H 和 S 无定义,代表黑色;圆锥的顶面中心处,S=0,V=1,H 无定义,代表白色。从该点到原点代表亮度渐暗的灰色(对于这些点,S=0,H 无定义),即具有不同灰度的灰色。换句话说,HSV 颜色模型中的 V 轴对应 RGB 颜色空间中的主对角线。在圆锥顶面的圆周上的颜色,V=1,S=1,颜色为纯色。HSV 颜色模型对应于画家配色的方法,即采用改变色浓和色深的方法从某种纯色获得不同色调的颜色。

四、CMYK 颜色模型

CMYK（Cyan、Magenta 和 Yellow）颜色模型应用于印刷业。印刷业通过青（C）、品（M）、黄（Y）三原色油墨的不同网点面积率的叠印来表现丰富多彩的颜色和阶调，即采用了 CMY 颜色模型。实际印刷中，一般采用青（C）、品（M）、黄（Y）、黑（BK）四色印刷，即在印刷过程中调至暗调增加黑版。当红、绿和蓝三原色被混合时，会产生白色；但是当混合蓝绿色、紫红色和黄色三原色时会产生黑色。CMYK 颜色模型与设备或印刷过程相关，工艺方法、油墨特性、纸张特性等直接影响着印刷结果。所以 CMYK 颜色空间称为与设备有关的表色空间。而且，CMYK 具有多值性，也就是说对同一

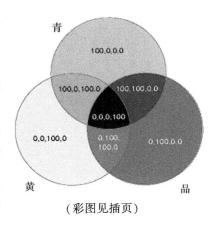

（彩图见插页）

种具有相同绝对色度的颜色，在相同的印刷过程前提下，可以用几种 CMYK 数字组合来表示和印刷出来。这种特性给颜色管理带来了很多麻烦，同样也给控制带来了很多的灵活性。

印刷过程中通常存在分色的过程，所谓分色就是将计算机中使用的 RGB 颜色转换成印刷使用的 CMYK 颜色。在转换过程中存在着两个复杂的问题：一是这两个颜色模型在表现颜色的范围上不完全一样，需要进行色域压缩；二是这两个颜色都是与具体的设备相关的，需要通过一个与设备无关的颜色模型（XYZ 或 LAB 颜色模型）进行转换。

第二节　ColorRamp 对象

在地图符号化的过程中，需要的颜色常常不是一种，而是随机或有序产生的一组颜色。如果对某一个图层进行符号化需要上百种颜色，如图 9-2-1 所示，开发人员肯定不能逐个产生出来。ArcGIS Engine 提供了颜色带（ColorRamp）对象。

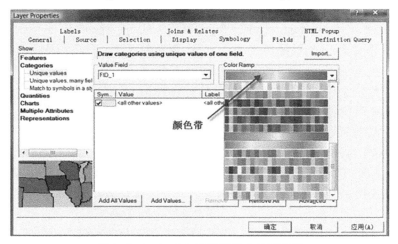

图 9-2-1　ArcGIS 图层属性中的颜色带

ColorRamp 类的对象可以产生颜色带,这个类实现了 IColorRamp 接口,它定义了一系列颜色带的属性,如 Size(产生多少种颜色)、Colors(颜色带 IEnumColor)。

ColorRamp 类是一个抽象类,它包括 4 子类(表 9-2-1),分别是 RandomColorRamp(随机颜色带)、PresetColorRamp(预设颜色带)、AlgorithmicColorRamp(起止颜色带)、MultiPartColorRamp(叠加颜色带)。

表 9-2-1　ColorRamp 对象的子类

ColorRamp 对象子类	描述
RandomColorRamp	使用 HSV 颜色模型来确定一串颜色
PresetColorRamp	预设的颜色模式,可存储 13 种颜色
AlgorithmicColorRamp	用起始颜色、终止颜色确定一个颜色带,起始、终止颜色使用 HSV 模型
MultiPartColorRamp	叠加产生颜色带

在 GIS 应用开发中用到比较多的是 RandomColorRamp(随机颜色带)和 AlgorithmicColorRamp(起止颜色带),以下详细介绍这两类颜色带。

AlgorithmicColorRamp 是通过起止颜色来确定多个在这两个颜色之间的色带。AlgorithmicColorRamp 类实现了 IColorRamp 和 IAlgorithmicColorRamp 两个接口,两个接口之间是接口继承关系,后者包含了前者所有的方法和属性。

接下来制作一个实例演示 AlgorithmicColorRamp(起止颜色带)的 Demo。

(1) 创建一个窗体,在窗体上添加 5 个 Picturebox 用于显示产生的包含 5 个颜色的起始颜色带中的颜色,如图 9-2-2 所示。

图 9-2-2　AlgorithmicColorRamp 演示界面

(2) 在"生成颜色带"Button 的 Click 事件中生成颜色带,代码片段如下:

```
private void button1_Click(object sender,EventArgs e)
{
    //创建一个新 AlgorithmicColorRampClass 对象
    IAlgorithmicColorRamp algColorRamp= new AlgorithmicColorRampClass();
    //创建起始颜色对象
    IRgbColor startColor= new RgbColor();
    startColor.Red= 255;
    startColor.Green= 0;
    startColor.Blue= 0;
```

```
//创建终止颜色对象
IRgbColor endColor = new RgbColor();
endColor.Red = 0;
endColor.Green = 255;
endColor.Blue = 0;
//设置 AlgorithmicColorRampClass 的起止颜色属性
algColorRamp.ToColor = startColor;
algColorRamp.FromColor = endColor;
//设置梯度类型
algColorRamp.Algorithm = esriColorRampAlgorithm.esriCIELabAlgorithm;
//设置颜色带颜色数量
algColorRamp.Size = 5;
//创建颜色带
bool bture = true;
algColorRamp.CreateRamp(out bture);
//使用 IEnumColors 获取颜色带
IEnumColors pEnumColors = null;
pEnumColors = algColorRamp.Colors;
//设置 5 个 picturebox 的背景色为产生颜色带的 5 个颜色
this.pictureBox1.BackColor = ColorTranslator.FromOle(pEnumColors.Next
().RGB);
    this.pictureBox2.BackColor = ColorTranslator.FromOle(pEnumColors.Next
().RGB);
    this.pictureBox3.BackColor = ColorTranslator.FromOle(pEnumColors.Next
().RGB);
    this.pictureBox4.BackColor = ColorTranslator.FromOle(pEnumColors.Next
().RGB);
    this.pictureBox5.BackColor = ColorTranslator.FromOle(pEnumColors.Next
().RGB);
}
```

运行点击 Button 结果如图 9-2-3 所示。

图 9-2-3　AlgorithmicColorRamp 演示效果

此外,由于 RandomColorRamp 对象产生随机颜色带,因此 RandomColorRamp 也需要设定一个范围,但是这个范围是 HSV 颜色模型的,颜色将在这个范围内随机出现。

RandomColorRamp 类实现了 IRandomColorRamp 接口。以下是生成 RandomColor-Ramp 的代码片段。

```
IRandomColorRamp pRandomColorRamp= new RandomColorRampClass();
// * *制作一系列介于橘黄色和蓝绿色之间的随机颜色
pRandomColorRamp.StartHue = 40;
pRandomColorRamp.EndHue = 120;
pRandomColorRamp.MinValue = 65;
pRandomColorRamp.MaxValue = 90;
pRandomColorRamp.MinSaturation = 25;
pRandomColorRamp.MaxSaturation = 45;
pRandomColorRamp.Size = 20;
pRandomColorRamp.Seed = 23;
bool bture = true;
pRandomColorRamp.CreateRamp(out bture);
IEnumColors pEnumColors=pRandomColorRamp.Colors
// * *对 pEnumColors 进行操作
```

第三节　Symbol 对象

ArcGIS Engine 为开发人员提供了 32 种符号,分为三大类:MarkerSymbol(点符号)、LineSymbol(线符号)和 FillSymbol(填充符号)。此外还有两种特殊类型的符号:一种是 TextSymbol 符号,用于文字标注;另一种是 3D Chart 符号,用于显示饼图等三维对象。

一、MarkerSymbol 对象

MarkerSymbol 用于修饰点对象的符号,它拥有 12 个子类,如表 9-3-1 所示,其中不同的子类可以产生不同类型的点符号。所有的 MarkerSymbol 类都实现了 IMarkerSymbol 接口,这个接口定义了标记符号的公共方法和属性,如角度,颜色,大小和 X、Y 偏移量等。

表 9-3-1　MarkerSymbol 对象的子类

点符号类型	描述
ArrowMarkerSymbol	预定义的箭头符号
BarChartSymbol	柱状图符号
CharacterMarker3DSymbol	三维字体符号
CharacterMarkerSymbol	字体符号
Marker3DSymbol	3D 符号
MultiLayerMarkerSymbol	多个符号叠加产生新点符号
PictureMarkerSymbol	图片符号(bmp 或 emf)
PiechartSymbol	饼图符号
SimpleMarker3DSymbol	简单 3D 符号

点符号类型	描述
SimpleMarkerSymbol	简单符号
StackedChartSymbol	堆叠符号
TextMarkerSymbol	文字符号,用来符号化点

常用 MarkerSymbol 对象如图 9-3-1 所示。

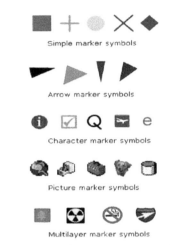

图 9-3-1　常用 MarkerSymbol 对象

以下代码以 SimpleMarkerSymbol 构建为例演示如何创建一个点符号。

```
//创建 SimpleMarkerSymbolClass 对象
ISimpleMarkerSymbol pSimpleMarkerSymbol = new SimpleMarkerSymbolClass();
//创建 RgbColorClass 对象为 pSimpleMarkerSymbol 设置颜色
IRgbColor pRgbColor = new RgbColorClass();
pRgbColor.Red = 255;
pSimpleMarkerSymbol.Color = pRgbColor as IColor;
//设置 pSimpleMarkerSymbol 对象的符号类型,选择钻石
pSimpleMarkerSymbol.Style = esriSimpleMarkerStyle.esriSMSDiamond;
//设置 pSimpleMarkerSymbol 对象大小,设置为 5
pSimpleMarkerSymbol.Size = 5;
//显示外框线
pSimpleMarkerSymbol.Outline = true;
//为外框线设置颜色
IRgbColor pLineRgbColor = new RgbColorClass();
pLineRgbColor.Green = 255;
pSimpleMarkerSymbol.OutlineColor = pLineRgbColor as IColor;
//设置外框线的宽度
pSimpleMarkerSymbol.OutlineSize = 1;
```

二、LineSymbol 对象

LineSymbol 对象是用于修饰线型几何对象的符号,它拥有八个子类,如表 9-3-2 所示,其中不同的子类可以产生不同类型的线符号。所有的 LineSymbol 类都实现了 ILineSymbol 接口,ILineSymbol 定义了 Color 和 Width 两个公共属性。

表 9-3-2　LineSymbol 对象的子类

线符号类型	描述
CartographicLineSymbol	实心或者虚线符号
HashLineSymbol	离散线符号
MarkerLineSymbol	点线符号
MultiLayerLineSymbol	多符号叠加产生新线符号
PictureLineSymbol	图片线符号
SimpleLine3DSymbol	3D 线符号
SimpleLineSymbol	预定义风格的线符号
TextureLineSymbol（3DAnalyst）	纹理贴图线符号

常用 LineSymbol 对象如图 9-3-2 所示。

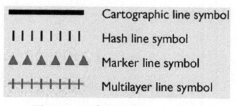

图 9-3-2　常用 LineSymbol 对象

以下代码以 **MarkerLineSymbol** 构建为例演示如何创建一个线符号。

```
IArrowMarkerSymbol pArrowMarker = new ArrowMarkerSymbolClass();
IRgbColor pRgbColor = new RgbColorClass();
pRgbColor.Red = 255;
pArrowMarker.Color = pRgbColor as IColor;
pArrowMarker.Length = 10;
pArrowMarker.Width = 8;
pArrowMarker.Style = esriArrowMarkerStyle.esriAMSPlain;
IMarkerLineSymbol pMarkerLine = new MarkerLineSymbolClass();
pMarkerLine.MarkerSymbol = arrowMarker;
IRgbColor pLineColor = new RgbColorClass();
pLineColor.Blue = 255;
pMarkerLine.Color = pLineColor as IColor;
```

三、FillSymbol 对象

FillSymbol 是用来修饰如多边形等具有面积的几何形体的符号对象,它拥有 11 个子类,如表 9-3-3 所示,它实现了 IFillSymbol 接口。IFillSymbol 接口定义了 Color 和 OutLine

两个属性,用以满足所有类型的 FillSymbol 对象的公共属性设置。

表 9-3-3　FillSymbol 对象的子类

填充符号类型	描述
ColorRampSymbol（Carto）	用于渲染 Raster 数据的颜色带
ColorSymbol（Carto）	用于渲染 Raster 数据的颜色符号
DotDensityFillSymbol	点密度填充符号
GradientFillSymbol	渐变填充符号
LineFillSymbol	包含线符号的填充符号
MarkerFillSymbol	包含点符号的填充符号
MultiLayerFillSymbol	多符号叠加产生新填充符号
PictureFillSymbol	图片填充符号
RasterRGBSymbol	用于渲染 Raster 数据 RGBSymbol
SimpleFillSymbol	简单填充符号
TextureFillSymbol	纹理贴图填充符号

常用 FillSymbol 对象如图 9-3-3 所示。

 Simple fill symbol

 Line fill symbol

 Marker fill symbol

 Gradient fill symbol

 Picture fill symbol

 Multilayer fill symbol

图 9-3-3　常用 FillSymbol 对象

以下代码以 SimpleFillSymbol 构建为例演示如何创建一个面符号。

```
//为填充符号创建外框线符号
IColor pLineColor = new RgbColorClass();
ICartographicLineSymbol pCartoLineSymbol = new CartographicLineSymbolClass();
pCartoLineSymbol.Width = 2;
pCartoLineSymbol.Color = pLineColor;
//创建一个填充符号
ISimpleFillSymbol pSmplFillSymbol = new SimpleFillSymbol();
//设置填充符号的属性
IColor pRgbClr = new RgbColorClass();
IFillSymbol pFillSymbol = pSmplFillSymbol;
pFillSymbol.Color = pRgbClr;
pFillSymbol.Outline = pCartoLineSymbol;
```

如果没有 ArcGIS Desktop 使用经验的开发人员看了以上代码片段会一头雾水,不明白填充符号的创建为什么还要创建线符号等,如果有 ArcGIS Desktop 使用经验就会非常容易理解这些符号的创建机制。图 9-3-4 是 SimpleFillSymbol 设置界面。所以熟悉 Arc-GIS Desktop 的使用对开发人员进行 ArcGIS Engine 开发非常有益。

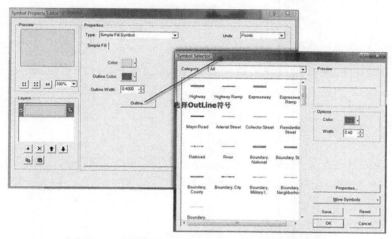

图 9-3-4　ArcGIS 中 SimpleFillSymbol 的设置界面

四、TextSymbol 对象

TextSymbol 对象是用于修饰文字元素的,文字元素在要素标注等方面很有用处。TextSymbol 符号最重要的设置对象是它的字符,它实现了三个主要的接口来设置字符:ITextSymbol、ISimpleTextSymbol 和 IFormattedTextSymbol。

ITextSymbol 接口是定义文本字符样式的主要接口,它定义的 ITextSymbol::Font 属性是产生一个 TextSymbol 符号的关键。可以使用 IFontDisp 接口来设置字体的大小和是否是粗体、倾斜等属性。使用 ITextSymbol 接口还可以定义 TextSymbol 对象的颜色、角度、水平排列方式、垂直排列方式和文本等内容。

以下是一个构建 TextSymbol 的函数。

```
/// <summary>
/// 生成文本符号
/// </summary>
/// <param name = "pTxtSymbol">文本符号</param>
/// <param name = "sFontName">字体名称</param>
/// <param name = "iFont">字体大小</param>
/// <param name = "iColor">字体颜色</param>
public static void MakeTextSymbol(ref ITextSymbol pTxtSymbol,string sFont-
Name,int iFont,int iColor)
{
    try
    {
        pTxtSymbol.Font.Name = sFontName;
        pTxtSymbol.Font.Size =(decimal)iFont;
```

```
    IRgbColor pRGBColor= new RgbColorClass();
    pRGBColor.RGB= iColor;
    pTxtSymbol.Color=(IColor)pRGBColor;
    pTxtSymbol.Angle= 0;
    pTxtSymbol.RightToLeft= false;
    pTxtSymbol.HorizontalAlignment = esriTextHorizontalAlignment. es-
  riTHACenter;
    pTxtSymbol.VerticalAlignment= esriTextVerticalAlignment. esriTVA-
  Baseline;
}
catch( Exception Err)
{
    MessageBox.Show( Err.Message,"提示",MessageBoxButtons.OK,
    MessageBoxIcon.Information);
}
}
```

五、3DChartSymbol 对象

3DChartSymbol 是一个抽象类,它拥有 BarChart、PieChart 和 StackedChart 三个子类,如图 9-3-5 所示。

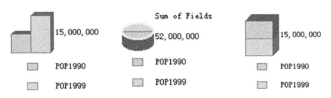

图 9-3-5　3DChartSymbol 子类样式(彩图见插页)

BarChartSymbol 是最常用的三维着色符号,它使用不同类型的柱子来代表一个要素类中不同属性,而柱子的高度取决于属性值的大小。

PieChartSymbol 符号进行着色的方法是使用一个饼图来显示不同要素类中的不同属性,不同属性按照它们的数值大小占有一个饼图中的不同比例的扇形区域。

至于如何创建这些 3DChartSymbol 符号这里不再提供代码片段演示,读者可以根据前文介绍的知识,自己操作 ArcGIS Desktop 使用 3DChartSymbol 制作专题图,然后根据 ArcGIS Engine 的帮助文档开发创建 3DChartSymbol。

第四节　ServerStyle 符号库

如果熟悉 ArcGIS Desktop 的使用,就会对 Style 符号库文件有所了解,在 ArcGIS Engine 开发中相对应的是 ServerStyle 符号库(结构体系如图 9-4-1 所示)。可以通过专门的转换程序把 ArcGIS Desktop Style 符号库转换为 ArcGISEngine 所能够使用的 ServerStyle 符号库。

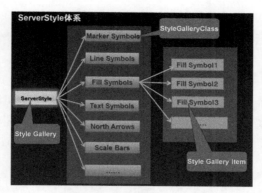

图 9-4-1 ServerStyle 结构体系

用于获取 ServerStyle 符号库中符号的主要接口如表 9-4-1 所示。

表 9-4-1 获取 ServerStyle 符号库中符号的主要接口

接口名称	功能描述
IStyleGallery	用于管理 Style Gallery
IStyleGalleryStorage	管理 Style Gallery 中的符号库文件
IStyleGalleryClass	控制符号库中 Style Gallery Class
IEnumStyleGalleryItem	枚举一组 Style Gallery items
IStyleGalleryItem	定义 Style Gallery itme

以下以 ESRI 符号库中名称为 Rose 的符号获取为例,简述符号库中符号的获取流程。

(1)构建一个 ServerStyleGallery 对象;

(2)使用 IStyleGalleryStorage 接口的 AddFile 方法加载 ServerStyle 文件;

(3)遍历 ServerGallery 中的 Class,如果是 FillSymbol,则使用 IStyleGallery 的 GetItems 方法返回一个可枚举的包含一系列 StyleGalleryItem 的 EnumStyleGalleryItem 对象;

(4)遍历 EnumServerStyleGalleryItme 枚举对象中的 StylegalleryItme,如果名称是 Rose 即可获取 ESRI 符号库中名称为 Rose 的 StylegalleryItme,然后通过 IStyleGalleryItem 的 Item 属性即可转换为 ISymbol。

整个流程如图 9-4-2 所示。

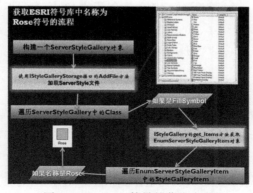

图 9-4-2 Rose 符号的获取流程

第五节　SymbologyControl 控件

SymbologyControl 用来显示 ServerStyle 符号库中的符号样式，可以在该控件上选择一个符号用来符号化一个图层或者作为一个 Element 的符号。使用 SymbologyControl 可以在设计的模式下在其属性页中加载 ServerStyle 符号库文件，同样也可以使用 LoadStyleFile 和 RemoveFile 方法加载和移除 Serverstyle 符号库文件。SymbologyControl 控件的运行效果如图 9-5-1 所示。

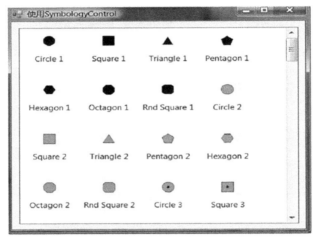

图 9-5-1　SymbologyControl 控件的运行效果

第六节　Renderer 对象

ArcGIS Engine 对 GIS 数据的符号化分为矢量数据渲染和栅格数据渲染两大类。接下来分别介绍 FeatureRender 和 RasterRender。

一、FeatureRender 对象

FeatureRenderer 是一个抽象类，它有 15 个子类负责进行不同类型的着色运算，如表 9-6-1 所示。它们都实现了 IFeatureRenderer 接口，这个接口定义了进行要素图层符号化的公共属性和方法。可以通过 IGeoFeatureLayer::Renderer 属性获得一个要素图层的符号化对象。

表 9-6-1　FeatureRender 对象的子类

要素符号化类型	功能描述
SimpleRender	简单符号化
UniqueValueRender	唯一值符号化
BiUniqueValueRender	双变量唯一值符号化
ChartRender	图表符号化

续表

要素符号化类型	功能描述
ClassBreaksRenderer	分类等级符号化
DotDensityRenderer	点密度符号化
ProportionalSymbolRenderer	根据属性值设置符号大小进行符号化
ScaleDependentRenderer	依比例尺符号化
RepresentationRenderer	制图表达符号化
CoTrackSymbologyRenderer（TrackingAnalyst）	轨迹符号化（应用于 TrackingAnaylst 扩展模块）
EnhancedInfoRenderer（TrackingAnalyst）	增强信息符号化（应用于 TrackingAnaylst 扩展模块）
UniqueValueTextRenderer（TrackingAnalyst）	唯一值文本符号化（应用于 TrackingAnaylst 扩展模块）
NAStopRenderer（NetworkAnalyst）	停止符号化（应用于网络分析扩展模块）
FeatureVertexRenderer（SurveyExt）	要素定点符号化（应用于测量分析扩展模块）
SharedEdgeRenderer（EditorExt）	用于绘制拓扑元素

常用的要素符号化类型主要有 6 种类型,如图 9-6-1 所示。

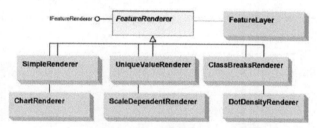

图 9-6-1　常用要素符号化类型

二、RasterRender 对象

RasterRender 是一个抽象类,它有 15 个子类负责进行不同类型的着色运算,如表 9-6-2 所示。它们都实现了 IRasterRender 接口,这个接口定义了栅格图层符号化的公共属性和方法。可以通过 IRasterLayer::Renderer 属性获得一个栅格图层的符号化对象。

表 9-6-2　FeatureRender 对象的子类

要素符号化类型	功能描述
RasterRGBRenderer	栅格 RGB 符号化
RasterUniqueValueRenderer	唯一值符号化
RasterColormapRenderer	双变量唯一值符号化
RasterClassifyColorRampRenderer	图表符号化
RasterStretchColorRampRenderer	分类等级符号化
RasterDiscreteColorRenderer	点密度符号化

常用的栅格符号化类型主要有 5 种类型,如图 9-6-2 所示。

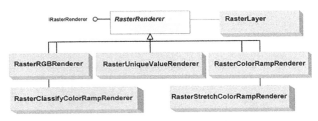

图 9-6-2　常用栅格符号化类型

以下代码片段对一个 RasterLayer 进行 RasterStretchColorRampRenderer 符号化操作。

```
/// <summary>
/// StretchColorRamp 符号化 RasterLayer
/// </summary>
/// <param name="pRasterLayer">RasterLayer</param>
public void SetStretchColorRampRenderer( IRasterLayer pRasterLayer)
{
    try
    {
        //创建 RasterStretchColorRampRendererClass 对象
        IRasterStretchColorRampRenderer pRStretchRender = new
        RasterStretchColorRampRendererClass();
        //QI 到 IRasterRenderer
        IRasterRenderer pRasterRender = pRStretchRender as IRasterRenderer;
        pRasterRender.Raster = pRasterLayer as IRaster;
        pRasterRender.Update();
        //创建两个起始颜色
        IRgbColor pFromRgbColor = new RgbColorClass();
        pFromRgbColor.Red = 255;
        IRgbColor pToRgbColor = new RgbColorClass();
        pToRgbColor.Blue = 255;
        //创建起止颜色带
        IAlgorithmicColorRamp pAlgorithmicColorRamp =
        new AlgorithmicColorRampClass();
        pAlgorithmicColorRamp.Size = 255;
        pAlgorithmicColorRamp.FromColor = pFromRgbColor as IColor;
        pAlgorithmicColorRamp.ToColor = pToRgbColor as IColor;
        bool btrue = true;
        pAlgorithmicColorRamp.CreateRamp(out btrue);
        //选择拉伸颜色带符号化的波段
        pRStretchRender.BandIndex = 0;
        //设置拉伸颜色带符号化所采用的颜色带
        pRStretchRender.ColorRamp = pAlgorithmicColorRamp as IColorRamp;
        pRasterRender.Update();
        //符号化 RasterLayer
```

```
        pRasterLayer.Renderer = pRasterRender;
    }
catch(Exception Err)
    {
        MessageBox.Show(Err.Message,"提示
        ",MessageBoxButtons.OK,MessageBoxIcon.Information);
    }
}
```

第七节　专题图符号化

一、唯一值专题图符号化

ArcMap 中唯一值专题图符号化步骤为：①加载要分类渲染的数据；②在图层上右键单击/properties/Symbolygy；③在 Categories 中找到 UniqueValues；④设置唯一值字段，然后单击 Add All Values，如图 9-7-1 所示。

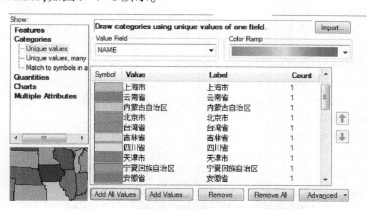

图 9-7-1　ArcMap 中唯一值专题图符号化界面

（一）与唯一值专题图符号化相关的接口

IUniqueValueRenderer 接口。该接口被 UniqueValueRenderer 对象实现，用来控制唯一值渲染的主要信息，如设置字段、符号等。

（二）唯一值专题图符号化代码

```
public class UniqueValueRender
{
    public UniqueValueRender(AxMapControl pMapcontrol , IFeatureLayer pFt-
    Layer , int pCount,string pFieldName)
    {
        IGeoFeatureLayer pGeoFeaturelayer=pFtLayer as IGeoFeatureLayer;
        IUniqueValueRenderer pUnique=new UniqueValueRendererClass();
        pUnique.FieldCount = 1;
        pUnique.set_Field(0,pFieldName);
        ISimpleFillSymbol pSimFill= new SimpleFillSymbolClass();
```

```
//给颜色
IFeatureCursor pFtCursor = pFtLayer.FeatureClass.Search ( null,
false);
IFeature pFt = pFtCursor.NextFeature();
IFillSymbol pFillSymbol1;
/// /添加第一个符号
//pFillSymbol1 = new SimpleFillSymbolClass();
//pFillSymbol1.Color = GetRGBColor(103,252,179) as IColor;
/// /添加第二个符号
//IFillSymbol pFillSymbol2 = new SimpleFillSymbolClass();
//pFillSymbol2.Color = GetRGBColor(125,155,251) as IColor;

//创建并设置随机色谱
IRandomColorRamp pColorRamp = new RandomColorRampClass();
pColorRamp.StartHue = 0;
pColorRamp.MinValue = 20;
pColorRamp.MinSaturation = 15;
pColorRamp.EndHue = 360;
pColorRamp.MaxValue = 100;
pColorRamp.MaxSaturation = 30;
pColorRamp.Size = pCount ;
//pColorRamp.Size = pUniqueValueRenderer.ValueCount;
bool ok = true;
pColorRamp.CreateRamp(out ok);
IEnumColors pEnumRamp = pColorRamp.Colors;
//IColor pColor = pEnumRamp.Next();
int pIndex = pFt.Fields.FindField(pFieldName);
//因为只有 24 条记录,所以改变这些,这些都不会超过 255 或者为负数 . 求余
int i = 0;
while (pFt ! =null)
{
    IColor pColor = pEnumRamp.Next();
    if(pColor == null)
    {
        pEnumRamp.Reset();
        pColor = pEnumRamp.Next();
    }
    //以下注释代码为自定义的两种颜色 ,如果不使用随机的颜色,可以采用这样的
    //if ( i % 2 == 0)
    //{
    //pUnique.AddValue(Convert.ToString(pFt.get_Value(pIndex)) ,
pFieldName,pFillSymbol1 as ISymbol);
    //}
```

```
        //else
        //{
        //pUnique.AddValue(Convert.ToString(pFt.get_Value(pIndex)),
    pFieldName,pFillSymbol2 as ISymbol);
        //}
        //i++;
        pFillSymbol1 = new SimpleFillSymbolClass();
        pFillSymbol1.Color = pColor;
        pUnique.AddValue(Convert.ToString(pFt.get_Value(pIndex)),
        pFieldName,pFillSymbol1 as ISymbol);
        pFt = pFtCursor.NextFeature();
        //pColor = pEnumRamp.Next();
    }
    pGeoFeaturelayer.Renderer = pUnique as IFeatureRenderer;
    pMapcontrol.ActiveView.PartialRefresh ( esriViewDrawPhase. esriV-
    iewGeography,null , null);
}

private IRgbColor GetRGBColor( int R,int G,int B)//子类赋给父类
{
    IRgbColor pRGB;
    pRGB = new RgbColorClass();
    pRGB.Red = R;
    pRGB.Green = G;
    pRGB.Green = B;
    return pRGB;
}
}
```

代码运行效果如图 9-7-2 所示。

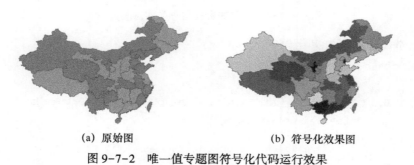

(a) 原始图　　　　　　　　(b) 符号化效果图

图 9-7-2　唯一值专题图符号化代码运行效果

二、分类专题图符号化

(一) 与分类专题图符号化相关的接口

(1) IClassBreaksRenderer 接口。该接口被 ClassBreaksRenderer 对象实现,该接口控

制了分类渲染对象的主要信息,如分类的字段、分类间隔值等。

（2）IBasicHistogram 接口。该接口被 BasicTableHistogram 对象实现,IBasicHistogram 接口的 GetHistogram(outdatavalus,outFrenquen)方法用于获取相应数值字段的数据和对应的频数。

（3）IClassifyGEN 接口。该接口用于控制对要素类中的数值字段类型的数据进行统计和分类,在 ArcGIS 分类有等间距、等比和标准差分类等,而这些相应的对象都实现了 IClassifyGEN 接口,如图 9-7-3 示。

Classes	Description
DefinedInterval	Defines a defined interval classification method.
EqualInterval	Defines an equal interval classification method.
GeometricalInterval	Defines a geometrical interval classification method.
NaturalBreaks	Defines a natural breaks classification method.
Quantile	Defines a quantile classification method.
StandardDeviation	Defines a standard deviation classification method.

图 9-7-3　实现 IClassifyGEN 接口的对象

IClassifyGEN 接口的 Classify 方法用于产生分割线,在分类的时候应该特别注意将分割线数据的第一个值赋给分类渲染对象的最小值,如:

IClassBreaksRenderer. MinimumBreak = IClassifyGEN. ClassBreaks(0);

将分割线数据的第二个数值赋给分类渲染对象的第一个值,如:

IClassBreaksRenderer. Breaks(0)= IClassifyGEN. ClassBreaks(1);

分割线数据与分类的对应关系如图 9-7-4 所示。

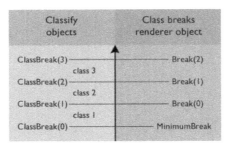

图 9-7-4　分割线数据与分类的对应关系

（二）分类专题图符号化代码

```
public class ClassRender
{
    public ClassRender(AxMapControl pMapControl, IFeatureLayer pFtLayer,
int ClassCount,string pFieldName)
    {
        IGeoFeatureLayer pGeolayer;
        IActiveView pActiveView;
        pGeolayer = pFtLayer as IGeoFeatureLayer;
        pActiveView = pMapControl.ActiveView;

        //以下是为了统计和分类所需要的对象
```

```
ITable pTable;
IClassifyGEN pClassify;//C#要作为分类对象。
ITableHistogram pTableHist;//相当于一个统计表
IBasicHistogram pBasicHist;//这个对象有一个很重要的方法
double[] ClassNum;
int ClassCountResult;//返回分类个数。
IHsvColor pFromColor;
IHsvColor pToColor;//用于构建另外一个颜色带对象。
IAlgorithmicColorRamp pAlgo;
pTable=pGeolayer as ITable;
IMap pMap;
pMap= pMapControl.Map;
pMap.ReferenceScale= 0;
pBasicHist=new BasicTableHistogramClass();//也可以实例化
pTableHist pTableHist= pBasicHist as ITableHistogram;
pTableHist.Table=pTable;
pTableHist.Field=pFieldName;
object datavalus;
object Frenquen;
pBasicHist.GetHistogram(out datavalus,out Frenquen);//获得数据和相
应的频数。
pClassify= new EqualIntervalClass();
try
{
    pClassify.Classify(datavalus,Frenquen,ref ClassCount);

}
catch (Exception e)
{
    MessageBox.Show(e.Message);
}


//分类完成
ClassNum=(double[])pClassify.ClassBreaks;
ClassCountResult= ClassNum.GetUpperBound(0);//返回分级个数。
IClassBreaksRenderer pClassBreak;
pClassBreak=new ClassBreaksRendererClass();
pClassBreak.Field=pFieldName;
pClassBreak.BreakCount=ClassCountResult;
pClassBreak.SortClassesAscending= true;
pAlgo= new AlgorithmicColorRampClass();
pAlgo.Algorithm= esriColorRampAlgorithm.esriHSVAlgorithm;
pFromColor=Hsv(60,100,96);
```

```
        pToColor = Hsv(0,100,96);
        pAlgo.FromColor = pFromColor;
        pAlgo.ToColor = pToColor;
        pAlgo.Size = ClassCountResult;
        bool ok;
        pAlgo.CreateRamp(out ok);
        IEnumColors pEnumColor;
        pEnumColor = pAlgo.Colors;
        pEnumColor.Reset();
        IColor pColor;
        ISimpleFillSymbol pSimFill;

        for (int indexColor = 0; indexColor < = ClassCountResult - 1; index-
    Color++)
        {
            pColor = pEnumColor.Next();
            pSimFill = new SimpleFillSymbolClass();
            pSimFill.Color = pColor;
            //pSimFill.Color = pRgbColor[indexColor ];
            pSimFill.Style = esriSimpleFillStyle.esriSFSSolid;
            //染色
            pClassBreak.set_Symbol(indexColor,pSimFill as ISymbol);
            pClassBreak.set_Break(indexColor,ClassNum[ indexColor + 1]);
        }

        pGeolayer.Renderer = pClassBreak as IFeatureRenderer;
        pActiveView.PartialRefresh(esriViewDrawPhase.esriViewGeography,
    null,null);
}

public IHsvColor Hsv(int hue,int saturation,int val)
{
    IHsvColor pHsvC;
    pHsvC = new HsvColorClass();
    pHsvC.Hue = hue;
    pHsvC.Saturation = saturation;
    pHsvC.Value = val;
    return pHsvC;
}

public IRgbColor ColorRgb(int r,int g,int b)
{
    IRgbColor pRGB;
```

```
pRGB = new RgbColorClass();
pRGB.Red = r;
pRGB.Green = g;
pRGB.Blue = b;
return pRGB;
    }
}
```

代码运行效果如图 9-7-5 所示。

(a) 原始图   (b) 符号化效果图

图 9-7-5 分类专题图符号化代码运行效果

三、比例专题图符号化

(一) 与比例专题图符号化相关的接口

IProportionalSymbolRenderer 接口。该接口被 ProportionalSymbolRenderer 对象实现,用来控制唯一值渲染的主要信息,如设置字段、最小值和最大值等。

(二) 比例专题图符号化代码

```
public class ProPortialRender
{
    public ProPortialRender(AxMapControl  pMapcontrol,  IFeatureLayer pFt-
Layer,string pFieldName)
    {
        IProportionalSymbolRenderer pProRender =
        new ProportionalSymbolRendererClass();
        pProRender.Field = pFieldName;
        pProRender.ValueUnit = esriUnits.esriUnknownUnits;
        ISimpleMarkerSymbol pMarkerSymbol = new SimpleMarkerSymbolClass();
        pMarkerSymbol.Style = esriSimpleMarkerStyle.esriSMSCircle;
        pMarkerSymbol.Size = 2;
        pMarkerSymbol.Color = GetRGBColor(255,0,0);
        pProRender.MinSymbol = pMarkerSymbol as ISymbol;
        IDataStatistics pDataStat = new DataStatisticsClass();
        IFeatureCursor pFtCursor = pFtLayer.FeatureClass.Search(null,false);
        pDataStat.Cursor = pFtCursor as ICursor;
        pDataStat.Field = pFieldName;
        pProRender.MinDataValue = pDataStat.Statistics.Minimum;
```

```
    pProRender.MaxDataValue = pDataStat.Statistics.Maximum; IFillSym-
bol pFillS=new SimpleFillSymbolClass();
    pFillS.Color = GetRGBColor(239,228,190);
    ILineSymbol pLineS = new SimpleLineSymbolClass();
    pLineS.Width = 2;
    pFillS.Outline = pLineS;
    ISimpleFillSymbol pSFillS=pFillS as ISimpleFillSymbol;
    pSFillS.Color=GetRGBColor(100,100,253);
    pProRender.BackgroundSymbol = pFillS;
    pGeo.Renderer = pProRender as IFeatureRenderer;
    pMapcontrol.ActiveView.Refresh();
}

public IRgbColor GetRGBColor(int r,int g,int b)
{
    IRgbColor pRGB;
    pRGB = new RgbColorClass();
    pRGB.Red=r;
    pRGB.Green=g;
    pRGB.Blue=b;
    return pRGB;
}
}
```

代码运行效果如图 9-7-6 所示。

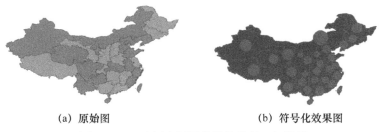

(a) 原始图   (b) 符号化效果图

图 9-7-6 比例专题图符号化代码运行效果

四、简单专题图符号化

简单专题图符号化代码如下：

```
public class SimpleRender
{
    public SimpleRender(AxMapControl pMapcontrol, IFeatureLayer pFtLayer,
String Field)
    {
        IGeoFeatureLayer pGeolayer;IActiveView  pActiveView;
        pGeolayer=pFtLayer  as  IGeoFeatureLayer;
```

```
pActiveView=pMapcontrol.ActiveView;
IFillSymbol pFillSymbol;
ILineSymbol pLineSymbol;
pFillSymbol=new SimpleFillSymbolClass();
pFillSymbol.Color=GetRGBColor(220, 110, 200);
pLineSymbol=new SimpleLineSymbolClass();
pLineSymbol.Color=GetRGBColor(255, 120, 105);
pLineSymbol.Width= 2;
pFillSymbol.Outline=pLineSymbol;
ISimpleRenderer pSimpleRender;//用什么符号渲染
pSimpleRender= new SimpleRendererClass();
pSimpleRender.Symbol= pFillSymbol as ISymbol;
pSimpleRender.Description= "China";
pSimpleRender.Label= "SimpleRender";
ITransparencyRenderer pTrans;
pTrans=pSimpleRender as ITransparencyRenderer;
pTrans.TransparencyField= Field;
pGeolayer.Renderer= pTrans as IFeatureRenderer;
pActiveView.PartialRefresh ( esriViewDrawPhase.esriViewGeography,
null,null);
    //地理图层的渲染对象是一个要素渲染对象,而这个对象是由一些相关对象组成的。
    //属性也是一个对象,说明大对象是由小对象组成的。
}


private IRgbColor GetRGBColor( int R, int G, int B)//子类赋给父类
{
    IRgbColor pRGB;
    pRGB= new RgbColorClass();
    pRGB.Red= R;
    pRGB.Green= G;
    pRGB.Green= B;
    return pRGB;
}
}
```

代码运行效果如图 9-7-7 所示。

(a) 原始图

(b) 符号化效果图

图 9-7-7　比例专题图符号化代码运行效果

211

五、饼图专题图符号化

饼图专题图符号化代码如下：

```
public class PieRender
{
    public PieRender（AxMapControl pMapcontrol, IFeatureLayer pFtLayer,
string pFieldName1,string pFieldName2)
    {
        IGeoFeatureLayer pGeoFeaLayer =（IGeoFeatureLayer)pFtLayer;
        IChartRenderer pChartRenderer = new ChartRendererClass（);
        //Set up the field to draw charts
        IRendererFields pRenderFields =（IRendererFields)pChartRenderer;
        pRenderFields.AddField(pFieldName1,pFieldName1);
        pRenderFields.AddField(pFieldName2,pFieldName2);
        IPieChartRenderer pPieChartRender =（IPieChartRenderer）pChartRen-
derer;
        //计算最大值部分有待补充
        //Calculate the max value of the data field to scale the chart
        //ICursor pCursor = new CursorClass（);
        IQueryFilter pQueryFilter = new QueryFilterClass（);
        //IRowBuffer pRow=new RowBufferClass（);
        ITable pTable =（ITable)pGeoFeaLayer;pQueryFilter.AddField(pField-
Name1);
        ICursor pCursor = pTable.Search(pQueryFilter,true);
        IDataStatistics pDataStat = new DataStatisticsClass（);
        IFeatureCursor pFtCursor = pFtLayer.FeatureClass.Search(null,false);
        pDataStat.Cursor = pFtCursor as ICursor;
        pDataStat.Field = pFieldName1;
        double pMax = pDataStat.Statistics.Maximum;
        IPieChartSymbol pPiechartSymbol =new PieChartSymbolClass（);
        IFillSymbol pFillSymbol =new SimpleFillSymbolClass（);
        IChartSymbol pChartSymbol =（IChartSymbol)pPiechartSymbol;
        pPiechartSymbol.Clockwise = true;
        pPiechartSymbol.UseOutline = true;
        ILineSymbol pOutLine =new SimpleLineSymbolClass（);
        pOutLine.Color=GetRGBColor(255,0,255);
        pOutLine.Width = 1;
        pPiechartSymbol.Outline = pOutLine;
        IMarkerSymbol pMarkerSymbol =（IMarkerSymbol)pPiechartSymbol;
        //finally
        pChartSymbol.MaxValue=pMax;
        pMarkerSymbol.Size = 16;
        //像符号数组中添加 添加符号
```

```
ISymbolArray pSymbolArray=(ISymbolArray)pPiechartSymbol;
pFillSymbol.Color=GetRGBColor(213,212,252);
pFillSymbol.Outline = pOutLine; pSymbolArray.AddSymbol((ISymbol)
pFillSymbol);
pFillSymbol.Color=GetRGBColor(183,242,122);
pFillSymbol.Outline=pOutLine;
pSymbolArray.AddSymbol((ISymbol)pFillSymbol);
// set up the background
pFillSymbol.Color=GetRGBColor(239,228,190);
pChartRenderer.BaseSymbol=(ISymbol)pFillSymbol;
pChartRenderer.UseOverposter = false;pPieChartRender.MinSize= 1;
pPieChartRender.MinValue=pDataStat.Statistics.Minimum;
pPieChartRender.FlanneryCompensation=false;
pPieChartRender.ProportionalBySum=true;
pChartRenderer.ChartSymbol=(IChartSymbol)pPiechartSymbol;
pChartRenderer.CreateLegend();
pGeoFeaLayer.Renderer=(IFeatureRenderer)pChartRenderer;
pMapcontrol.ActiveView.Refresh();
}


public IRgbColor GetRGBColor(int r,int g,int b)
{
    IRgbColor pRGB;
    pRGB= new RgbColorClass();
    pRGB.Red= r;
    pRGB.Green= g;
    pRGB.Blue= b;
    return pRGB;
}
}
```

代码运行效果如图9-7-8所示。

(a) 原始图　　　　　　　　　　(b) 符号化效果图

图9-7-8　饼图专题图符号化代码运行效果

六、点状图专题图符号化

点状图专题图符号化代码如下：

```
public class DotRender
{

    IGeoFeatureLayer pGeoLayer;
    IDotDensityRenderer pDotDensityRenderer;//渲染对象
    IDotDensityFillSymbol pDotDensityFill;//渲染填充符号对象,大对象分解小对
象,独立的可看作对象。
    IRendererFields pRendFields;//用那个字段渲染。理解层次关系。
    ISymbolArry pSymbolArry;
    public DotRender(AxMapControl pMapControl,IFeatureLayer pFtLayer,doub-
le pValue,string pFieldName)
    {
        IActiveView pActiveView;
        this.pGeoLayer=pFtLayer as IGeoFeatureLayer;
        pActiveView=pMapControl.ActiveView;
        pDotDensityRenderer=new DotDensityRendererClass();
        pRendFields= pDotDensityRenderer as IRendererFields;
        pRendFields.AddField(pFieldName,pFieldName);//同一个对象的接口的切
换,很方便的。
        this.pDotDensityFill = new DotDensityFillSymbolClass();
        pDotDensityFill.DotSize=2.46;
        pDotDensityFill.Color=GetRGBColor(0,100,0);
        pDotDensityFill.BackgroundColor=GetRGBColor(255,255,255);
        pSymbolArry= pDotDensityFill as ISymbolArray;//难道是密度。
        ISimpleMarkerSymbol pSimpleMark;
        pSimpleMark=new SimpleMarkerSymbolClass();
        pSimpleMark.Style=esriSimpleMarkerStyle.esriSMSDiamond;
        pSimpleMark.Size= 2.46;
        pSimpleMark.Color= GetRGBColor(235,190,89);
        pSymbolArry.AddSymbol(pSimpleMark as ISymbol);
        pDotDensityRenderer.DotDensitySymbol=pDotDensityFill;
        pDotDensityRenderer.DotValue = pValue; pDotDensityRenderer. Cre-
ateLegend();
        pGeoLayer.Renderer=(IFeatureRenderer)pDotDensityRenderer;
        pActiveView.PartialRefresh ( esriViewDrawPhase.esriViewGeography,
null,null);
    }
    public IRgbColor GetRGBColor(int r,int g,int b)
    {
        IRgbColor pRGB;
        pRGB= new RgbColorClass();
        pRGB.Red=r;
        pRGB.Green=g;
        pRGB.Blue=b;
```

```
        return pRGB;
    }
}
```

代码运行效果如图 9-7-9 所示。

(a) 原始图   (b) 符号化效果图

图 9-7-9 点状图专题图符号化代码运行效果

七、柱状图专题图符号化

柱状图专题图符号化代码如下：

```
public class BarRender
{
    public BarRender ( AxMapControl pMapcontrol, IFeatureLayer pFtLayer,
String pFieldName1,string pFieldName2)
    {
        IGeoFeatureLayer pGeoFeatureLayer = pFtLayer as IGeoFeatureLayer;
        pGeoFeatureLayer.ScaleSymbols = true;
        IFeatureClass pFeatureClass = pFtLayer.FeatureClass;
        //定义柱状图渲染组建对象
        IChartRenderer pChartRenderer = new ChartRendererClass();
        //定义渲染字段对象并给字段对象实例化为 pChartRenderer
        IRendererFields pRendererFields;
        pRendererFields = (IRendererFields)pChartRenderer;
        //向渲染字段对象中添加字段--- 待补充自定义添加
        pRendererFields.AddField(pFieldName1 ,pFieldName1);
        pRendererFields.AddField(pFieldName2 , pFieldName2);
        ITable pTable = pGeoFeatureLayer as ITable;
        int[] pFieldIndecies = new int[2];
        pFieldIndecies[0] = pTable.FindField(pFieldName1);
        pFieldIndecies[1] = pTable.FindField(pFieldName2);
        IDataStatistics pDataStat = new DataStatisticsClass();
        IFeatureCursor pFtCursor = pFtLayer.FeatureClass.Search ( null,
false);
        pDataStat.Cursor = pFtCursor as ICursor;
        pDataStat.Field = pFieldName2;
        double pMax = pDataStat.Statistics.Maximum;
```

```
    //定义并设置渲染时用的 chart marker symbol
    IBarChartSymbol pBarChartSymbol = new BarChartSymbolClass();
    pBarChartSymbol.Width = 6;IChartSymbol pChartSymbol;
    pChartSymbol = pBarChartSymbol as IChartSymbol;
    IMarkerSymbol pMarkerSymbol;
    pMarkerSymbol = (IMarkerSymbol)pBarChartSymbol;
    IFillSymbol pFillSymbol;
    //设置 pChartSymbol 的最大值
    pChartSymbol.MaxValue = pMax;
    //设置 bars 的最大高度
    pMarkerSymbol.Size = 80;
    //下面给每一个 bar 设置符号
    //定义符号数组
    ISymbolArray pSymbolArray = (ISymbolArray)pBarChartSymbol;
    //添加第一个符号
    pFillSymbol = new SimpleFillSymbolClass();
    pFillSymbol.Color = GetRGBColor(193 , 252 , 179) as IColor;
    pSymbolArray.AddSymbol(pFillSymbol as ISymbol);
    //添加第二个符号
    pFillSymbol = new SimpleFillSymbolClass();
    pFillSymbol.Color = GetRGBColor(145 ,55 ,251) as IColor;
    pSymbolArray.AddSymbol(pFillSymbol as ISymbol);
    pChartRenderer.ChartSymbol = pChartSymbol as IChartSymbol;
    //pChartRenderer.Label = "AREA";
    pFillSymbol = new SimpleFillSymbolClass();
    pFillSymbol.Color = GetRGBColor(239 ,228 ,190);
    pChartRenderer.BaseSymbol = (ISymbol)pFillSymbol;
    pChartRenderer.CreateLegend();
    pChartRenderer.UseOverposter = false;
    //将柱状图渲染对象与渲染图层挂钩
    pGeoFeatureLayer.Renderer = (IFeatureRenderer)pChartRenderer;
    //刷新地图和 TOOCotrol
    IActiveView pActiveView = pMapcontrol.ActiveView as IActiveView;
    pActiveView.PartialRefresh(esriViewDrawPhase. esriViewGeography,
null, null);
}

public IRgbColor GetRGBColor(intr, int g, int b)
{
    IRgbColor pRGB;
    pRGB = new RgbColorClass();
    pRGB.Red = r;
    pRGB.Green = g;
```

```
        pRGB.Blue = b;
        return pRGB;
    }
}
```

代码运行效果如图 9-7-10 所示。

 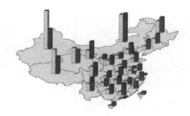

(a) 原始图　　　　　　　　　　　　(b) 符号化效果图

图 9-7-10　柱状图专题图符号化代码运行效果

如果注释掉下面的几句代码,运行效果如图 9-7-11 所示。

```
//pFillSymbol = new SimpleFillSymbolClass();
//pFillSymbol.Color = GetRGBColor(239,228,190);
//pChartRenderer.BaseSymbol = (ISymbol)pFillSymbol;
```

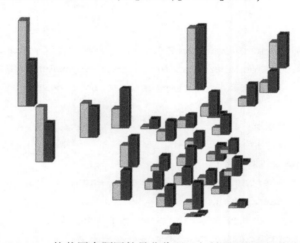

图 9-7-11　柱状图专题图符号化代码运行效果(注释部分代码)

第八节　制图表达符号化

　　制图表达用于以一种灵活的、基于规则的结构对数据进行符号化,该结构与数据一同存储在地理数据库中。要素类制图表达类是要素类的一个属性,用于指定和存储一系列规则,这些规则将指定要素类中各要素的绘制方式。要素类可具有多个制图表达,从而允许同一数据能够根据不同的用途以不同的方式进行显示。

　　使用制图表达渲染机制对要素进行符号化时,可在 arcmap 中将要素图层的标准符号系统转换为在要素类制图表达,该方法会将符号类别自动转换为制图表达。

Arcengine 提供了一系列开发接口实现对制图表达的操作,包括 IrepresentationRenderer 制图表达渲染器接口、IrepresentationClass 制图表达类接口、Irepresentation 制图表达接口、IrepresentationRule 制图表达规则接口等,通过这些接口,可灵活实现对制图表达类、表达规则、规则属性等对象进行自定义操作。

以下为修改线状制图表达符号颜色示例代码。

```
/// <summary>
/// 修改线状制图表达图形颜色
/// </summary>
/// <param name = "feLayer">要素图层</param>
/// <param name = "activeView">图层所在视图</param>
/// <param name = "newColor">新颜色对象</param>
 private void changeSymbolColor ( IFeatureLayer feLayer, IActiveView
activeView,IColor newColor)
    {
        IFeatureClass pFc = feLayer.FeatureClass;
        if (pFc ==null)
        {
            return;
        }
        IGeoFeatureLayer pGeoFeLyr = feLayer as IGeoFeatureLayer;
        IFeatureRenderer pRenderer = pGeoFeLyr.Renderer;
        if (! (pRenderer is IRepresentationRenderer))
        {
            return;
        }
        //制图表达渲染器
        IrepresentationRenderer pRepreRenderer = pRenderer as IRepresen-
        tationRenderer;
        IMapContext pMapContex = new MapContext();
        IDisplayTransformation
        pDtf =activeView.ScreenDisplay. DisplayTransformation;
        pMapContex.InitFromDisplay(pDtf);
        // 获取制图表达类
        IRepresentationClass pRepClass = pRepreRenderer. Representation-
        Class;
        pFc = feLayer.FeatureClass;
        IFeature pFe = null;
        IFeatureCursor pFeCursor = pFc.Update(null,false);
        while ((pFe = pFeCursor.NextFeature()) ! =null)
        {
            //要素制图表达
```

```
IRepresentation pRep = pRepClass.GetRepresentation(pFe,pMap-
Context);
int iRuleID = pRep.RuleID;
//制图表达规则
IrepresentationRule pSrcRule
=pRepClass.RepresentationRules.get_Rule(iRuleID);
int iLyrCount = pSrcRule.LayerCount;
for (int i = 0;i < iLyrCount;++i)
{
    if ((pSrcRule.get_Layer(i) as IBasicLineSymbol) ! =null)
    {
        IBasicLineSymbol pCurLineSym = pSrcRule.get_Layer(i)
        as IBasicLineSymbol;
        //获取颜色
        IGraphicAttributes pAttributes = pCurLineSym.Stroke
        as IGraphicAttributes;
        var pOriColor = pAttributes.get_Value(3) as IColor;
        if (pOriColor = =null)
        {
            continue;
        }
        //修改线符号颜色
        pRep.set_Value(pAttributes,3,newColor);
    }
    //更新表达所对应要素
    pRep.UpdateFeature();
    pFeCursor.UpdateFeature(pFe);
}
//资源释放
System.Runtime.InteropServices.Marshal.FinalReleaseComObject(pFeCur-
sor);
    }
}
```

本章小结

采用 ArcGIS Enging 进行应用系统开发,需要解决的主要问题是地图符号化问题,其解决途径主要有两种:一种是在 ArcMap 中,将地图数据符号化后,保存为.mxd 地图文档形式,在 MapControl 控件中直接打开.mxd 地图文档,这种方式的优点是符号化过程简单方便,缺点是移植性很差,当.mxd 地图文档从一个地方移到另一个地方时,需要在 Arc-Map 中重新指定数据源;另一种是在连接到数据库后,将数据源加载到应用系统中时,通过 ArcGIS Engine 中的地图符号化接口结合地图符号库动态符号化图形数据,这种方式的优点是移植性很强,不需要用户重新指定数据源,问题是需要在 ArcMap 中制定地图符号库。本章在介绍 Color 对象、ColorRamp 对象、Symbol 对象的基础上,阐述了基于 SymbologyControl 控件显示 ArcGIS 符号库中符号的方法和步骤,结合 Renderer 对象和专题图符号化的需求,详细描述了不同类型专题图符号化中相关类和对象的设置和使用方法。

复习思考题

1. 如何利用 ArcGIS Engine 实现地图简单渲染和唯一值专题图符号化渲染?
2. 如何利用 ArcGIS Engine 实现地图渲染之分层设色渲染?
3. 阐述设计实现 ServerStyle 符号库的基本步骤。
4. 新冠疫情统计应该选择哪种专题图符号化方式? 阐述理由。
5. 海图符号化应该选择哪种专题图符号化方式? 阐述理由。

第十章　地图输出

　　地图输出分两种类型:一种是地图的打印输出,即把地图的某一范围通过打印机或者绘图仪打印在纸质媒介上,如图 10-0-1 所示;另一种是地图的转换输出,即把地图的某一范围输出转换为不同的文件格式,如 JPEG、PDF、SVG、TIFF 和 Adobe AI 等栅格或矢量图形文件,如图 10-0-2 所示。

图 10-0-1　地图打印输出

图 10-0-2　地图转换输出

第一节　地图打印输出

一、Printer 类

ArcGIS Engine 中对于地图打印使用的是 Printer 类（抽象类），它有三个子类：EmfPrinter、ArcPressPrinter 和 PsPrinter。三个子类对象都支持各自类型的硬拷贝设备，开发人员选择需要的打印对象不是随意决定的，而是取决于程序使用的打印设备类型和驱动程序的类型。

EmfPrinter、ArcPressPrinter 和 PsPrinter 都实现了 IPrinter 接口。IPrinter 接口定义了所有打印对象的一般方法和属性。如 IPrinter 的 Pager 属性用于初始化与系统关联的打印机；IPrinter 的 StartPrint 方法用于返回一个打印设备的 hDC；IPrinter 的 FinishPrinting 用于清除打印后的缓存对象。

Paper 对象是 Printer 对象的一个关键属性对象，它主要的作用是维持 Printer 对象使用的打印机和打印纸张的联系。应用程序启动的时候，一个 Paper 对象就自动产生，创建的是基于系统默认打印机。如果要使用另一台打印机就需产生一个新的 Paper 对象，并将它的 PrinterName 设置为打印机名。

Paper 类主要实现了 IPaper 接口，它主要用于对打印纸张的设置。如 IPaper 的 Orientation 属性用于获取打印的方向属性值（1 为纵向，2 为横向）。

二、PageLayoutControl 控件

开发一个 GIS 系统打印模块时一般用到 PageLayoutControl 控件，使用 IPageLayoutControl 接口的 PrintPageLayout 方法可以打印 PageLayoutControl 控件中的视图。它与控件的 Page 对象相关，在使用 IPageLayeoutControl 的 PrintPageLayout 方法前需对 Page 对象进行设置。通过 IPage 接口的 PageToPrinterMapping 可以设置页面和打印纸张的匹配。如果打印页面的宽度大于纸张的宽度，可以选定是伸缩地图还是切割地图。

使用 PageLayoutControl 控件打印地图的代码片段如下：

```
/// <summary>
/// 打印 PageLayout
/// </summary>
/// <param name="pPageLayout">PageLayout 对象</param>
public void PrintPageLayout(AxPageLayoutControl pPageLayout)
{
    try
    {
        if (pPageLayout.Printer! =null)
        {
            IPrinter pPrinter= pPageLayout.Printer;
            if (pPrinter.Paper.Orientation! =pPageLayout. Page. Orienta-
tion)
            {
```

```
        pPrinter.Paper.Orientation = pPageLayout. Page. Orienta-
    tion;
        }
        pPageLayout.PrintPageLayout( 1,0,0);
        }
    }
catch ( Exception Err)
{
    MessageBox.Show(Err.Message,"打印",MessageBoxButtons.OK,
    MessageBoxIcon.Information);
    }
}
```

第二节　地图转换输出

地图输出分为两大类,如图 10-2-1 所示。一类是基于栅格格式的文件输出,如 JPG、BMP、PGN 等;另一类是基于矢量格式的文件输出,如 SVG、AI 等。Windows 平台一般的屏幕分辨率是 96dpi,这个值也是 ArcGIS 影像文件格式输出的默认分辨率。而矢量格式的地图输出,如 PDF、AI 等,其默认分辨率为 300dpi。

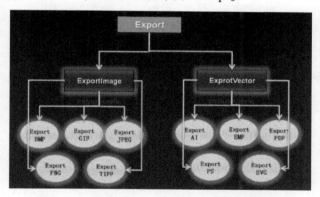

图 10-2-1　ArcGIS Engine 地图转换输出模型图

Exporter 类是所有转换输出类的父类,是一个抽象类,实现了 IExport 接口。IExport 接口用于定义地图输出的一般方法和属性。Exporter 类的部分主要属性和方法如表 10-2-1 所示。

表 10-2-1　Exporter 类的部分主要属性和方法

方法属性名称	功能描述
Name	Exporter 的名称
ExportFileName	输出文件名称
PixelBounds	确定输出范围
Resolution	分辨率
Priority	优先次序

方法属性名称	功能描述
Cleanup	清除临时文件释放内存等
StartExporting	初始化 Exporter
FinishExporting	关闭 Exporter

一、栅格格式文件输出

ExportImage 类用于将地图输出为栅格格式文件的对象。ExportImage 是 Export 的一个子类,也是一个抽象类,实现了 IExportImage 接口。ExportImage 类定义了所有操作栅格格式文件的一般方法和属性。ExportImage 类部分主要属性和方法如表 10-2-2 所示。

表 10-2-2　ExportImage 类的部分主要属性和方法

方法属性名称	功能描述
BackgroundColor	输出栅格文件的背景色
Height	影像的高度
Width	影像的宽度
ImageType	输出图片类型: 1 位单色掩膜图; 1 位黑白图; 8 位灰度图; 24 位真彩色图

ExportImage 的子类有五种,分别是 ExportBMP、ExportJPEG、ExportPNG、ExportTIFF 和 ExportGIF,通过这几个对象可以分别将地图数据生成 BMP、JPEG、PNG、TIFF 和 GIF 等图形文件。

以下代码根据传入的分辨率将地图输出为 JPG 格式文件。

```
public void CreateJPEGHiResolutionFromActiveView( IActiveView pActiveView,
String pFileName,Int32 pScreenResolution,Int32 pOutputResolution)
{
    ESRI.ArcGIS.Output.IExport pExport =
    new ESRI.ArcGIS.Output.ExportJPEGClass( );
    pExport.ExportFileName = pFileName;
    pExport.Resolution = pOutputResolution;
    ESRI.ArcGIS.Display.tagRECT pExportRECT;
    pExportRECT.left = 0;
    pExportRECT.top = 0;
    pExportRECT.right = pActiveView.ExportFrame.right * ( pOutputResolu-
tion /pScreenResolution);
    pExportRECT.bottom = pActiveView.ExportFrame.bottom * ( pOutputResolu-
tion /pScreenResolution);
    ESRI.ArcGIS.Geometry.IEnvelope pEnvelope  =new
```

```
        ESRI.ArcGIS.Geometry.EnvelopeClass();
    pEnvelope.PutCoords ( pExportRECT.left, pExportRECT.top, pExportRECT.
 right,pExportRECT.bottom);
    pExport.PixelBounds = pEnvelope;
    System.Int32 hDC = pExport.StartExporting();
    pActiveView.Output(hDC,( System.Int16)pExport.Resolution,ref pExpor-
 tRECT,null,null);
    pExport.FinishExporting();pExport.Cleanup();
}
```

二、矢量格式文件输出

ExportVector 类用于地图数据转换输出为矢量格式的文件。ExportVector 是一个抽象类,它实现了多个输出矢量的格式文件设置的接口,包括 ExportEMF、ExportAI、ExportP-DF、ExportPS 和 ExportSVG 五个子类,它们分别用于生成五种不同格式的矢量数据文件。

以下代码将地图输出为 EMF 格式矢量文件。

```
private void ExportEMF()
{
    IActiveView pActiveView;
    pActiveView=axPageLayoutControl1.ActiveView;
    IExport pExport;
    pExport = new ExportEMFClass();
    pExport.ExportFileName=@ "E:\arcgis\Engine\ExportEMF.emf";
    pExport.Resolution= 300;
    tagRECT exportRECT;
    exportRECT=pActiveView.ExportFrame;IEnvelope
    pPixelBoundsEnv;pPixelBoundsEnv= new EnvelopeClass();
    pPixelBoundsEnv.PutCoords(exportRECT.left,exportRECT.top,
    exportRECT.right,exportRECT.bottom);
    pExport.PixelBounds = pPixelBoundsEnv;int hDC;
    hDC = pExport.StartExporting();
    pActiveView.Output(hDC,( int)pExport.Resolution,ref exportRECT,null,
 null);
    pExport.FinishExporting();
    pExport.Cleanup();
}
```

以下代码根据输入条件将地图输出为栅格或矢量文件。
```
/// <summary>
/// pageLayout 输出图片
/// </summary>
/// <returns>ture 为成功,false 为失败</returns>
private bool ExportMapToImage()
{
```

```
try
{
    SaveFileDialog pSaveDialog= new SaveFileDialog();
    pSaveDialog.FileName="";
    pSaveDialog.Filter="JPG 图片( * .JPG)|* .jpg |tif 图片( * .tif)|* .tif
|PDF 文档
    ( * .PDF)|* .pdf";
    if (pSaveDialog.ShowDialog()= =DialogResult.OK)
    {
        double iScreenDispalyResolution=
        PageLayoutCtrl.ActiveView.ScreenDisplay.DisplayTransformation.
    Resolution;
        IExporter pExporter=null;
        if (pSaveDialog.FilterIndex==0)
        {
            pExporter= new JpegExporterClass();
        }
        else if (pSaveDialog.FilterIndex==1)
        {
            pExporter= new TiffExporterClass();
        }
        else if (pSaveDialog.FilterIndex==2)
        {
            pExporter= new PDFExporterClass();
        }
        pExporter.ExportFileName= pSaveDialog.FileName;
        pExporter.Resolution=(short)iScreenDispalyResolution;
        tagRECT deviceRect=
        PageLayoutCtrl.ActiveView.ScreenDisplay.DisplayTransformation.
    get_DeviceFrame();
        IEnvelope pDeviceEnvelope= new EnvelopeClass();
        pDeviceEnvelope.PutCoords(deviceRect.left,deviceRect.bottom,
        deviceRect.right,deviceRect.top);
        pExporter.PixelBounds= pDeviceEnvelope;
        ITrackCancel pCancle=new CancelTrackerClass();
        PageLayoutCtrl.ActiveView.Output(pExporter.StartExporting(),
        pExporter.Resolution, ref deviceRect, PageLayoutCtrl. Active-
    View.Extent,pCancle);
        Application.DoEvents();
        pExporter.FinishExporting();
        return true;
    }
    else
```

```
        {
            return false;
        }
    }
catch (Exception Err)
    {
        MessageBox.Show(Err.Message,"输出图片",MessageBoxButtons.OK,
        MessageBoxIcon.Information);
        return false;
    }
}
```

本章小结

地图输出就是将抽象的空间地理数据转换成可视化地图图形的过程,是 GIS 中空间地理数据可视化最常用、最有效的途径。空间信息的图形经符号化以后,输出的形式主要有两种:一种是地图的打印输出;另一种是地图的转换输出。本章介绍了地图打印输出类 Printer 的使用方法,详细阐述了矢量格式和栅格格式文件转换输出的方法和步骤。

复习思考题

1. 如何实现 TIF 格式和 AI 格式的数据输出?
2. 如何实现按给定纸张大小自适应打印地图?
3. 如何根据地图实际尺寸自动选择纸张大小?
4. 如果纸张尺寸比地图尺寸小,如何编程实现地图依据纸张尺寸的自动分割?

第十一章　海洋 GIS 设计与实现

海洋 G1S 是传统 GIS 向海洋应用领域的扩展,但由于海洋的动态性和时空过程性的特点,使其与一般的 GIS 应用领域不同,所以逐渐成为一门独立的科学,最初的海洋 GIS,是从海洋应用系统角度给出的,是对海洋观测数据和信息进行管理、处理及可视化的平台,从科学或学科的角度给出海洋 GIS 的概念:海洋 GIS 是为海洋工作者提供适合海洋学相关分析和研究的工具和平台,以处理海量数据,提取有价值的信息,并通过对海洋信息的分析、综合、归纳、演绎及科学抽象等方法,研究海洋系统的结构和功能,揭示并再认识海洋现象的各种规律的科学。本章以海洋 GIS 开发需求为目标,利用 ArcGIS Engine 所包含的控件、接口、类和对象进行基于 .mxd 地图文档格式的海图数据(C10011 海图,黄海北部及渤海海区)浏览、管理、存储、量算、符号化、查询、分析、输出等海洋 GIS 功能开发。开发过程中采用了主流应用程序开发的视图界面美化组件——DotNetBar 组件,如图 11-0-1 所示。

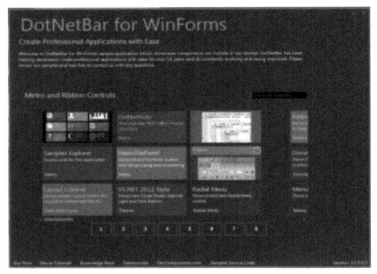

图 11-0-1　DotNetBar 组件

第一节　地图浏览

地图浏览步骤如下:

(1) 打开 DotNetBar 组件安装目录中示例工程下的 RibbonPad 解决方案,在该解决方案中将"工具箱"中"DoNetBar"选项卡下的【DoNetBarManger】工具拖拽至工程的设计界面,点击【DoNetBarManger】工具,在其右上方则出现三角箭头提示,如图 11-1-1 所示。

228

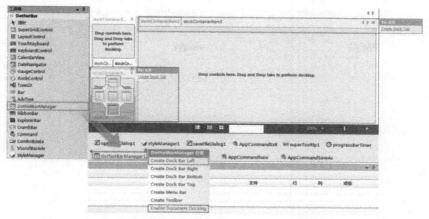

图 11-1-1　【DoNetBarManger】工具修改工程设计界面

（2）单击图 11-1-1 中出现的三角箭头，弹出【DoNetBarManger】工具的快捷菜单，顺次点击【Create Dock Bar Left】和【Enable Dockment Docking】菜单，调整工程设计界面至如图 11-1-2 所示。

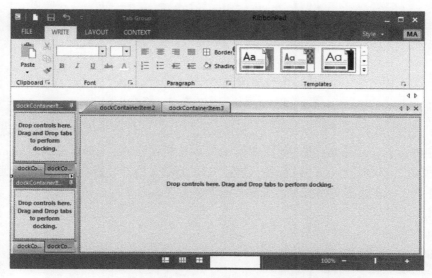

图 11-1-2　【DoNetBarManger】工具修改工程设计界面效果

（3）修改工程设计界面各 DotNetBar 组件的属性。如图 11-1-3 所示：【属性】标签的名称为【TOCPanel】；【图层】标签的名称为【LayerPanel】；【属性】标签的名称为【PropertyPanel】；【数据】标签的名称为【DataPanel】；【鹰眼】标签的名称为【EagleEyePanel】；【数据】标签的名称为【DataAttriPanel】；空白黄色局限区域的名称为【MapPanel】；【地图】标签的名称为【MapControlPanel】；【制版】标签的名称为【PageLayoutControlPanel】。

（4）将"工具箱"中"ArcGIS Windows Forms"选项卡下的【TOCControl】【MapControl】和【LicenseControl】工具拖拽至工程的设计界面。如图 11-1-4 所示，设置各组件的【Dock】属性。

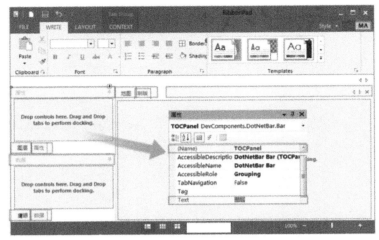

图 11-1-3　修改工程设计界面相关组件的属性

图 11-1-4　添加 ArcGIS Engine 相关组件

（5）将"工具箱"中"DoNetBar"选项卡下的【Command】命令拖拽至工程的设计界面，更改其名称为【AppCommandOpen】，如图 11-1-5 所示。在【AppCommandOpen】命令的【事件】视图下，双击【Executed】标签，进入 .mxd 地图文档打开命令代码编辑界面。

以下为 .mxd 地图文档打开命令的代码示例。

```
//添加引用
using ESRI.ArcGIS.Carto;
using ESRI.ArcGIS.Controls;
using ESRI.ArcGIS.esriSystem;
using ESRI.ArcGIS.Display;
using ESRI.ArcGIS.Geometry;
using ESRI.ArcGIS.SystemUI;
private void AppCommandOpen_Executed(object sender,EventArgs e)
{
    //打开地图文档 MXD 命令
    ESRI.ArcGIS.SystemUI.ICommand cmd=
    new ESRI.ArcGIS.Controls.ControlsOpenDocCommandClass();
    cmd.OnCreate(this.axMapControl.Object);
    cmd.OnClick();
}
```

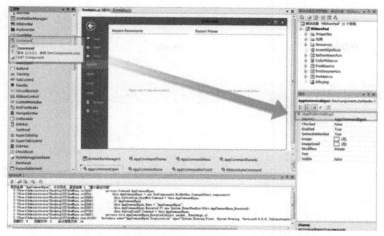

图 11-1-5　添加【AppCommandOpen】命令

（6）点击【FILE】标签下的【Open】按钮，在其属性界面中点击【Command】属性，弹出【Open】按钮实际执行的命令，选择【AppCommandOpen】命令，如图 11-1-6 所示。

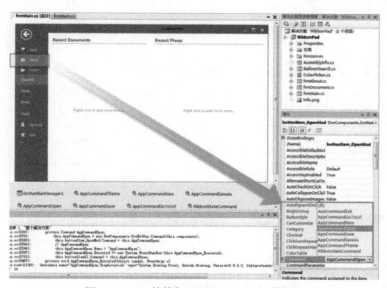

图 11-1-6　挂接【AppCommandOpen】命令

（7）修改【FILE】按钮的文本为【文件】，【CONTEXT】按钮的文本为【浏览】。在【浏览】标签下，点击右侧弹出的三角箭头快捷菜单，点击【Create RibbonBar】菜单，出现新建的 RibbonBar 容器。点击 RibbonBar 容器右侧弹出的三角箭头快捷菜单，点击【Add Button】菜单，出现新建的 Button 按钮，如图 11-1-7 所示。

（8）对于新建的 Button 按钮，修改其文本和名称。将【缩小】按钮的名称修改为【ZoomOutTool】，【漫游】按钮的名称修改为【MapPanTool】，【全图】按钮的名称修改为【MapFullExtentCommand】，【刷新】按钮的名称修改为【MapRefreshViewCommand】，如图 11-1-8 所示。此外，顺次修改各个按钮属性界面中的【Image】属性，导入外部图像，使各个按钮表现出图像和文本并存的显示状态。

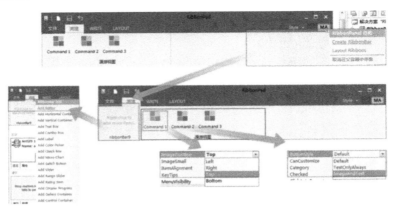

图 11-1-7 【RibbonPanel】工具修改工程设计界面

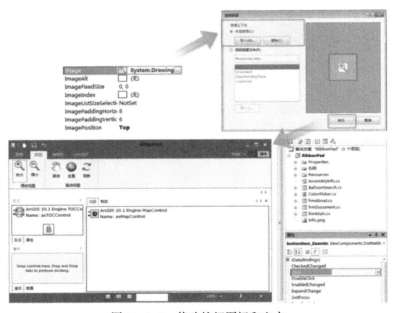

图 11-1-8 修改按钮图标和文本

（9）编写地图浏览功能代码,以【放大】按钮为例,在【放大】按钮的【事件】视图下,双击【Click】标签,进入地图放大命令代码编辑界面。

以下为地图放大命令的代码示例。

```
private void buttonItem_ZoomIn_Click( object sender,EventArgs e)
{
    //视图放大工具
    ESRI.ArcGIS.SystemUI.ITool tool =
    new ESRI.ArcGIS.Controls.ControlsMapZoomInToolClass();
    ESRI.ArcGIS.SystemUI.ICommand cmd =
    tool as ESRI.ArcGIS.SystemUI.ICommand;
    cmd.OnCreate( this.axMapControl.Object);
    cmd.OnClick();
```

```
    axMapControl.CurrentTool = tool;
}
```

对于如图 11-1-8 所示的各个按钮消息响应代码而言,其与【放大】按钮的区别在于上述代码中的"ESRI. ArcGIS. Controls. ControlsMapZoomInToolClass ( )",由于 ArcGIS Engine 提供了丰富的命令、工具函数,只需将上述代码中的"ControlsMapZoomInToolClass"进行简单替换即可实现不同的命令或工具。具体来说:【缩小】按钮消息响应代码需修改为"ControlsMapZoomOutToolClass";【漫游】按钮消息响应代码需修改为"ControlsMapPanToolClass";【全图】按钮消息响应代码需修改为"ControlsMapFullExtentCommandClass";【刷新】按钮消息响应代码需修改为"ControlsMapRefreshViewCommandClass"。

（11）设置【TOCControl】组件的【Buddy】属性,使之与【MapControl】组件关联。

以下为 Buddy 属性关联的代码示例。

```
public frmMain()
{
    //设置运行环境
    ……
    InitializeComponent();
    ……
    //设置图层控件的同步控件
    axTOCControl.SetBuddyControl(axMapControl);
}
```

第二节　图层加载

图层加载步骤如下:

（1）添加【AppCommandNew】命令,将【AppCommandNew】命令挂接到【空白文档】按钮的【Command】属性中。点击【AppCommandNew】命令属性,在其消息响应界面下双击【Executed】标签,进入 .mxd 地图文档新建命令代码编辑界面,如图 11-2-1 所示。

图 11-2-1　添加【AppCommandNew】命令

编写 .mxd 地图文档新建命令代码会用到 Esri. ArcGIS. DataSourceFile 和 Esri. Arc-GIS. Geodatabase 两个组件的引用,因此需在解决方案资源管理器中添加 Esri. Arc-GIS. DataSourceFile 和 Esri. ArcGIS. Geodatabase 两个组件的引用,在 frmMain. cs 代码编辑模式下添加上述及 System. IO 的引用。

以下为 MXD 地图文档新建命令的代码示例。

```
//添加引用
using ESRI.ArcGIS.Geodatabase;
using ESRI.ArcGIS.DataSourcesFile;
using System.IO;
private void AppCommandNew_Executed(object sender,EventArgs e)
{
    //新建 .mxd 地图文档
    saveMapFileDialog.Title = "新建地图文档保存为";
    saveMapFileDialog.Filter = "地图文档( * .mxd)|*.mxd";
    if (saveMapFileDialog.ShowDialog()= =DialogResult.OK)
    {
        string m_FileName = saveMapFileDialog.FileName;
        IMapDocument Document = new MapDocumentClass();
        Document.New(m_FileName);
        axMapControl.DocumentFilename = m_FileName;
    }
}
```

(2) 以 ESRI ShapeFile 文件为例,图层加载思路为:①创建 ShapefileWorkspaceFactory 实例 pWorkspaceFactory,使用 IWorkspaceFactory 接口的 OpenFromFile 方法打开 pFeature-Workspace 中存储的基于 ESRI ShapeFile 的工作区;②创建 FeatureLayer 的实例 pFeature-Layer,并定义到数据集;③使用 IMap 接口的 AddLayer 方法加载 pFeatureLayer 到当前地图。首先添加【AppCommandAdd】命令,将【AppCommandAdd】命令挂接到【文件加载】按钮的【Command】属性中,点击【AppCommandAdd】命令属性,在其消息响应界面下双击【Executed】标签,进入 ESRI ShapeFile 文件加载命令代码编辑界面,如图 11-2-2 所示。

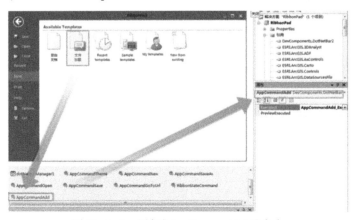

图 11-2-2　添加【AppCommandAdd】命令

　　ArcGIS Engine 提供了 IWorkspaceFactory 接口作为 GeoDatabase（地理数据库）的入口。IWorkspaceFactory 接口被 AccessWorkspaceFactory 接口、ShapeFileWorkspaceFactory 接口、FileGDBWorkspaceFactory 接口及 SdeWorkspaceFactory 接口所继承，可以加载不同类型的地理空间数据文件，上述接口均允许用户通过系列属性连接 Workspace。

　　IWorkspaceFactory 接口主要负责创建和打开工作区的函数以及提供该 Workspace-Factory 的相关信息；IFeatureWorkspace 主要负责创建和打开各种类型的数据源或者其他工作区的对象；IFeatureLayer 接口主要负责控制要素层的通用方面；

　　以下为 ESRI ShapeFile 文件加载命令的代码示例。

```
private void AppCommandAdd_Executed(object sender,EventArgs e)
{
    //加载 ShapeFile 文件
    if (axMapControl.DocumentFilename ! =null)
    {
        System.Windows.Forms.OpenFileDialog openFileDialog = new OpenFile-
        Dialog();
        openFileDialog.Title = "添加矢量数据";
        openFileDialog.Filter = "map documents ( * .shp) |* .shp";
        openFileDialog.Multiselect = true;
        if (openFileDialog.ShowDialog()= =DialogResult.OK)
        {
            string[] filepaths = openFileDialog.FileNames;
            OnSymbolize(filepaths);
        }
    }
}
//依次打开给定目录下的各个 ShapeFile 文件
private void OnSymbolize(string[] filepaths)
{
    IWorkspaceFactory pWorkspaceFactory = new ShapefileWorkspaceFactory-
    Class();
    string conString= Directory.GetParent(filepaths[0].ToString()).Full-
    Name;
    IFeatureWorkspace pFeatureWorkspace = pWorkspaceFactory.OpenFromFile
    (conString,0) as IFeatureWorkspace;
    foreach (string fileName in filepaths)
    {
        int pos= fileName.LastIndexOf(" \\") + 1;
        int endPos= fileName.Length - pos - 4;
        string strLayerName= fileName.Substring(pos,endPos);
        IFeatureLayer pLayer = new FeatureLayerClass();
        pLayer.FeatureClass = pFeatureWorkspace.OpenFeatureClass ( strLay-
        erName);
```

```
pLayer.Name = pLayer.FeatureClass.AliasName;
axMapControl.ActiveView.FocusMap.AddLayer(pLayer);
axMapControl.ActiveView.PartialRefresh(esriViewDrawPhase.
esriViewGeography,null,null);
    }
}
```

（3）添加【AppCommandSave】命令，将【AppCommandSave】命令挂接到【Save】按钮下的 Command 属性中，点击【AppCommandSave】命令属性，在其消息响应界面下双击【Executed】标签，进入 .mxd 地图文档保存命令代码编辑界面，如图 11-2-3 所示。

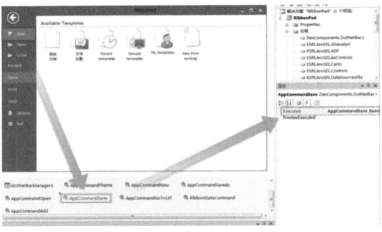

图 11-2-3　添加【AppCommandSave】命令

以下为 .mxd 地图文档保存命令的代码示例。

```
private void AppCommandSave_Executed(object sender,EventArgs e)
{
    //保存 .mxd 地图文档
    IMapDocument Document = new MapDocumentClass();
    Document.Open(axMapControl.DocumentFilename,string.Empty);
    Document.ReplaceContents((IMxdContents)axMapControl.Map);
    Document.Save(Document.UsesRelativePaths,true);
    Document.Close();
}
```

以下为 .mxd 地图文档另存为命令的代码示例。

```
private void AppCommandSaveAs_Executed(object sender,EventArgs e)
{
    //另存 .mxd 地图文档
    ......
    Document.SaveAs(m_FileName,true,true);
    ......
}
```

第三节 图层控制

图层控制功能利用到地图(Map)对象及图层(Layer)对象的相关接口。

地图(Map)对象涉及的接口有 IMap 接口,负责管理 Layer、要素选择集、MapSurround 和标注对象等;IGraphicsContainer 接口,负责管理图形(Element)和框架(Map-Frame)元素;IActiveView 接口定义了 Map 对象的数据显示功能;IActiveViewEvents 接口负责监听与活动视图有关的事件并响应。

图层(Layer)对象涉及的接口包括:ILayer 接口,是其他所有图层对象的基类,负责管理图层空间参考、有效性、可见性等;IFeatureLayer 接口,负责管理要素图层的数据源;IGeoFeatureLayer 接口,继承 ILayer 和 IFeatureLayer 接口,负责控制要素图层中与地理相关的内容;IGeoDataSet 接口,负责管理地理要素集;IFeatureSelection 接口,负责管理一个图层中要素的选择集的属性和方法,区别于 IElementSelection;IFeatureLayerDefinition 接口,用要素选择集创建新的图层(CreateSelectionLayer 方法);ILayerFields 接口,提供Field、FieldCount、FieldInfo 和 FindField 四个属性和方法。

(1)新建 MapMenu. CS 工程文件。

以下为 MapMenu. CS 工程文件中鼠标点击功能(【Click】事件)的代码示例。

```
public override void OnClick()
{
    switch (m_subType)
    {
        case 1:
        case 2:
        for (int i= 0;i <=m_hookHelper.FocusMap.LayerCount - 1;i++)
        {
            if (m_subType= =1)
            m_hookHelper.FocusMap.get_Layer(i).Visible= true;
            if (m_subType= =2)
            m_hookHelper.FocusMap.get_Layer(i).Visible= false;
        }
        break;
        ……
    }
}
```

(2)声明和初始化 MapMenu 类。

以下为 MapMenu 类在 frmMain. cs 工程文件中声明的代码示例。

```
private ESRI.ArcGIS.Controls.IToolbarMenu _mapMenu= null;
_mapMenu= new ESRI.ArcGIS.Controls.ToolbarMenuClass();
_mapMenu.AddItem(new MapMenu(this),1,0,false,
esriCommandStyles.esriCommandStyleTextOnly);
_mapMenu.AddItem(new MapMenu(this),2,1,false,
```

```
esriCommandStyles.esriCommandStyleTextOnly);
_mapMenu.AddItem(new MapMenu(this),3,2,true,
esriCommandStyles.esriCommandStyleTextOnly);
IUID uID= new UIDClass();
uID.Value="esriControlCommands.ControlsMapFullExtentCommand";
_mapMenu.AddItem(uID,-1,-1,true,esriCommandStyles. esriCommandStyleIco-
nAndText);
    string progID="esriControlCommands.ControlsMapViewMenu";
_mapMenu.AddItem(progID,-1,-1,false,
esriCommandStyles.esriCommandStyleIconAndText);
progID="esriControlCommands.ControlsMapBookmarkMenu";
_mapMenu.AddItem(progID,-1,2,true,
esriCommandStyles.esriCommandStyleIconAndText);
_mapMenu.SetHook(axMapControl);
```
代码运行效果如图 11-3-1 所示。

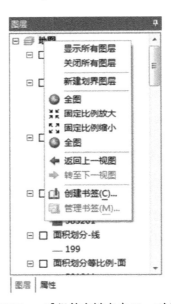

图 11-3-1 【TOCControl】组件右键点击 Map 对象弹出快捷菜单

（3）新建 LayerMenu. CS 工程文件。

以下为 LayerMenu. CS 工程文件中鼠标点击功能（【Click】事件）的代码示例。

```
public override void OnClick()
{
    switch (m_subType)
    {
        case 1:
            ......
            pLayer.Visible=! pLayer.Visible;
            break;
```

```
            case 2:
                ......
                pFeatureLayer.Selectable=! pFeatureLayer.Selectable;
                break;
            case 3:
                ......
                if (pWorkspaceEdit.IsBeingEdited())
                {
                    pWorkspaceEdit.StopEditOperation();
                    pWorkspaceEdit.StopEditing(true);
                }
                else
                {
                    pWorkspaceEdit.StartEditing(true);
                    pWorkspaceEdit.StartEditOperation();
                }
                break;
    }
}

public override void OnClick()
{
    switch (m_subType)
    {
        ......
        case 4:
            ......
            m_hookHelper.ActiveView.FocusMap.DeleteLayer(pLayer);
            break;
        case 5:
            ......
            break;
        case 6:
            ......
            pMapControl.Extent = pLayer.AreaOfInterest;
            break;
        default:
            break;
    }
}
```

（4）声明和初始化 LayerMenu 类。

以下为 LayerMenu 类在 frmMain. cs 工程文件中声明的代码示例。

```
private ESRI.ArcGIS.Controls.IToolbarMenu _layerMenu= null;
```

```
_layerMenu = new ESRI.ArcGIS.Controls.ToolbarMenuClass();
_layerMenu.AddItem(new LayerMenu(),1,0,false,
esriCommandStyles.esriCommandStyleTextOnly);
_layerMenu.AddItem(new LayerMenu(),2,1,false,
esriCommandStyles.esriCommandStyleTextOnly);
_layerMenu.AddItem(new LayerMenu(),3,2,false,
esriCommandStyles.esriCommandStyleTextOnly);
_layerMenu.AddItem(new LayerMenu(),4,3,true,
esriCommandStyles.esriCommandStyleTextOnly);
_layerMenu.AddItem(new LayerMenu(),5,4,true,
esriCommandStyles.esriCommandStyleTextOnly);
_layerMenu.AddItem(new LayerMenu(),6,5,false,
esriCommandStyles.esriCommandStyleTextOnly);
progID = "esriControlCommands.ControlsFeatureSelectionMenu";
_layerMenu.AddItem(progID,-1,-1,true,
esriCommandStyles.esriCommandStyleIconAndText);
_layerMenu.SetHook(axMapControl);
```

代码运行效果如图 11-3-2 所示。

图 11-3-2 【TOCControl】组件右键点击 Layer 对象弹出快捷菜单

（5）点击【TOCControl】组件属性，在其消息响应界面下双击【OnMouseDown】标签，进入【TOCControl】组件右键（【MouseDown】事件）调用 MapMenu 与 LayerMenu 类命令代码编辑界面。

以下为【TOCControl】组件在 frmMain.cs 工程文件调用 MapMenu 与 LayerMenu 类的代码示例。

```
private void axTOCControl_OnMouseDown(object sender,
ITOCControlEvents_OnMouseDownEvent e)
{
```

```
//如果选中的是 Map 对象
if (item==esriTOCControlItem.esriTOCControlItemMap)
{
    ......
    if (e.button==2)
        _mapMenu.PopupMenu(e.x,e.y,axTOCControl.hWnd);
}
//如果选中的是 Layer 对象
if (item==esriTOCControlItem.esriTOCControlItemLayer)
{
    ......
    if (e.button==2)
        _layerMenu.PopupMenu(e.x,e.y,axTOCControl.hWnd);
}
}
```

第四节　地图鹰眼

（1）在【鹰眼】标签下添加【MapControl】组件，修改组件名称为【EagleEyeMapControl】，如图 11-4-1 所示。

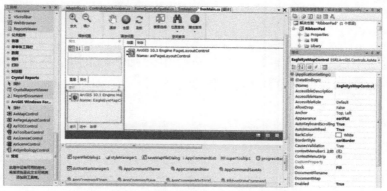

图 11-4-1　添加【EagleEyeMapControl】组件

（2）在 frmMain. cs 工程文件的【frmMain_Load】事件中添加由【MapControl】组件视图加载至【EagleEyeMapControl】组件视图的代码。

```
private void frmMain_Load(object sender,System.EventArgs e)
{
    ......
    EagleEyeMapControl.ActiveView.Extent=axMapControl.ActiveView. FullExtent;
    IEnvelope pEnv= EagleEyeMapControl.ActiveView.Extent;
    IRectangleElement pRectangleEle= new RectangleElementClass();
    pEle=(IElement)pRectangleEle;
    pEle.Geometry= pEnv;
```

```
IFillShapeElement pFillShapeEle=(IFillShapeElement)pEle;
pFillShapeEle.Symbol= CreateFillSymbol();
pGraCon.AddElement((IElement)pFillShapeEle,0);
EagleEyeMapControl.ActiveView.PartialRefresh ( esriViewDrawPhase. es-
riViewGraphics,null,null);
     ......
}
```

代码运行效果如图 11-4-2 所示。

图 11-4-2　地图鹰眼默认效果

（3）在 frmMain. cs 工程文件的主函数中添加【MapControl】组件视图与【EagleEyeMapControl】组件视图的消息响应联动代码。

```
public frmMain()
{
     ......
    ((ESRI.ArcGIS.Controls.IMapControlEvents2_Event)
    (IMapControlDefault)axMapControl.Object).OnExtentUpdated +=new
    ESRI.ArcGIS.Controls.
    IMapControlEvents2_OnExtentUpdatedEventHandler(DockForm_OnExtentUp-
dated);
    ((ESRI.ArcGIS.Carto.IActiveViewEvents_Event)
     axMapControl.ActiveView).ItemAdded +=new
     IActiveViewEvents_ItemAddedEventHandler(this.DockFrom_ItemAdded);
    ((ESRI.ArcGIS.Carto.IActiveViewEvents_Event)
    axMapControl.ActiveView).ContentsCleared +=new
    IActiveViewEvents _ ContentsClearedEventHandler ( this.DockForm _ Cont-
entsCleared);
     ......
}
```

242

（4）在 frmMain. cs 工程文件的主函数中添加【DockForm_OnExtentUpdated】函数,实现【MapControl】组件视图范围变化与【EagleEyeMapControl】组件视图范围变化的同步。

```
void DockForm_OnExtentUpdated(……)
{
    if (EagleEyeMapControl.Map.LayerCount = = 0)
    {
        ILayer pLyr = GetBackgroundLayer(axMapControl.Map);
        if (pLyr = = null)
            return;
        EagleEyeMapControl.Map.AddLayer(GetBackgroundLayer(axMapControl.
    Map));
        EagleEyeMapControl.ActiveView.Extent = axMapControl.FullExtent;
        EagleEyeMapControl.ActiveView.PartialRefresh
        (esriViewDrawPhase.esriViewGeography,null,null);
        EagleEyeMapControl.ActiveView.PartialRefresh
        (esriViewDrawPhase.esriViewGraphics,null,  null);
    }
    EagleEyeMapControl.ActiveView.Extent =
    axMapControl.ActiveView.FullExtent;
    pEle.Geometry = (IGeometry)newEnvelope;
    pGraCon.UpdateElement(pEle);
    EagleEyeMapControl.ActiveView.PartialRefresh
    (esriViewDrawPhase.esriViewGraphics,null,null);
}
```

（5）在 frmMain. cs 工程文件的主函数中添加【DockFrom_ItemAdded】函数,实现【MapControl】组件图层添加与【EagleEyeMapControl】组件背景图层变化的同步。

```
void DockFrom_ItemAdded(object Item)
{
    if (EagleEyeMapControl.Map.LayerCount = = 0)
    {
        EagleEyeMapControl.Map.AddLayer
        (GetBackgroundLayer(axMapControl.Map));
        EagleEyeMapControl.ActiveView.Extent = axMapControl.FullExtent;
        EagleEyeMapControl.ActiveView.PartialRefresh
        (esriViewDrawPhase.esriViewGeography,null,null);
        EagleEyeMapControl.ActiveView.PartialRefresh
        (esriViewDrawPhase.esriViewGraphics,null,null);
    }
}
```

（6）在 frmMain. cs 工程文件的主函数中添加【DockForm_ContentsCleared】函数,实现【MapControl】组件图层清除与【EagleEyeMapControl】组件图层清除的同步。

```
void DockForm_ContentsCleared()
```

```
    {
        EagleEyeMapControl.Map.ClearLayers();
        EagleEyeMapControl.ActiveView.PartialRefresh
        (esriViewDrawPhase.esriViewGeography,null,null);
        EagleEyeMapControl.ActiveView.PartialRefresh
        (esriViewDrawPhase.esriViewGraphics,null,null);
    }
```

（7）点击【EagleEyeMapControl】组件属性,在其消息响应界面下双击【OnMouseDown】标签,进入【MapControl】组件视图操作与【EagleEyeMapControl】组件视图操作的同步。

```
private void EagleEyeMapControl_OnMouseDown(……)
    {
        IPoint cenpt = new PointClass();
        cenpt.PutCoords(e.mapX,e.mapY);
        IEnvelope pEleEnv = pEle.Geometry.Envelope;
        pEleEnv.CenterAt(cenpt);
        pEle.Geometry =(IGeometry)pEleEnv;
        axMapControl.Extent = pEleEnv;
        axMapControl.ActiveView.PartialRefresh
        (esriViewDrawPhase.esriViewGeography,null,null);
        EagleEyeMapControl.ActiveView.PartialRefresh
        (esriViewDrawPhase.esriViewGraphics,null,null);
    }
```

第五节　要素存取

（1）将【要素保存】按钮的名称修改为【cAcquireNode】,【读取要素】按钮的名称修改为【cReadNode】,如图 11-5-1 所示。

图 11-5-1　修改要素存取界面

（2）点击【要素保存】按钮属性,在其消息响应界面下双击【Click】标签,进入要素保存工具代码编辑界面。

以下为要素保存工具的代码示例。

```
public void void cAcquireNode_Click(……)
    {
        OnAcquireNode();
    }
```

```
private void OnAcquireNode()
{
    if (axMapControl.Map.SelectionCount = = 1)
    {
        IEnumFeature pEnumFeature =
        axMapControl.Map.FeatureSelection as IEnumFeature;
        IFeature pFeat = pEnumFeature.Next();
        IGeometry objGeometry = pFeat.Shape;
        if (objGeometry ! = null)
        {
            GetNodesDlg dlg =
            new GetNodesDlg(this,objGeometry,pFeat.Class.AliasName);
            dlg.ShowDialog();
        }
    }
}
```

代码运行效果如图 11-5-2 所示。

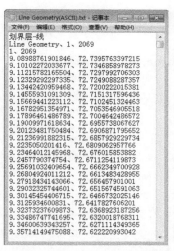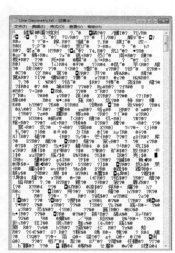

图 11-5-2　要素保存工具代码运行效果

（3）点击【读取要素】按钮属性，在其消息响应界面下双击【Click】标签，进入读取要素工具代码编辑界面。

以下为读取要素工具的代码示例。

```
public void cReadNode_Click(object sender,EventArgs e)
{
    System.Windows.Forms.OpenFileDialog openFileDialog = new OpenFileDialog();
    openFileDialog.Title = "打开地理要素";
    openFileDialog.Filter = "地理要素几何属性文件( * .txt)|*.txt";
    if (openFileDialog.ShowDialog() = = DialogResult.OK)
    {
```

```
        string m_FileName = openFileDialog.FileName;
        ReadNodeInfo(m_FileName);
    }
}


public bool ReadNodeInfo(string pathname)
{
    System.IO.FileStream myStream =
    new System.IO.FileStream(pathname,FileMode.Open,FileAccess.Read);
    BinaryReader myReader = new BinaryReader(myStream);
    int nType = myReader.ReadInt32();
    string layerName = myReader.ReadString();
    if (nType == 1)
    {
        ......
        CopyTOTempory(true,0,layerName,point,true);
    }
    else if (nType == 3)
    {
        ......
        CopyTOTempory(true,3,layerName,line,true);
    }
    else if (nType == 5)
    {
        ......
        CopyTOTempory(true,5,layerName,region,true);
    }
}
```

代码运行效果如图 11-5-3 所示。

图 11-5-3　读取要素工具代码运行效果

第六节　地图属性

（1）在【属性】标签下添加【PropertyGrid】组件，如图 11-6-1 所示。

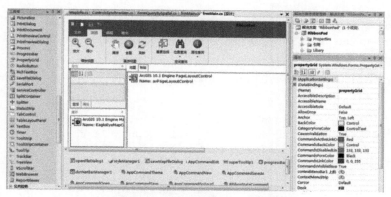

图 11-6-1　添加【PropertyGrid】组件

（2）新建 MapInfo. CS 工程文件。

以下为 MapInfo. CS 工程文件的代码示例。

```
public void MapInfo( IMap pMap)
{
    _Map = pMap;
    _Description = pMap.Description;
    _DistanceUnits = pMap.DistanceUnits;
    _Expanded = pMap.Expanded;
    _IsFramed = pMap.IsFramed;
    _LayoutCount = pMap.LayerCount;
    _MapsurroundCount = pMap.MapSurroundCount;
    _MapUnits = pMap.MapUnits;
    _Name = pMap.Name;
    _ReferenceScale = pMap.ReferenceScale;
    _SelectionCount = pMap.SelectionCount;
    _UseSymbolLevels = pMap.UseSymbolLevels;
}
[CategoryAttribute( "地图基本信息"), DefaultValueAttribute( true), Descrip-
tionAttribute( "地图名称")]
    public string Name
    {
        get
        {
            return_Name;
        }
        set
```

```
    {
        _Name = value;
        _Map.Name = _Name;
    }
}
```

（3）声明和初始化 MapInfo 类。

以下为 MapMenu 类在 frmMain.cs 工程文件【axTOCControl_OnMouseDown】事件中声明和初始化的代码示例。

```
private void axTOCControl_OnMouseDown(……)
{
    ……
    if (item == esriTOCControlItem.esriTOCControlItemMap)
    {
        MapInfo_mapInfo = new MapInfo(axMapControl.Map);
        propertyGrid.SelectedObject = _mapInfo;
        ……
    }
    ……
}
```

代码运行效果如图 11-6-2 所示。

图 11-6-2　选中【TOCControl】组件中 Map 对象的属性显示效果

（4）采用同样的步骤创建、声明和初始化 MapLayerInfo 类。

以下为 MapLayerInfo 类在 frmMain.CS 工程文件【axTOCControl_OnMouseDown】事件中声明和初始化的代码示例。

```
private void axTOCControl_OnMouseDown(……)
```

```
{
    ......
    if (item = = esriTOCControlItem.esriTOCControlItemLayer)
    {
        MapLayerInfo _mapLyrInfo = new  MapLayerInfo(pFeatLyr, _mapControl.
Map);
        propertyGrid.SelectedObject = _mapLyrInfo;
        ......
    }
    ......
}
```

代码运行效果如图 11-6-3 所示。

图 11-6-3　选中【TOCControl】组件中 Layer 对象的属性显示效果

第七节　地图量算

（1）将【量算长度】按钮的名称修改为【cMeasureLength】,【量算面积】按钮的名称修改为【cMeasureArea】,【量算方位角】按钮的名称修改为【cMeasureAngle】,如图 11-7-1 所示。

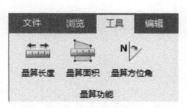

图 11-7-1　修改地图量算界面

（2）新建 TrackPolyLine. CS 工程文件。

以下为 TrackPolyLine. CS 工程文件中鼠标左键单击功能（【OnMouseDown】事件）的代码示例（长度量算和方位角量算共用）。

```
public override void OnMouseDown(int Button,int Shift,int X,int Y)
{
        ......
        if (m_NewLineFeedback==null)
        {
            m_NewLineFeedback = new NewLineFeedbackClass();
            ISimpleLineSymbol simpleLineSymbol =
            m_NewLineFeedback.Symbol as ISimpleLineSymbol;
            ......
            m_NewLineFeedback.Start(pt);
            ......
        }
        else
        {
            m_NewLineFeedback.AddPoint(pt);
        }
        m_ptColl.AddPoint(pt,ref obj,ref obj);
        ......
}
```

以下为 TrackPolyLine. CS 工程文件中鼠标移动功能（【OnMouseMove】事件）的代码示例（长度量算和方位角量算共用）。

```
public override void OnMouseMove(int Button,int Shift,int X,int Y)
{
    ......
    m_NewLineFeedback.MoveTo(pt);
    if (mainGis.bCreateFlag==-2)
    {
        d_segment = Math.Round(pPolyline.Length,2);
        ......
    }
    else if (mainGis.bCreateFlag==-4)
    {
        double a1 = line.Angle;
        double dCurrentAngle = Math.Round(a1 * 180.0 /mainGis.PI,2);
        ......
    }
    ......
}
```

以下为 TrackPolyLine. CS 工程文件中鼠标双击功能（【DblClick】事件）的代码示例

（长度量算和方位角量算共用）。

```
public override void OnDblClick()
{
    ......
    m_TraceLine = m_NewLineFeedback.Stop();
    m_NewLineFeedback = null;
    m_ptColl.RemovePoints(0,m_ptColl.PointCount);
    m_ptColl = null;
    ......
}
```

（3）声明和初始化 TrackPolyLine 类（长度量算）。

点击【量算长度】按钮属性，在其消息响应界面下双击【Click】标签，进入量算长度工具代码编辑界面。

```
private void cMeasureLength_Click(object sender,EventArgs e)
{
    bCreateFlag = -2;
    mesureFlag = -1;
    axMapControl.MousePointer = esriControlsMousePointer. esriPointerCrosshair;
    if (pTrackPolyLine.m_Elements ! =null)
    pTrackPolyLine.DeleteAllElements();
    pTrackPolyLine.OnCreate(this.axMapControl.Object);
    pTrackPolyLine.OnClick();
    pTrackPolyLine.mainGis = this;
}
pTrackPolyLine.OnMouseDown(……);
pTrackPolyLine.OnMouseMove(……);
pTrackPolyLine.OnDblClick();
```

代码运行效果如图 11-7-2 所示。

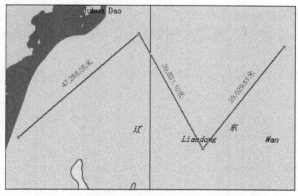

图 11-7-2　量算长度工具代码运行效果

（4）声明和初始化 TrackPolyLine 类（方位角量算）。

点击【量算方位角】按钮属性，在其消息响应界面下双击【Click】标签，进入量算方位角工具代码编辑界面。

```
private void cMeasureLength_Click(object sender,EventArgs e)
{
    bCreateFlag=-4;
    mesureFlag= 0;
    lastAngle= 0.0;
    currentAngle= 0.0;
    axMapControl.MousePointer= esriControlsMousePointer. esriPointerCrosshair;
    if (pTrackPolyLine.m_Elements ! =null)
    pTrackPolyLine.DeleteAllElements();
    pTrackPolyLine.OnCreate(this.axMapControl.Object);
    pTrackPolyLine.OnClick();
    pTrackPolyLine.mainGis = this;
}
```

代码运行效果如图 11-7-3 所示。

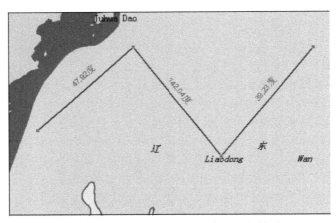

图 11-7-3　量算方位角工具代码运行效果

（5）新建 TrackPolygon. CS 工程文件。

以下为 TrackPolygon. CS 工程文件中鼠标左键单击功能（【OnMouseDown】事件）的代码示例（面积量算使用）。

```
public override void OnMouseDown(int Button,int Shift,int X,int Y)
{
    ......
    if (m_pNewPolyFeedback==null)
    {
        m_pNewPolyFeedback= new  NewPolygonFeedbackClass();
        ISimpleLineSymbol pSLineSymFeed=
        m_pNewPolyFeedback.Symbol as ISimpleLineSymbol;
        ......
        m_pNewPolyFeedback.Start(pt);
        ......
```

```
    }
    else
    {
        m_pNewPolyFeedback.AddPoint(pt);
    }
}
```

以下为 TrackPolygon. CS 工程文件中鼠标移动功能(【OnMouseMove】事件)的代码示例(面积量算使用)。

```
public override void OnMouseMove(int Button,int Shift,int X,int Y)
{
    m_pNewPolyFeedback.MoveTo(pt);
    ......
}
```

以下为 TrackPolygon. CS 工程文件中鼠标双击功能(【DblClick】事件)的代码示例(面积量算使用)。

```
public override void OnDblClick()
{
    IGeometry pGeompoly = m_pNewPolyFeedback.Stop();
    ......
    DrawGeompoly(pGeompoly,pActiveView);
    m_pNewPolyFeedback = null;
    ......
}
```

以下为 TrackPolygon. CS 工程文件中显示面积量算结果功能(【DrawGeompoly】函数)的代码示例。

```
public void DrawGeompoly(IGeometry pGeompoly,IActiveView pAV)
{
    ......
    IPolygon pPolygon = pGeompoly as IPolygon;
    IArea pArea = pPolygon as IArea;
    IPoint pTextPoint = pArea.Centroid;
    double dArea = Math.Round(Math.Abs(pArea.Area),2);
    string strArea = string.Format("{0:N}",dArea);
    ......
    pAV.ScreenDisplay.SetSymbol(pSFillSym as ISymbol);
    pAV.ScreenDisplay.DrawPolygon(pGeompoly as IPolygon);
    pActiveView.ScreenDisplay.SetSymbol(pTextSymbol as ISymbol);
    pActiveView.ScreenDisplay.DrawText(pTextPoint,pTextSymbol.Text);
    ......
}
```

(6)声明和初始化 TrackPolygon 类。

点击【量算面积】按钮属性,在其消息响应界面下双击【Click】标签,进入量算面积工具代码编辑界面。

```
private void cMeasureLength_Click(object sender,EventArgs e)
{
    bCreateFlag=-3;
    axMapControl.MousePointer=esriControlsMousePointer. esriPointerCrosshair;
    if (pTrackPolyLine.m_Elements ! =null)
    pTrackPolyLine.DeleteAllElements();
    pTrackPolygon.OnCreate(this.axMapControl.Object);
    pTrackPolygon.OnClick();
    pTrackPolygon.mainGis= this;
}
pTrackPolygon.OnMouseDown(……);
pTrackPolygon.OnMouseMove(……);
pTrackPolygon.OnDblClick();
```

代码运行效果如图 11-7-4 所示。

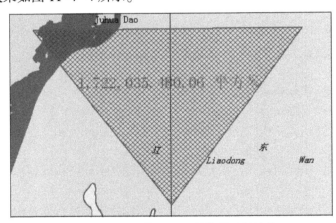

图 11-7-4　量算面积工具代码运行效果

第八节　要素量算

（1）将【要素量算】按钮的名称修改为【cMeasureFeature】,如图 11-8-1 所示。

图 11-8-1　修改要素量算界面

（2）点击【要素量算】按钮属性,在其消息响应界面下双击【Click】标签,进入要素量算工具代码编辑界面。

以下为要素量算工具的代码示例。

```
public void cMeasureFeature_Click(object sender,EventArgs e)
{
    bool Calculatearea = UpdateCalculate(true,1);
    bool Calculateperimeter = UpdateCalculate(false,1);
    if (Calculatearea)
    {
        ShowAreaLength dlg = new ShowAreaLength(this,0);
        dlg.ShowDialog();
    }
    else if (Calculateperimeter)
    {
        ShowAreaLength dlg = new ShowAreaLength(this,1);
        dlg.ShowDialog();
    }
}
```

以下为要素量算工具对选中要素进行线要素、面要素判断的代码示例。

```
public bool UpdateCalculate(bool flag,int number)
{
    IEnumFeature pEnumFeature = axMapControl.Map.FeatureSelection as IEnum-
Feature;
    if (axMapControl.Map.SelectionCount >=number)
    {
        int countAB = 0;
        IFeature pFeat = pEnumFeature.Next();
        while (pFeat ! =null)
        {
            IGeometry objGeometry = pFeat.Shape;
            if (objGeometry ! =null)
            {
                esriGeometryType nType = objGeometry.GeometryType;
                if (((nType ==esriGeometryType.esriGeometryPolyline ||
                nType==esriGeometryType.esriGeometryPolygon) && flag==false) ||
                (nType==esriGeometryType.esriGeometryPolygon && flag==true))
                    countAB++;
                else
                {
                    countAB = 0;
                    break;
                }
            }
            pFeat = pEnumFeature.Next();
        }
```

```
        if (countAB >=number)
            return true;
        else
            return false;
    }
    else
        return false;
}
```

（3）新建【ShowAreaLength】对话框，在 ShowAreaLength. CS 工程文件中添加【AddTo-Grid】函数用于实现不同要素的长度、面积计算及统计。

以下为对选中要素进行长度、面积计算及统计的代码示例。

```
bool AddToGrid(Ribbonpad.frmMain MainGis,int flag)
{
    //变量定义
    string strArea = "",strlength = "";
    double dTotalArea = 0.0,dTotalLength = 0.0,varibles = 0.0;
    List<double> ArLen = new List<double>();
    List<double> ScaLie = new List<double>();
    List<int> IdNum = new List<int>();
    //读取边线
    IEnumFeature pEnumFeature = MainGis._mapControl.Map.FeatureSelection
    as IEnumFeature;
    if (MainGis._mapControl.Map.SelectionCount > 0)
    {
        IFeature pFeat = pEnumFeature.Next();
        while (pFeat ! =null)
        {
            IGeometry objGeometry = pFeat.Shape;
            if (objGeometry ! =null)
            {
                //判断选择对象的类型
                if (flag == 0)
                {
                    if(objGeometry.GeometryType ==
                    esriGecmetryType.esriGeometryPolygon)
                    {
                        IdNum.Add(pFeat.OID);
                        IPolygon rgn = new PolygonClass();
                        rgn = objGeometry as IPolygon;
                        varibles = Math.Abs(MainGis.EarthRegionArea(rgn));
                        dTotalArea +=varibles;
                        ArLen.Add(varibles);
                    }
```

256

```
                else
                    return false;
            }
            else if (flag==1)
            {
                if(objGeometry.GeometryType==
                esriGeometryType.esriGeometryPolyline)
                {
                    IdNum.Add(pFeat.OID);
                    IPolyline line= new PolylineClass();
                    line= objGeometry as IPolyline;
                    varibles= MainGis.EarthLineLength(line);
                    dTotalLength +=varibles;
                    ArLen.Add(varibles);
                }
                else if(objGeometry.GeometryType==
                esriGeometryType.esriGeometryPolygon)
                {
                    IdNum.Add(pFeat.OID);
                    IPolygon rgn= new PolygonClass();
                    rgn= objGeometry as IPolygon;
                    IPolyline line= new PolylineClass();
                    MainGis.PolygonToPolyline(rgn,ref line);
                    varibles= MainGis.EarthLineLength(line);
                    dTotalLength +=varibles;
                    ArLen.Add(varibles);
                }
                else
                    return false;
            }
            else
                return false;
        }
        pFeat= pEnumFeature.Next();
    }
}
else
    return false;
if (ArLen.Count <=0)
    return false;
//加入数据
double MaxMen= ArLen[0];
double MinMen= ArLen[0];
```

```
for (int i = 0;i < ArLen.Count;i++)
{
    varibles = ArLen[i];
    if (MaxMen <=varibles)
    MaxMen = varibles;
    if (MinMen >=varibles)
    MinMen = varibles;
}
bool unitflag = true;
if (flag == 0)
{
    if (Math.Round(MinMen /1000000,2)= =0.0)
    {
        unitflag = false;
    }
}
else if (flag == 1)
{
    if (Math.Round(MinMen /1000,2)= =0.0)
    {
        unitflag = false;
    }
}
if (! ChangeControl(flag,unitflag))
    return false;
if (flag == 0)
{
    if (unitflag)
    {
        strArea = "总面积为:" + Math.Round(dTotalArea /1000000,2).ToS-
        tring() + "平方千米";
    }
    else
    {
        strArea = "总面积为:" + Math.Round(dTotalArea,2).ToString() + "平
    方米";
    }
    MainGis.labelStatus.Text = strArea;//.Panels[0]
}
else if (flag == 1)
{
    if (unitflag)
    {
```

```
        strlength = "总长度为:" + Math.Round(dTotalLength /1000,2).ToS-
    tring() + "千米";
    }
    else
    {
        strlength = "总长度为:" + Math.Round(dTotalLength,2).ToString()
    + "米";
    }
    MainGis.labelStatus.Text = strlength;//.Panels[0]
}
else
    return false;
for (int i = 0;i < ArLen.Count;i++)
{
    varibles = ArLen[i] /MaxMen;
    ScaLie.Add(varibles);
}
for (int i = ArLen.Count - 1;i >=0;i--)
{
    ListViewItem lv = new ListViewItem(IdNum[i].ToString());
    if (unitflag)
    {
        if (flag ==0)
        {
            lv.SubItems.Add(Math.Round(ArLen[i] /1000000,2).ToString
        ());
        }
        else if (flag ==1)
        {
            lv.SubItems.Add(Math.Round(ArLen[i] / 1000,2).ToString
        ());
        }
    }
    else
    {
        lv.SubItems.Add(Math.Round(ArLen[i],2).ToString());
    }
    lv.SubItems.Add(Math.Round(ScaLie[i],2).ToString());
    if (flag ==1)
    {
        listView1.Items.Add(lv);
    }
    else if (flag ==0)
```

```
        {
            listView2.Items.Add(lv);
        }
        else
            return false;
    }
    return true;
}
```

代码运行效果如图 11-8-2、图 11-8-3 所示。

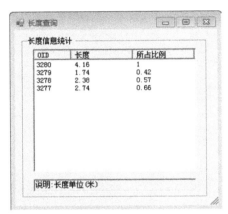

图 11-8-2　线要素量算效果

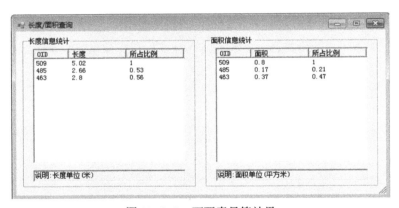

图 11-8-3　面要素量算效果

第九节　符号设计

符号设计利用到 ServerStyle 对象的相关接口。ServerStyle 对象涉及的接口包括：IStyleGallery 接口，用于管理 StyleGallery；IStyleGalleryStorage 接口，用于管理 StyleGallery 中的符号库文件；IStyleGalleryClass 接口：用于控制符号库中 StyleGalleryClass；IEnumStyleGalleryItem 接口，用于枚举一组 StyleGalleryItems；IStyleGalleryItem 接口，用于定义 StyleGalleryItme。

260

（1）设计【PreviewSymbols】函数，用于实现 . ServerStyle 符号库中符号的读取与显示。

```
usingESRI.ArcGIS.Display.IStyleGalleryStorage;
usingESRI.ArcGIS.Display.IStyleGallery;
usingESRI.ArcGIS.Display.IEnumStyleGalleryItem;
private PreviewSymbols(string StyleFile,string StyleGalleryClass)
{
    if(StyleFile ! =this.CurrentStyleFile)
    {
        CurrentStyleFile = StyleFile;
        CurrentStyleGalleryClass = StyleGalleryClass;
        styleGalleryStorage = styleGallery as IStyleGalleryStorage;
        styleGalleryStorage.AddFile(this.CurrentStyleFile);
        enumStyleItem =
        styleGallery.get_Items(CurrentStyleGalleryClass,CurrentStyleFile,"");
    }
    else
    {
        CurrentStyleGalleryClass = StyleGalleryClass;
        enumStyleItem =
        styleGallery.get_Items(CurrentStyleGalleryClass,CurrentStyleFile,"");
    }
    ......
    enumStyleItem.Reset();
    styleItem = enumStyleItem.Next();
    while(styleItem ! =null)
    {
        ......
        styleItem = enumStyleItem.Next();
    }
}
```

代码运行效果如图 11-9-1 所示。

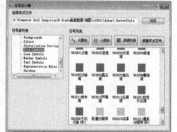

图 11-9-1 【符号设计器】对话框代码运行效果

以上代码主要用到了 public IEnumStyleGalleryItem get_Items（string className，string styleSet，string Category ）函数。如 IEnumStyleGalleryItem pEnumStyleGalleryItem = pStyle-

261

Gallery. get_ Items ("Fill Symbols", @ "C：\ Program Files \ ArcGIS \ Styles \ esri. style", "2500")代码行表示读取 esri. style 符号库中的面状符号(Fill Symbols)，并将类目(Category)为 2500 的符号列举出来。而如果要获得 className 下所有 Category 中的样式条目，将 Category 设置为""(引号中间没空格)。代码运行效果如图 11-9-2 所示。

图 11-9-2　【Style Manager】对话框代码运行效果

（2）设计【点状符号库管理】对话框中【符号保存】按钮消息响应函数,用于实现点状符号至. ServerStyle 符号库中的保存。

```
private void btSave_Click(object sender,EventArgs e )
{
    IPictureMarkerSymbol pictureMarkerSymbol=new
    PictureMarkerSymbolClass();
    pictureMarkerSymbol.CreateMarkerSymbolFromFile
    (esriIPictureType.esriIPictureBitmap,bitmapFileName);
    styleGalleryItem= new ServerStyleGalleryItemClass();
    styleGalleryItem.Name= this.txtSymbolName.Text;
    styleGalleryItem.Category ="default";
    object objSymbol= pictureMarkerSymbol;
    styleGalleryItem.Item= objSymbol;
    styleGallery= new ServerStyleGalleryClass();
    styleGalleryStorge= styleGallery as IStyleGalleryStorage;
    styleGalleryStorge.TargetFile= fileName;
    styleGallery.AddItem(styleGalleryItem);
    styleGallery.SaveStyle(fileName,fileInfo.Name,"marker Symbols");;
}
```

代码运行效果如图 11-9-3 所示。

（3）设计【线状符号库管理】对话框中【符号保存】按钮消息响应函数,用于实现线状符号至. ServerStyle 符号库中的保存。

```
private void btSave_Click(object sender,EventArgs e )
{
    IPictureLineSymbol pictureLineSymbol=new
    PictureLineSymbolClass();
```

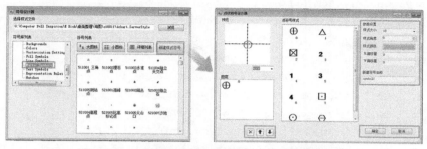

图 11-9-3　【点状符号库管理】对话框代码运行效果

```
pictureLineSymbol.CreateLineSymbolFromFile
(esriIPictureType.esriIPictureBitmap, bitmapFileName);
styleGalleryItem = new ServerStyleGalleryItemClass();
styleGalleryItem.Name = this.txtSymbolName.Text;
styleGalleryItem.Category = "default";
object objSymbol = pictureLineSymbol;
styleGalleryItem.Item = objSymbol;
styleGallery = new ServerStyleGalleryClass();
styleGalleryStorge = styleGallery as IStyleGalleryStorage;
styleGalleryStorge.TargetFile = fileName;
styleGallery.AddItem(styleGalleryItem);
styleGallery.SaveStyle(fileName,fileInfo.Name,"Line Symbols");
}
```

代码运行效果如图 11-9-4 所示。

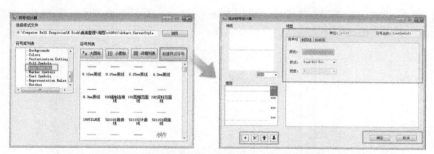

图 11-9-4　【线状符号库管理】对话框代码运行效果

（4）设计【面状符号库管理】对话框中【符号保存】按钮消息响应函数，用于实现面状符号至 . ServerStyle 符号库中的保存。

```
private void btSave_Click(object sender,EventArgs e )
{
    IPictureFillSymbol pictureFillSymbol = new
    PictureFillSymbolClass();
    pictureFillSymbol.CreateFillSymbolFromFile
    (esriIPictureType.esriIPictureBitmap, bitmapFileName);
    styleGalleryItem = new ServerStyleGalleryItemClass();
```

```
styleGalleryItem.Name = this.txtSymbolName.Text;
styleGalleryItem.Category = "default";
object objSymbol = pictureFillSymbol;
styleGalleryItem.Item = objSymbol;
styleGallery = new ServerStyleGalleryClass();
styleGalleryStorge = styleGallery as IStyleGalleryStorage;
styleGalleryStorge.TargetFile = fileName;
styleGallery.AddItem(styleGalleryItem);
styleGallery.SaveStyle(fileName,fileInfo.Name,"Fill Symbols");
}
```

代码运行效果如图 11-9-5 所示。

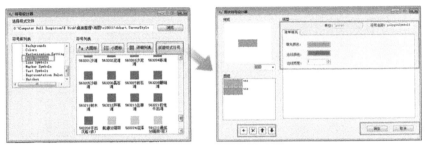

图 11-9-5 【面状符号库管理】对话框代码运行效果

第十节　海图符号化

（1）在 frmMain. cs 工程文件中设计【PreviewSymbols】函数,用于实现海图唯一值专题图符号化。

```
private void OnSymbolize(string[] filepaths)
{
    try
    {
        ......
        pUniqueValueRenderer = new UniqueValueRendererClass();
        ......
        foreach (string fileName in filepaths) //myDlg.FileNames
        {
            ......
            IGeoFeatureLayer pGeoFeatureLayer = pLayer as IGeoFeatureLayer;
            //获取该图层的几何类型
            if(pLayer.FeatureClass.ShapeType ==
            ESRI.ArcGIS.Geometry.esriGeometryType.esriGeometryPoint)
            {
                if (pLayer.Name.Contains("anncov"))
```

```
{
    MessageBox.Show("已打开了该图层的注记!");
}
else if (pLayer.Name.Contains("soudpt"))
{
    drawSounding(pLayer);
}
else
{
    pAnnoLayer = new FeatureLayerClass();
    pAnnoLayer.FeatureClass =
    pFeatureWorkspace.OpenFeatureClass("anncovp");
    pAnnoLayer.Name = pLayer.FeatureClass.AliasName;
    pTable = pGeoFeatureLayer as ITable;
    mFieldNumber = pTable.FindField("编码");
    //mFieldNumber2 = pTable.FindField("灯质");
    pUniqueValueRenderer.FieldCount = 1;
    pUniqueValueRenderer.set_Field(0,"编码");
    pQueryFilter = new QueryFilterClass();
    ICursor pCursor = pTable.Search(pQueryFilter,true);
    ArrayList codeArrayList =
    readFeatureCode(pCursor,mFieldNumber);
    if (codeArrayList == null)
        return;
    for (int i = 0;i < codeArrayList.Count;i++)
    {
        //获取要素的编码值
        codeValue = codeArrayList[i];
        pSymbol = getSymbolByCodeValue(codeValue," Marker
    Symbols");
        if (pSymbol == null)
        return;
        pUniqueValueRenderer.AddValue(codeValue.ToString
    (),"",pSymbol);
    }
    if (pLayer.Name.Length >= 6)
    {
        covName = pLayer.Name.Substring(0,6);
        covName = covName.ToUpper();
        //绘制 anncovp 中的注记
        drawAnno(pAnnoLayer,covName,7,13);
    }
    //释放非托管变量 2013-9-2
```

```
                    System.Runtime.InteropServices.Marshal.ReleaseComOb-
                ject(pCursor);
                    ESRI.ArcGIS.ADF.COMSupport.AOUninitialize.Shutdown();
                }
            }
            else if(pLayer.FeatureClass.ShapeType = =
            ESRI.ArcGIS.Geometry.esriGeometryType.esriGeometryLine ||
            pLayer.FeatureClass.ShapeType = =
            ESRI.ArcGIS.Geometry.esriGeometryType.esriGeometryPolyline)
            {
                ......
            }
            else if(pLayer.FeatureClass.ShapeType = =
            ESRI.ArcGIS.Geometry.esriGeometryType.esriGeometryPolygon)
            {
                ......
            }
            pGeoFeatureLayer.Renderer = pUniqueValueRenderer as IFeature-
        Renderer;
            axMapControl.ActiveView.FocusMap.AddLayer(pLayer);
            axMapControl.ActiveView.PartialRefresh(esriViewDrawPhase.es-
        riViewGeography,null,null);
            pAnnoLayer = new FeatureLayerClass();
            pAnnoLayer.FeatureClass = pFeatureWorkspace.OpenFeatureClass
        ("anncovp");
            pAnnoLayer.Name = pAnnoLayer.FeatureClass.AliasName;
            if (pLayer.Name.Length > = 6)
            {
                covName = pLayer.Name.Substring(0,6);
                covName = covName.ToUpper();
                //绘制 annccvp 中的注记
                drawAnno(pAnnoLayer,covName,7,13);
            }
        }
    }
    catch (Exception ex)
    {
        labelStatus.Text = ex.Message;
    }
}
```

代码运行效果如图 11-10-1 所示。

（2）在 frmMain. CS 工程文件设计【drawSounding】函数,用于实现海图水深图层的符号化。

266

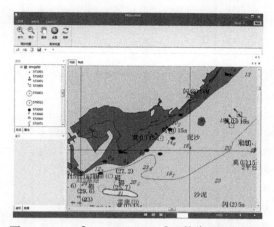

图 11-10-1 【PreviewSymbols】函数代码运行效果

```
private void drawSounding( IFeatureLayer layer)
{
    try
    {
        ......
        ITable mTable = mGeoFeatureLayer as ITable;
        mCursor = mTable.Search(null,true);
        mNextRow = mCursor.NextRow();
        do
        {
            mNextRowBuffer = mNextRow as IRow;
            textSymbol = Convert.ToInt32(mNextRowBuffer.get_Value(16));//1614
            stdole.StdFont textFont = new stdole.StdFontClass();
            textFont.Name = "Univers";
            switch (textSymbol)
            {
                case 2:
                textFont.Italic = false;
                break;
                case 3:
                textFont.Italic = false;
                break;
                ......
            }
            m_TextSymbol = new TextSymbolClass();
            m_TextSymbol.Font = textFont as stdole.IFontDisp;
            m_TextSymbol.HorizontalAlignment =
            esriTextHorizontalAlignment.esriTHACenter;
            m_TextSymbol.VerticalAlignment =
            esriTextVerticalAlignment.esriTVACenter;
```

```
    string jj = mNextRowBuffer.get_Value(16).ToString();
    m_TextSymbol.Size = Convert.ToDouble(mNextRowBuffer.get_Value
(18)) * 50;
    //////////定义一个文本元素//////////////
    ITextElement mTextElement;
    IElement mElement;
    mTextElement = new TextElementClass();
    mTextElement.Text = mNextRowBuffer.get_Value(14).ToString();
    mTextElement.ScaleText = true;
    mTextElement.Symbol = m_TextSymbol;
    mElement = mTextElement as IElement;
    IGeometry geometry = (IGeometry)mNextRowBuffer.get_Value(1);
    mElement.Geometry = geometry;
    pGraphicsContainer.AddElement(mElement,0);
    mElement = null;
    //绘制水深注记的小数部分
    m_TextSymbol1 = new TextSymbolClass();
    m_TextSymbol1.Font = textFont as stdole.IFontDisp;
    m_TextSymbol1.HorizontalAlignment = esriTextHorizontalAlign-
ment.esriTHALeft;
    m_TextSymbol1.VerticalAlignment = esriTextVerticalAlignment.esriTVATop;
    ITextElement pTextElement1;
    IElement pElement1;
    pTextElement1 = new TextElementClass();
    if (mNextRowBuffer.get_Value(15).ToString() ! = "0")
    {
        pTextElement1.Text = mNextRowBuffer.get_Value(15).ToString();
        pTextElement1.ScaleText = true;
        m_TextSymbol1.XOffset =
        Convert.ToDouble(mNextRowBuffer.get_Value(17)) * 50;
        m_TextSymbol1.Size =
        Convert.ToDouble(mNextRowBuffer.get_Value(19)) * 50;
        pTextElement1.Symbol = m_TextSymbol1;
        pElement1 = pTextElement1 as IElement;
        pElement1.Geometry = (IGeometry)mNextRowBuffer.get_Value(1);
        pGraphicsContainer1.AddElement(pElement1,0);
    }
    pElement1 = null;
    mNextRow = mCursor.NextRow();
} while (mNextRow ! = null);
//释放非托管变量 2013-9-2
System.Runtime.InteropServices.Marshal.ReleaseComObject(mCursor);
ESRI.ArcGIS.ADF.COMSupport.AOUninitialize.Shutdown();
```

```
    axMapControl.ActiveView.PartialRefresh ( esriViewDrawPhase. esriV-
    iewGraphics,null,null);
}
catch (Exception ex)
{
    labelStatus.Text = ex.Message;
}
}
```

（3）在 frmMain. CS 工程文件中设计【drawAnno】函数，用于实现海图注记图层的符号化。

```
private void drawAnno ( IFeatureLayer mLayer, string covName, int textSymNum,
int textNum)
{
    try
    {
        ......
        IGeoFeatureLayer pGeoFeatureLayer = mLayer as IGeoFeatureLayer;
        ITable pTable = pGeoFeatureLayer as ITable;
        IQueryFilter pQueryFilter = new QueryFilterClass();
        pQueryFilter.AddField( "COVNAME");
        pQueryFilter.WhereClause = "COVNAME = '";
        pQueryFilter.WhereClause += covName + "'";
        pCursor = pTable.Search(pQueryFilter,true);
        pNextRow = pCursor.NextRow();
        do
        {
            pNextRowBuffer = pNextRow as IRow;
            if (pNextRowBuffer = = null)
                continue;
            textSymbol = Convert.ToInt32(pNextRowBuffer.get_Value(textSymNum));
            if (textSymbol < 21)
            {
                font = "宋体";
                textColor = "黑";
                m_Italic = false;
            }
            else if (textSymbol > 20 && textSymbol < 41)
            {
                font = "宋体";
                textColor = "黑";
                m_Italic = true;
            }
            ......
```

269

```
stdole.StdFont textFont;
textFont = new stdole.StdFontClass();
textFont.Name = font;
textFont.Italic = m_Italic;
IRgbColor pColor = new RgbColorClass();
m_TextSymbol = new TextSymbolClass();
if (textColor == "紫")
{
    pColor.Red = 255;
    pColor.Green = 0;
    pColor.Blue = 255;
    m_TextSymbol.Color = pColor;
}
else
{
    ......
}
......
pNextRow = pCursor.NextRow();
} while (pNextRow ! =null);
}
catch (Exception ex)
{
labelStatus.Text = ex.Message;
}
}
```

（4）在 frmMain. CS 工程文件中设计【readFeatureCode】函数，用于读取海图要素【编码】属性。

```
private ArrayList readFeatureCode(ICursor cursor, int mFieldNumber)
{
    try
    {
        ......
        pNextRowBuffer = pNextRow as IRow;
        if (pNextRowBuffer == null)
        return codeArray;
        codeValue = pNextRowBuffer.get_Value(mFieldNumber); // 获取要素的编码值
        codeArray.Add(codeValue);
        while (pNextRow ! =null)
        {
            pNextRow = cursor.NextRow();
            if (pNextRow == null)
                break;
```

```
            pNextRowBuffer = pNextRow as IRow;
            m_AddNew = false;
            tempCodeArray = codeArray;
            codeValue = pNextRowBuffer.get_Value(mFieldNumber);// 获取要素编码值
            for (int i = 0;i < tempCodeArray.Count;i++)
            {
                orignCode = codeArray[i].ToString();
                if (codeValue.ToString() = =orignCode)
                {
                    m_AddNew = true;
                    break;
                }
                else
                    continue;
            }
            if (! m_AddNew)
                codeArray.Add(codeValue);
        }
        return codeArray;
    }
    catch (Exception ex)
    {
        labelStatus.Text = ex.Message;
        return null;
    }
}
```

（5）在 frmMain. CS 工程文件中设计【getSymbolByCodeValue】函数,用于实现海图要素【编码】属性与 . ServerStyle 符号库中符号的一一对应。

```
private ISymbol getSymbolByCodeValue(object value,string symbolType)
{
    try
    {
        IStyleGalleryItem pStyleGlryItem = null;
        ISymbol pSymbol = new SimpleMarkerSymbolClass();
        string symbolIndex = "";
        string strValue = value.ToString();
        if (strValue.Contains("."))
            strValue = strValue.Substring(0,6);
        if (symbolType.Contains("Marker"))
        {
            symbolIndex = connSymbolDatabase(strValue,"point");
            if (symbolIndex = =null)
            return null;
```

271

```
        pStyleGlryItem = ReGetStyleGalleryItem(pPointEnumStyleGalle-
    ryItem,symbolIndex);
        if(pStyleGlryItem==null)
            return pSymbol;
    }
    else if (symbolType.Contains("Line"))
    {
        symbolIndex= connSymbolDatabase(strValue,"line");
        ......
    }
    else if (symbolType.Contains("Fill"))
    {
        symbolIndex= connSymbolDatabase(strValue,"shade");
        ......
    }
    if (pStyleGlryItem! =null)
    {
        pSymbol= pStyleGlryItem.Item as ISymbol;
    }
    return pSymbol;
}
catch (Exception ex)
{
    labelStatus.Text = ex.Message;
    return null;
}
}
```

第十一节　空间查询

空间查询功能利用到 QueryFilter 对象(过滤器)与 SpatialFilter 对象(过滤器)的相关接口。

QueryFilter 过滤器主要用于对属性数据查询条件的设置,代码示例:IQueryFilter pQueryFilter= new QueryFilterClass();pQueryFilter. WhereClause ="人口> 10000000"。

SpatialFilter 过滤器主要用于空间范围查询条件的设置,代码示例:ISpatialFilter pSpatialFilter= new SpatialFilterClass();pSpatialFilter. Geometry = pGeometry。值得注意的是,SpatialFilter 过滤器具有 SpatialRel(空间过滤器空间关系类型)属性,用于描述待查询图形 A 与过滤条件图形 B 之间的关系。代码示例:pSpatialFilter. SpatialRel = esriSpatialRelEnum. esriSpatialRelContains(表示 A 包含 B)。此外,SpatialRel 属性还可以定义为 esriSpatialRelUndefined(表示 A 与 B 关系未定义)、esriSpatialRelIntersects(表示 A 与 B 图形相交)、esriSpatialRelEnvelopeIntersects(表示 A 的 Envelope 和 B 的 Envelope 相交)、esriSpatialRelIndexIntersects(表示 A 与 B 索引相交)、esriSpatialRelTouches(表示 A 与 B 边界

相接）、esriSpatialRelOverlaps（表示 A 与 B 相叠加）、esriSpatialRelCrosses（表示 A 与 B 相交）、esriSpatialRelWithin（表示 A 在 B 内）、esriSpatialRelRelation（表示 A 与 B 空间关联）。

一、基础属性查询

（1）将【属性查询】按钮的名称修改为【buttonItem_Identify】，如图 11-11-1 所示。

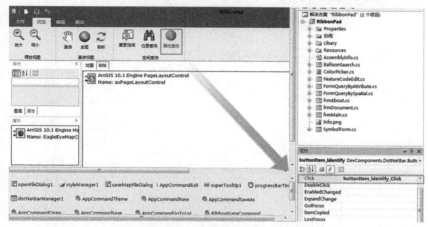

图 11-11-1　修改基础属性查询界面

（2）点击【属性查询】按钮属性，在其消息响应界面下双击【Click】标签，进入属性查询工具代码编辑界面。

以下为属性查询工具的代码示例。

```csharp
private void buttonItem_Identify_Click(object sender,EventArgs e)
{
    //属性查询命令
    ESRI.ArcGIS.SystemUI.ICommand cmd=new
    ESRI.ArcGIS.Controls.ControlsMapFindCommandClass();
    cmd.OnCreate(this.axMapControl.Object);
    cmd.OnClick();
}
```

代码运行效果如图 11-11-2 所示。

图 11-11-2　属性查询工具代码运行效果

二、高级属性查询

（1）点击【属性查询】按钮【SubItems】属性，添加【高级查询】按钮并修改名称为【but-tonItem_Identify2】，如图 11-11-3 所示。

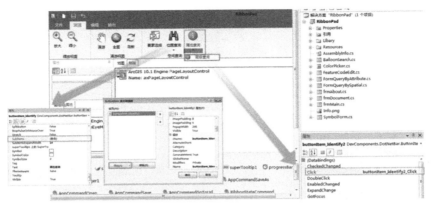

图 11-11-3　修改高级属性查询界面

（2）点击【高级查询】按钮属性，在其消息响应界面下双击【Click】标签，进入属性查询（高级）工具代码编辑界面。

以下为属性查询（高级）工具的代码示例。

```
private void buttonItem_Identify2_Click(object sender,EventArgs e)
{
    FormQueryByAttribute formQueryByAttribute=new
    FormQueryByAttribute();
    formQueryByAttribute.CurrentMap= axMapControl.Map;
    formQueryByAttribute.Show();
}
```

以下为【根据属性信息查询】对话框（formQueryByAttribute. CS 工程文件）中【Select-FeaturesByAttribute】函数的代码示例（用于实现不同属性查询选择方式的要素选择集构建）。

```
private void SelectFeaturesByAttribute()
{
    IFeatureSelection featureSelection= currentFeatureLayer as IFeatureSelection;
    IQueryFilter queryFilter= new QueryFilterClass();
    queryFilter.WhereClause= textBoxWhere.Text;
    switch (comboBoxSelectMethod.SelectedIndex)
    {
        case 0:
            featureSelection.SelectFeatures(queryFilter,esriSelectionRe-
            sultEnum.esriSelectionResultNew,false);
            break;
        case 1:
```

```
    featureSelection.SelectFeatures(queryFilter,esriSelectionRe-
sultEnum.esriSelectionResultAdd,false);
        break;
case 2:
        featureSelection.SelectFeatures(queryFilter,esriSelectionRe-
sultEnum.esriSelectionResultXOR,false);
        break;
case 3:
        featureSelection.SelectFeatures(queryFilter,esriSelectionRe-
sultEnum.esriSelectionResultAnd,false);
        break;
default:
        featureSelection.SelectFeatures(queryFilter,esriSelectionRe-
sultEnum.esriSelectionResultNew,false);
        break;
    }
}
```

代码运行效果如图 11-11-4 所示。

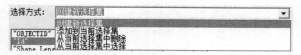

图 11-11-4　属性查询(高级)工具代码运行效果

三、基础位置查询

(1) 将【位置查询】按钮的名称修改为【buttonItem_FindGraphic】,如图 11-11-5 所示。

(2) 点击【位置查询】按钮属性,在其消息响应界面下双击【Click】标签,进入位置查询工具代码编辑界面。

以下为位置查询工具的代码示例。

```
private void buttonItem_FindGraphic_Click(object sender,EventArgs e)
{
    ESRI.ArcGIS.SystemUI.ITool tool=new
    ESRI.ArcGIS.Controls.ControlsMapIdentifyToolClass();
    ESRI.ArcGIS.SystemUI.ICommand cmd=
    tool as ESRI.ArcGIS.SystemUI.ICommand;
```

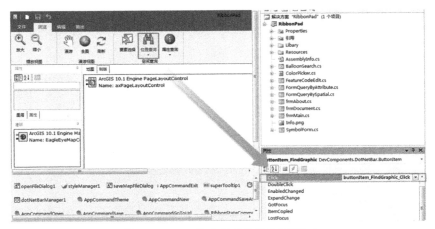

图 11-11-5　修改基础位置查询界面

```
cmd.OnCreate(this.axMapControl.Object);
cmd.OnClick();
axMapControl.CurrentTool = tool;
}
```

代码运行效果如图 11-11-6 所示。

图 11-11-6　位置查询工具代码运行效果

四、高级位置查询

（1）点击【位置查询】按钮【SubItems】属性，添加【高级查询】按钮并修改名称为【buttonItem_FindGraphic2】，如图 11-11-7 所示。

（2）点击【高级查询】按钮属性，在其消息响应界面下双击【Click】标签，进入位置查询（高级）工具代码编辑界面。

以下为位置查询（高级）工具的代码示例。

```
private void buttonItem_FindGraphic2_Click (object sender,EventArgs e)
{
    FormQueryBySpatial formQueryBySpatial=new
    FormQueryBySpatial();
    formQueryBySpatial.CurrentMap= axMapControl.Map;
```

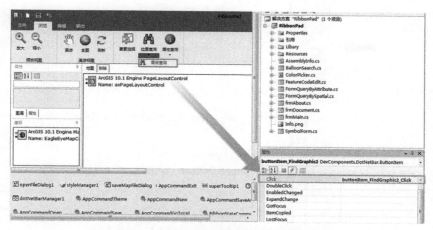

图 11-11-7　修改高级位置查询界面

```
formQueryBySpatial.Show();
```

}

以下为【根据空间位置选择】对话框（formQueryBySpatial. CS 工程文件）中【SelectFeaturesBySpatial】函数的代码示例（用于实现不同空间位置关系查询的要素选择集构建）。

```
private void SelectFeaturesBySpatial()
{
    ISpatialFilter spatialFilter= new SpatialFilterClass();
    spatialFilter.Geometry =GetFeatureLayerGeometryUnion
    (GetFeatureLayerByName (currentMap, comboBoxSourceLayer. SelectedItem.
    ToString()));
    switch (comboBoxMethods.SelectedIndex)
    {
    case 0:
        spatialFilter.SpatialRel =esriSpatialRelEnum.esriSpatialRelIntersects;
        break;
    case 1:
        spatialFilter.SpatialRel =esriSpatialRelEnum.esriSpatialRelWithin;
        break;
    case 2:
        spatialFilter.SpatialRel =esriSpatialRelEnum.esriSpatialRelContains;
        break;
    case 3:
        spatialFilter.SpatialRel =esriSpatialRelEnum.esriSpatialRelWithin;
        break;
    case 4:
        spatialFilter.SpatialRel =esriSpatialRelEnum.esriSpatialRelTouches;
        break;
    case 5:
        spatialFilter.SpatialRel =esriSpatialRelEnum.esriSpatialRelCrosses;
```

```
        break;
default:
        spatialFilter.SpatialRel=esriSpatialRelEnum.esriSpatialRelIntersects;
        break;
}
......
for(int i=0;i < checkedListBoxTargetLayers.CheckedItems.Count;i++)
{
        featureLayer=GetFeatureLayerByName(currentMap,
        (string)checkedListBoxTargetLayers.CheckedItems[i]);
        IFeatureSelection featureSelection= featureLayer as IFeatureSelection;
        featureSelection.SelectFeatures((IQueryFilter)spatialFilter,
        esriSelectionResultEnum.esriSelectionResultAdd,false);
}
}
```

代码运行效果如图 11-11-8 所示。

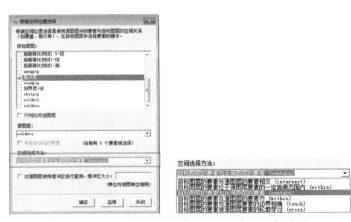

图 11-11-8　位置查询(高级)工具代码运行效果

五、要素选择集查询

（1）将【要素选择】按钮的名称修改为【buttonItem_Select】,如图 11-11-9 所示。

（2）点击【要素选择】按钮属性,在其消息响应界面下双击【Click】标签,进入要素选择工具代码编辑界面。

以下为要素选择工具的代码示例。

```
private void buttonItem_Select_Click(object sender,EventArgs e)
{
        ESRI.ArcGIS.SystemUI.ITool tool=new
        ESRI.ArcGIS.Controls.ControlsSelectFeaturesToolClass();
        ESRI.ArcGIS.SystemUI.ICommand cmd=tool as
        ESRI.ArcGIS.SystemUI.ICommand;
        cmd.OnCreate(this.axMapControl.Object);
```

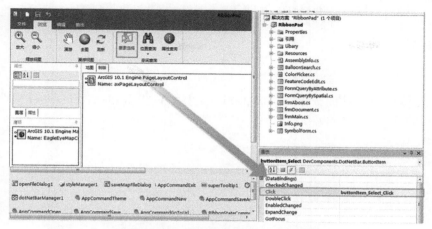

图 11-11-9　修改要素选择集查询界面

```
cmd.OnClick();
axMapControl.CurrentTool = tool;
}
```

（3）在【选中】标签面板添加【TreeView】组件，更改【TreeView】组件名称为【treeView-Layers】，如图 11-11-10 所示。

图 11-11-10　修改【TreeView】组件

（4）在 frmMain. cs 工程文件中设计【FormSelection_Load】函数，用于实现选中要素所在图层的判断，并加载至【TreeView】组件。

```
private void FormSelection_Load()
{
    ......
    for (int i = 0;i < axMapControl.Map.LayerCount;i++)
    {
        layerName = axMapControl.Map.get_Layer(i).Name;
        featureLayer = (IFeatureLayer)axMapControl.Map.get_Layer(i);
        if ((((IFeatureSelection)featureLayer).SelectionSet.Count > 0)
        {
            treeNode = new TreeNode(layerName);
            treeNode.Tag = featureLayer;
```

```
        treeViewLayers.TopNode.Nodes.Add(treeNode);
        }
    }
    ......
}
```

（5）在【属性】标签面板添加【DataGridView】组件,更改【DataGridView】组件名称为【dataGridView】,如图 11-11-11 所示。

图 11-11-11　修改【DataGridView】组件

（6）点击【TreeView】组件属性,在其消息响应界面下双击【NodeMouseClick】标签,进入【TreeView】组件节点信息（图层）中选择要素查询代码编辑界面。

以下为根据图层名称将其中选中要素字段及记录添加至【DataGridView】组件的代码示例。

```
private void treeViewLayers_NodeMouseClick(object sender,
TreeNodeMouseClickEventArgs e)
{
    currentFeatureLayer = e.Node.Tag as IFeatureLayer;
    IFeatureSelection featureSelection = currentFeatureLayer as IFeatureSelection;
    ISelectionSet selectionSet = featureSelection.SelectionSet;
    IFields fields = currentFeatureLayer.FeatureClass.Fields;
    for (int i = 0;i < fields.FieldCount;i++)
    {
        dataGridView.Columns.Add(fields.get_Field(i).Name,
        fields.get_Field(i).AliasName);
    }
    ......
    ICursor cursor;
    selectionSet.Search(null,false,out cursor);
    IFeatureCursor featureCursor = cursor as IFeatureCursor;
    IFeature feature = featureCursor.NextFeature();
    string[] strs;
    while (feature ! =null)
    {
        strs = new string[fields.FieldCount];
```

```
for(int i=0;i < fields.FieldCount;i++)
{
    strs[i]=feature.get_Value(i).ToString();
}
dataGridView.Rows.Add(strs);
feature = featureCursor.NextFeature();
}
}
```

代码运行效果如图 11-11-12 所示。

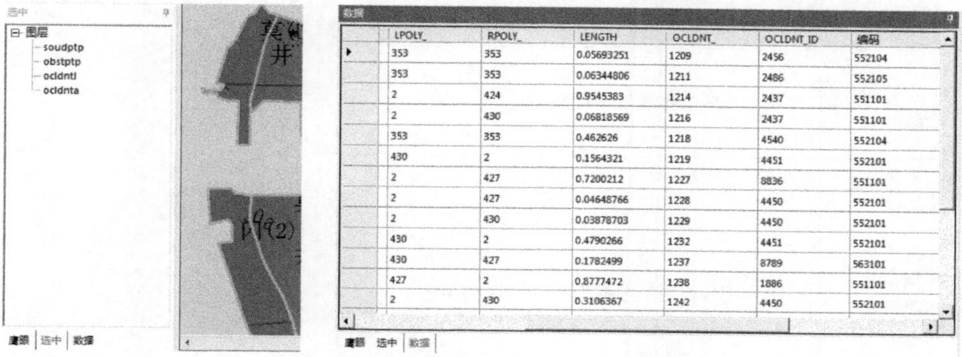

图 11-11-12 要素选择集查询工具代码运行效果

第十二节 空间分析

一、拓扑分析

拓扑分析功能利用到 ITopologicalOperator 接口、IRelationalOperator 接口及 IProximity-Operator 接口的相关属性和方法。

ITopologicalOperator 接口的相关属性和方法如表 11-12-1 所示。

表 11-12-1 ITopologicalOperator 接口的相关属性和方法(彩图见插页)

属性/方法名称	说明	图形示例
Boundary 属性	返回几何图形对象的边界	
Buffer 方法	对几何图形对象进行缓冲区空间拓扑操作	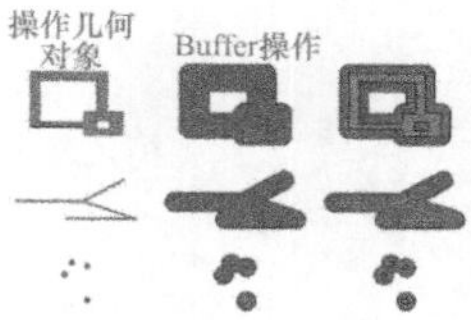

属性/方法名称	说明	图形示例
Clip 方法	用一个 Envelope 对象对一个几何对象进行裁剪	
Union 方法	合并两个同维度的几何对象为单个几何对象	
ConstructUnion 方法	高效合并多个枚举几何对象	
ConvexHull 方法	产生一个几何图形的最小的边框凸多边形	
Cut 方法	切割几何对象	
Difference 方法	产生两个几何对象的差集	
Intersect 方法	返回两个同维度几何对象的交集,即两个几何对象的重合部分	
Simplify 方法	简化几何对象使几何对象的拓扑正确	

属性/方法名称	说明	图形示例
SymmetricDifference 方法	产生两个几何图形的对称差分,即两个几何的并集部分减去两个几何的交集部分	

Buffer 方法代码示例如下:

```
private IGeometry GetBufferPolygon(IGeometry pGeometry,double distance)
{
    ITopologicalOperator topologicalOperator= pGeometry as ITopologicalOperator;
    IPolygon pPolygon= topologicalOperator.Buffer(distance) as IPolygon;
    return pPolygon;
}
```

Simplify 方法代码示例:

```
private void SimplifyGeometry(IGeometry pGeometry)
{
    ITopologicalOperator pTopOperator= pGeometry as ITopologicalOperator;
    if (! pTopOperator.IsSimple)
    {
        pTopOperator.Simplify();
    }
}
```

IRelationalOperator 接口的相关属性和方法如表 11-12-2 所示。

表 11-12-2　IRelationalOperator 接口的相关属性和方法

属性/方法名称	说明
Contains 方法	检查两个几何图形:几何图形 A 是否包含几何图形 B
Crosses 方法	检测两个几何图形是否相交
Equal 方法	检测两个几何图形是否相等
Touches 方法	检测两个几何图形是否相连
Disjoint 方法	检测两个几何图形是否不相交
Overlaps 方法	检测两个几何图形是否有重叠
Relation 方法	检测是否存在定义的空间关系
Within 方法	检查两个几何图形:几何图形 A 是否被包含于几何图形 B

Contains 方法代码示例如下：

```
private bool CheckGeometryContain(IGeometry pGeometryA,IGeometry pGeometryB)
{
    IRelationalOperator pRelOperator = pGeometryA as IRelationalOperator;
    if (pRelOperator.Contains(pGeometryB))
        return true;
    else
        return false;
}
```

IProximityOperator 接口的相关属性和方法如表 11-12-3 所示。

表 11-12-3　IProximityOperator 接口的相关属性和方法

属性/方法名称	说明	图形示例
QueryNearesPoint 方法	查询获取几何对象上离给定点最近距离点的引用	
ReturnDistance 方法	返回两个几何对象间的最短距离	
ReturnNearestPoint 方法	创建并返回几何对象上给定输入点的最近距离的点	

ReturnDistance 方法代码示例如下：

```
private double GetTwoGeometryDistance(IGeometry pGeometryA,
IGeometry pGeometryB)
{
    IProximityOperator pProOperator = pGeometryA as IProximityOperator;
    if (pGeometryA! =null || pGeometryB! =null)
    {
        double distance = pProOperator.ReturnDistance(pGeometryB);
        return distance;
    }
    else
        return 0;
}
```

ReturnNearestPoint 方法代码示例如下：

```
private IPoint NearestPoint(IPoint pInputPoint,IGeometry pGeometry)
{
    IProximityOperator pProximity =(IProximityOperator)pGeometry;
    IPoint pNearestPoint =pProximity.ReturnNearestPoint(pInputPoint,
    esriSegmentExtension.esriNoExtension);
    return pNearestPoint;
}
```

（1）将【拓扑分析】按钮的名称修改为【cTopoAnalyse】，如图 11-12-1 所示。

（2）点击【拓扑分析】按钮属性，在其消息响应界面下双击【Click】标签，进入拓扑分

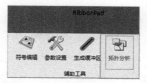

图 11-12-1　修改拓扑分析界面

析工具代码编辑界面。

以下为拓扑分析工具的代码示例。

```
private bool TopoAnalyse(string DataSetName,string temperyCADLay)
{
    IEnumFeature sourceEnumFeature =
    axMapControl.Map.FeatureSelection as IEnumFeature;
    DataSetName = DataSetName + "-面";
    ILayer objLayer = GetLayerByName(DataSetName,axMapControl);
    IFeatureLayer targetLayer = objLayer as IFeatureLayer;
    if (! ConstructPolygonsFromFeatures(sourceEnumFeature,targetLayer))
        return false;
    IFeatureClass pFeatureClass = targetLayer.FeatureClass;
    int FeatureCount = pFeatureClass.FeatureCount(null);
    ......
    if (FeatureCount > 0)
    {
        IFeatureCursor pFCursor = pFeatureClass.Search(null,false);
        if (pFCursor ! =null)
        {
            IFeature pFeat = pFCursor.NextFeature();
            if (pFeat ! =null)
            {
                while (pFeat ! =null)
                {
                    IGeometry pGeometry = pFeat.Shape;
                    CopyTOTempory (true,selectItem,temperyCADLay,pGeometry,
                  everDoSymbolize);
                    pFeat =pFCursor.NextFeature();
                }
            }
        }
    }
}
```

以下为依据选择线要素构建面要素的代码示例。

```
public bool ConstructPolygonsFromFeatures(IEnumFeature sourceEnumFeature,
IFeatureLayer targetLayer)
```

```
{
    IActiveView pActiveView = axMapControl.Map as IActiveView;
    IEnvelope processingBounds = pActiveView.Extent.Envelope;
    IInvalidArea invalidArea = new InvalidAreaClass();
    IFeatureClass polygonFC = targetLayer.FeatureClass;
    IFeatureConstruction featureConstruction = new FeatureConstructionClass();
    IDataset dataset = polygonFC as IDataset;
    IWorkspace workspace = dataset.Workspace;
    IWorkspaceEdit workspaceEdit = workspace as IWorkspaceEdit;
    workspaceEdit.StartEditing(true);
    workspaceEdit.StartEditOperation();
    featureConstruction.ConstructPolygonsFromFeatures(null,polygonFC,
    processingBounds,true,false,sourceEnumFeature,invalidArea,-1,null);
    ......
    return true;
}
```

代码运行效果如图 11-12-2 所示。

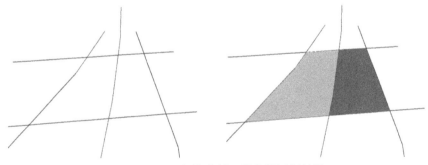

图 11-12-2　拓扑分析工具代码运行效果

二、网络分析

网络分析的设计思路为：手动添加停靠点和障碍点，加载到 Stops 和 Barriers 要素中；打开工作空间和网络数据集，加载网络数据集；从 Stops 和 Barriers 要素中读取最短路径所要经历的停靠点和障碍点并载入到 NAClass 类中，并将 NAClass 类中的这些点要素映射到网络拓扑中，创建最短路径分析图层；加载最短路径分析图层以实现最短路径的显示。

（1）新建 AddNetStopsTool. CS 工程文件。

以下为 AddNetStopsTool. CS 工程文件中响应鼠标单击功能（【OnClick】事件，手动添加停靠点）的代码示例。

```
public override void OnClick()
{
    string name = NetWorkAnalysClass.getPath(path) +
    " \\data \\HuanbaoGeodatabase.gdb";
```

```
pFWorkspace = NetWorkAnalysClass.OpenWorkspace(name) as IFeatureWorkspace;
inputFClass = pFWorkspace.OpenFeatureClass("Stops");
if (inputFClass.FeatureCount(null) > 0)
{
    ITable pTable = inputFClass as ITable;
    pTable.DeleteSearchedRows(null);
}
}
```

以下为模拟鼠标左键按下功能(搜集停靠点点位坐标)的代码示例。

```
public override void OnMouseDown(int Button,int Shift,int X,int Y)
{
    IPoint pStopsPoint = new PointClass();
    pStopsPoint = m_hookHelper.ActiveView.ScreenDisplay.DisplayTransformation.
    ToMapPoint(X,Y);
    IFeature newPointFeature = inputFClass.CreateFeature;
    ......
    newPointFeature.Shape = pStopsPoint;
    newPointFeature.Store();
    ......
}
```

（2）新建 AddNetBarriesTool. CS 工程文件。

以下为 AddNetBarriesTool. CS 工程文件中响应鼠标单击功能(【OnClick】事件,手动添加障碍点)的代码示例。

```
public override void OnClick()
{
    string name = NetWorkAnalysClass.getPath(path) +
    "\\data\\HuanbaoGeodatabase.gdb";
    pFWorkspace = NetWorkAnalysClass.OpenWorkspace(name) as IFeatureWorkspace;
    barriesFClass = pFWorkspace.OpenFeatureClass("Barries");
    if (barriesFClass.FeatureCount(null) > 0)
    {
        ITable pTable = barriesFClass as ITable;
        pTable.DeleteSearchedRows(null);
    }
}
```

以下为模拟鼠标左键按下功能(搜集障碍点点位坐标)的代码示例。

```
public override void OnMouseDown(int Button,int Shift,int X,int Y)
{
    IPoint pStopsPoint = new PointClass();
    pStopsPoint = m_hookHelper.ActiveView.ScreenDisplay.DisplayTransformation.
    ToMapPoint(X,Y);
    IFeature newPointFeature = barriesFClass.CreateFeature();
```

```
......
newPointFeature.Shape = pStopsPoint;
newPointFeature.Store();
......
}
```

（3）新建 ShortPathSolveCommand. CS 工程文件。

以下为 ShortPathSolveCommand. CS 工程文件中响应鼠标单击功能（【OnClick】事件，读取最短路径所要经历的停靠点和障碍点）的代码示例。

```
public override void OnClick()
{
    string name = NetWorkAnalysClass.getPath(path) +
    " \\data \\HuanbaoGeodatabase.gdb";
    IFeatureWorkspace  pFWorkspace  =  NetWorkAnalysClass.OpenWorkspace
    (name) as IFeatureWorkspace;
    networkDataset = NetWorkAnalysClass.OpenPathNetworkDataset ( pFWork-
    space as IWorkspace,"RouteNetwork","BaseData");
    m_NAContext = NetWorkAnalysClass.CreatePathSolverContext(networkDataset);
    inputFClass = pFWorkspace.OpenFeatureClass("Stops");
    barriesFClass = pFWorkspace.OpenFeatureClass("Barries");
    ......
    INALayer naLayer = m_NAContext.Solver.CreateLayer(m_NAContext);
    ILayer pLayer = naLayer as ILayer;
    pLayer.Name = m_NAContext.Solver.DisplayName;
    m_hookHelper.ActiveView.FocusMap.AddLayer(pLayer);
    ......
    IGPMessages gpMessages = new GPMessagesClass();
    NetWorkAnalysClass.LoadNANetworkLocations("Stops",inputFClass,
    m_NAContext,80);
    NetWorkAnalysClass.LoadNANetworkLocations("Barriers",barriesFClass,
    m_NAContext,5);
    INASolver naSolver = m_NAContext.Solver;
    naSolver.Solve(m_NAContext,gpMessages,null);
    ......
}
```

（4）新建 NetWorkAnalysClass. CS 工程文件。

以下为 NetWorkAnalysClass. CS 工程文件中的【OpenPathNetworkDataset】函数，用于打开道路网络数据集。

```
public static INetworkDataset OpenPathNetworkDataset
(IWorkspace networkDatasetWorkspace,
string networkDatasetName,string featureDatasetName)
{
    IDatasetContainer3 datasetContainer3 = null;
```

```
    IFeatureWorkspace featureWorkspace =
    networkDatasetWorkspace as IFeatureWorkspace;
    IFeatureDataset featureDataset;
    featureDataset = featureWorkspace.OpenFeatureDataset(featureDatasetName);
    IFeatureDatasetExtensionContainer featureDatasetExtensionContainer =
    featureDataset as IFeatureDatasetExtensionContainer;
    IFeatureDatasetExtension featureDatasetExtension =
    featureDatasetExtensionContainer.FindExtension
    (esriDatasetType.esriDTNetworkDataset);
    datasetContainer3 = featureDatasetExtension as IDatasetContainer3;
    IDataset dataset = datasetContainer3.get_DatasetByName(esriDatasetType.
    esriDTNetworkDataset,networkDatasetName);
    return dataset as INetworkDataset;
}
```

以下为 NetWorkAnalysClass. CS 工程文件中的【CreatePathSolverContext】函数，用于创建网络分析的拓扑环境。

```
public static INAContext CreatePathSolverContext(INetworkDataset networkDataset)
{
    IDENetworkDataset deNDS = GetPathDENetworkDataset(networkDataset);
    INASolver naSolver;
    naSolver = new NARouteSolver();
    INAContextEdit contextEdit = naSolver.CreateContext (deNDS, naSolver.
    Name) as INAContextEdit;
    contextEdit.Bind(networkDataset,new GPMessagesClass());
    return contextEdit as INAContext;
}
```

以下为 NetWorkAnalysClass. CS 工程文件中的【LoadNANetworkLocations】函数，用于加载网络分析的道路网络信息。

```
public static void LoadNANetworkLocations(……)
{
    INAClass naClass;
    INamedSet classes;
    classes = m_NAContext.NAClasses;
    naClass = classes.get_ItemByName(strNAClassName) as INAClass;
    naClass.DeleteAllRows();
    INAClassLoader classLoader = new NAClassLoader();
    classLoader.Locator = m_NAContext.Locator;
    if (snapTolerance > 0) classLoader.Locator.SnapTolerance = snapTolerance;
    classLoader.NAClass = naClass;
    ……

    INAClassFieldMap fieldMap = null;
    fieldMap = new NAClassFieldMap();
```

```
fieldMap.set_MappedField("FID","FID");
classLoader.FieldMap = fieldMap;
int rowsIn = 0;  int rowLocated = 0;
IFeatureCursor featureCursor = inputFC.Search(null,true);
classLoader.Load((ICursor)featureCursor,null,ref rowsIn,ref rowLocated);
……
((INAContextEdit)m_NAContext).ContextChanged();
}
```

（5）声明和初始化网络分析类。

以下为响应【添加停靠点】按钮的代码示例。

```
private void addStops_Click(object sender,EventArgs e)
{
    ICommand pCommand;
    pCommand = new AddNetStopsTool();
    pCommand.OnCreate(mainMapControl.Object);
    mainMapControl.CurrentTool = pCommand as ITool;
    pCommand = null;
}
```

以下为响应【添加障碍点】按钮的代码示例。

```
private void addBarriers_Click(object sender,EventArgs e)
{
    ICommand pCommand;
    pCommand = new AddNetBarriesTool();
    pCommand.OnCreate(mainMapControl.Object);
    mainMapControl.CurrentTool = pCommand as ITool;
    pCommand = null;
}
```

以下为响应【最短路径分析】按钮的代码示例。

```
private void routeSolver_Click(object sender,EventArgs e)
{
    ICommand pCommand;
    pCommand = new ShortPathSolveCommand();
    pCommand.OnCreate(mainMapControl.Object);
    pCommand.OnClick();
    pCommand = null;
}
```

第十三节　数据编辑

（1）修改要素编辑工具（命令）按钮。将【开始编辑】按钮的名称修改为【cStartEditing】,【编辑工具】按钮的名称修改为【cEditTool】,【停止编辑】按钮的名称修改为【cStopEditing】,【保存编辑】按钮的名称修改为【cSaveEdits】,【撤销】按钮的名称修改为

【cUndo】,【重做】按钮的名称修改为【cRedo】,【鼠标模式】按钮的名称修改为【cMouse-Mode】,【重做】按钮的名称修改为【cRedo】,【键盘模式】按钮的名称修改为【cKeyboard-Mode】,【粘贴】按钮的名称修改为【cEditPaste】,【剪切】按钮的名称修改为【cEditCut】,【复制】按钮的名称修改为【cEditCopy】,【删除】按钮的名称修改为【cEditDelete】,如图 11-13-1 所示。

图 11-13-1　修改要素编辑界面

（2）编写要素编辑工具（命令）代码。其中:【开始编辑】按钮采用 ArcGIS Engine 内置的 ControlsEditingStartCommandClass 类进行命令代码设计;【编辑工具】按钮采用 ArcGIS Engine 内置的 ControlsEditingEditToolClass 类进行命令代码设计;【停止编辑】按钮采用 ArcGIS Engine 内置的 ControlsEditingStopCommandClass 类进行命令代码设计;【保存编辑】按钮采用 ArcGIS Engine 内置的 ControlsEditingSaveCommandClass 类进行命令代码设计;【撤销】按钮采用 ArcGIS Engine 内置的 ControlsUndoCommandClass 类进行命令代码设计;【重做】按钮采用 ArcGIS Engine 内置的 ControlsRedoCommandClass 类进行命令代码设计;【鼠标模式】按钮为预留按钮;【键盘模式】按钮为预留按钮;【粘贴】按钮采用 ArcGIS Engine 内置的 ControlsEditingPasteCommandClass 类进行命令代码设计;【剪切】按钮采用 ArcGIS Engine 内置的 ControlsEditingCutCommandClass 类进行命令代码设计;【复制】按钮采用 ArcGIS Engine 内置的 ControlsEditingCopyCommandClass 类进行命令代码设计;【删除】按钮采用 ArcGIS Engine 内置的 ControlsEditingClearCommandClass 类进行命令代码设计。

（3）修改要素添加工具按钮。将【添加点要素】按钮的名称修改为【cEditPoint】,【添加线要素】按钮的名称修改为【cEditLine】,【添加多边形要素】按钮的名称修改为【cEdit-Polygon】,【添加圆形要素】按钮的名称修改为【cEditCircle】,【添加矩形要素】按钮的名称修改为【cEditRectangle】,如图 11-13-2 所示。

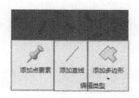

图 11-13-2　修改要素添加界面

（4）编写要素添加工具代码。其中:【添加点要素】按钮消息响应的关键代码（【On-MouseDown】事件）为 pGeometry = GeoPoint as IGeometry;【添加线要素】按钮消息响应的关键代码（【OnMouseDown】事件）为 pGeometry = axMapControl. TrackLine();【添加多边形要素】按钮消息响应的关键代码（【OnMouseDown】事件）为 pGeometry = axMapControl. TrackPolygon();【添加圆形要素】按钮消息响应的关键代码（【OnMouseDown】事件）

为 pGeometry = axMapControl. TrackCircle( );【添加矩形要素】按钮消息响应的关键代码（【OnMouseDown】事件）为 pGeometry = axMapControl. TrackRectangle( )。

设计如图 11-13-3 所示的【符号选择工具】对话框,用于实现海图符号编码的可视化选取,其关键代码如下:

```
string SymbolCode = GetSelectionFeatureCodeAndDisableEdit(axMapControl,
ref CustomLayerName);
    FeatureCodeEdit dlg = new FeatureCodeEdit(this,bCreateFlag,SymbolCode,Cus-
tomLayerName);
```

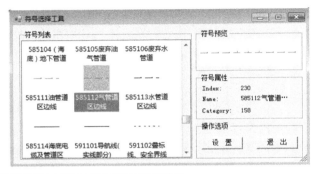

图 11-13-3 【符号选择工具】对话框代码运行效果

设计【CreateMapShape】函数用于将绘制的几何要素按照指定海图符号编码存入海图数据文件中,其函数形式为 CreateMapShape(axMapControl, pGeometry, 100, dlg. pSymbolCode, CustomLayerName)。

（5）修改图形编辑工具(命令)按钮。将【图形选择】按钮的名称修改为【cElementSelect】,【任意旋转图形】按钮的名称修改为【cElementRotate】,【图形左旋 90°】按钮的名称修改为【cLeftRotate90】,【图形右旋 90°】按钮的名称修改为【cRightRotate90】,【图形右对齐】按钮的名称修改为【cAlignRight】,【图形垂直居中对齐】按钮的名称修改为【cAlignVerticalCenter】,【图形左对齐】按钮的名称修改为【cAlignLeft】,【图形水平分布】按钮的名称修改为【cDistributeHorizontally】,【图形下对齐】按钮的名称修改为【cAlignBottom】,【图形居中对齐】按钮的名称修改为【cAlignCenter】,【图形上对齐】按钮的名称修改为【cAlignTop】,【图形垂直分布】按钮的名称修改为【cDistributeVertically】,【图形组合】按钮的名称修改为【cElementGroup】,【取消组合】按钮的名称修改为【cElementUnGroup】,如图 11-13-4 所示。

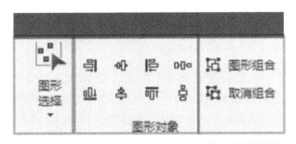

图 11-13-4 修改图形编辑界面

（6）编写图形编辑工具（命令）代码。其中：【图形选择】按钮采用 ArcGIS Engine 内置的 ControlsSelectToolClass 类进行命令代码设计；【任意旋转图形】按钮采用 ArcGIS Engine 内置的 ControlsRotateElementToolClass 类进行命令代码设计；【图形左旋 90°】按钮采用 ArcGIS Engine 内置的 ControlsRotateLeftCommandClass 类进行命令代码设计；【图形右旋 90°】按钮采用 ArcGIS Engine 内置的 ControlsRotateRightCommandClass 类进行命令代码设计；【图形组合】按钮采用 ArcGIS Engine 内置的 ControlsGroupCommandClass 类进行命令代码设计；【取消组合】按钮采用 ArcGIS Engine 内置的 ControlsUngroupCommandClass 类进行命令代码设计；【图形右对齐】按钮采用 ArcGIS Engine 内置的 ControlsAlignRightCommandClass 类进行命令代码设计；【图形垂直居中对齐】按钮采用 ArcGIS Engine 内置的 ControlsAlignMiddleCommandClass 类进行命令代码设计；【图形左对齐】按钮采用 ArcGIS Engine 内置的 ControlsAlignCenterCommandClass 类进行命令代码设计；【图形水平分布】按钮采用 ArcGIS Engine 内置的 ControlsDistributeHorizontallyCommandClass 类进行命令代码设计；【图形下对齐】按钮采用 ArcGIS Engine 内置的 ControlsAlignBottomCommandClass 类进行命令代码设计；【图形居中对齐】按钮采用 ArcGIS Engine 内置的 ControlsAlignCenterCommandClass 类进行命令代码设计；【图形上对齐】按钮采用 ArcGIS Engine 内置的 ControlsAlignTopCommandClass 类进行命令代码设计；【图形垂直分布】按钮采用 ArcGIS Engine 内置的 ControlsDistributeVerticallyCommandClass 类进行命令代码设计。

（7）修改注记编辑工具按钮。将【注记左对齐】按钮的名称修改为【buttonAlignLeft】，【注记居中对齐】按钮的名称修改为【buttonAlignCenter】，【字体右对齐】按钮的名称修改为【buttonAlignRight】，【添加注记】按钮的名称修改为【cEditText】，【字体类型】按钮的名称修改为【comboFont】，【字体大小】按钮的名称修改为【comboFontSize】，【字体加粗】按钮的名称修改为【buttonFontBold】，【字体倾斜】按钮的名称修改为【buttonFontItalic】，【字体下划线】按钮的名称修改为【buttonFontUnderline】，【字体颜色】按钮的名称修改为【buttonTextColor】，如图 11-13-5 所示。

图 11-13-5　修改注记编辑界面

（8）编写注记编辑工具代码，其关键代码（【OnClick】事件）如下：

```
private void SaveFile()
{
    frmMain mdi = this.ParentForm as frmMain;
    mdi.CreateMapText(pTransformGeometry);
}
```

以下为依据注记编辑工具修改后的注记要素调价至 ArcGIS Engine 图形容器中的代码示例。

```
MakeTextSymbol(ref objTextStyle,Textfont.Name,fontheight,GetRgbColor(Tex-
```

293

```
tColor.R,TextColor.G,TextColor.B).RGB,rotation);
    AddTempElement(axMapControl,pElement,null);
    IMap pMap = pMapCtrl.Map;
    IGraphicsContainer pGCs = pMap as IGraphicsContainer;
    pGCs.AddElement(pEle,0);
```
代码运行效果如图 11-13-6 所示。

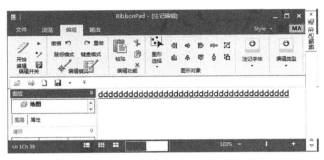

图 11-13-6　注记编辑工具代码运行效果

第十四节　地图输出

一、打印输出

（1）在【制版】标签下添加【LatoutControl】组件,修改组件名称为【axPageLatoutControl】,如图 11-14-1 所示。

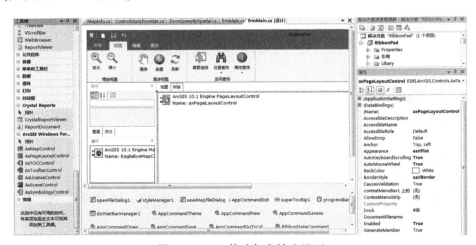

图 11-14-1　修改打印输出界面

（2）新建 ControlsSynchronizer. CS 工程文件。

以下为 ControlsSynchronizer. CS 工程文件中响应点击【地图】标签操作的代码示例。

```
public void ActivateMap()
{
    m_pageLayoutControl.ActiveView.Deactivate();
```

```
m_mapControl.ActiveView.Activate(m_mapControl.hWnd);
m_IsMapCtrlactive = true;
SetBuddies(m_mapControl.Object);
}
```

以下为 ControlsSynchronizer. CS 工程文件中响应点击【制版】标签操作的代码示例。

```
public void ActivatePageLayout()
{
    m_mapControl.ActiveView.Deactivate();
    m_pageLayoutControl.ActiveView.Activate(m_pageLayoutControl.hWnd);
    m_IsMapCtrlactive = false;
    SetBuddies(m_pageLayoutControl.Object);
}
```

（3）声明和初始化 ControlsSynchronizer 类。

以下为 MapMenu 类在 frmMain. cs 工程文件中声明的代码示例。

```
private ControlsSynchronizer m_controlsSynchronizer = null;
m_controlsSynchronizer = new ControlsSynchronizer
((IMapControlDefault)axMapControl.Object,
(IPageLayoutControlDefault)axPageLayoutControl.Object);
m_controlsSynchronizer.BindControls(true);
m_controlsSynchronizer.AddFrameWorkControl(axTOCControl.Object);
m_controlsSynchronizer.ReplaceMap(axMapControl.Map);
```

以下为 MapMenu 类在 frmMain. cs 工程文件中响应【地图】标签与【制版】标签切换的代码示例。

```
public void MapPanel_DockTabChange(object sender,DockTabChangeEventArgs e)
{
    if (m_controlsSynchronizer ! =null)
    {
        if (e.NewTab.ToString() = = "地图")
        {
            m_controlsSynchronizer.ActivateMap();
        }
        else if (e.NewTab.ToString() = = "制版")
        {
            m_controlsSynchronizer.ReplaceMap(axMapControl.Map);
            m_controlsSynchronizer.ActivatePageLayout();
        }
    }
}
```

（4）添加【纸张大小】组合框，并修改其名称为【cboPageSize】，加入不同规则纸张大小的选项。

以下为【纸张大小】组合框中添加纸张类型的代码示例。

```
cboPageSize.Items.Add("Letter - 8.5in x 11in.");
```

```
cboPageSize.Items.Add("Legal - 8.5in x 14in.");
cboPageSize.Items.Add("Tabloid - 11in x 17in.");
cboPageSize.Items.Add("C - 17in x 22in.");
cboPageSize.Items.Add("D - 22in x 34in.");
cboPageSize.Items.Add("E - 34in x 44in.");
cboPageSize.Items.Add("A5 - 148mm x 210mm.");
cboPageSize.Items.Add("A4 - 210mm x 297mm.");
cboPageSize.Items.Add("A3 - 297mm x 420mm.");
cboPageSize.Items.Add("A2 - 420mm x 594mm.");
cboPageSize.Items.Add("A1 - 594mm x 841mm.");
cboPageSize.Items.Add("A0 - 841mm x 1189mm.");
cboPageSize.Items.Add("Custom Page Size.");
cboPageSize.Items.Add("Same as Printer Form.");
cboPageSize.SelectedIndex = 7;
```

以下为【纸张大小】组合框中选中标签变化(【SelectedIndexChanged】事件)的代码示例。

```
public void cboPageSize_SelectedIndexChanged(……)
{
    ……
    axPageLayoutControl.Page.FormID =
    (esriPageFormID)cboPageSize.SelectedIndex;
    ……
}
```

代码运行效果如图 11-14-2 所示。

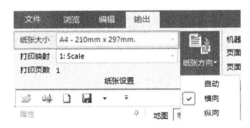

图 11-14-2　【纸张大小】组合框代码运行效果

（5）添加【打印映射】组合框,并修改其名称为【cboPageToPrinterMapping】,加入不同打印映射的选项。

以下为【打印映射】组合框中添加各类打印映射的代码示例。

```
cboPageToPrinterMapping.Items.Add("0: Crop");
cboPageToPrinterMapping.Items.Add("1: Scale");
cboPageToPrinterMapping.Items.Add("2: Tile");
cboPageToPrinterMapping.SelectedIndex = 1;
```

以下为【打印映射】组合框中选中标签变化(【SelectedIndexChanged】事件)的代码示例。

```
public void cboPageToPrinterMapping_SelectedIndexChanged(……)
{
    ……
```

```
axPageLayoutControl.Page.PageToPrinterMapping =
(esriPageToPrinterMapping)cboPageToPrinterMapping.SelectedIndex;
    ......
}
```

代码运行效果如图 11-14-3 所示。

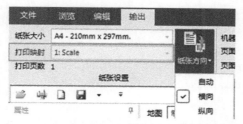

图 11-14-3 【打印映射】组合框代码运行效果

（6）添加【纸张方向】复合菜单,添加【自动】【横向】【纵向】菜单;【横向】菜单名称修改为【optLandscape】,【纵向】菜单名称修改为【optPortrait】。

以下为点击【横向】菜单(【Click】事件)的代码示例。

```
public void optLandscape_Click(sender,EventArgs e)
{
    ......
    axPageLayoutControl.Page.Orientation = 2;
    axPageLayoutControl.Printer.Paper.Orientation = 2;
    axPageLayoutControl.PageLayout.Page.Orientation = 2;
    ......
}
```

以下为点击【纵向】菜单(【Click】事件)的代码示例。

```
public void optPortrait_Click(object sender,EventArgs e)
{
    ......
    axPageLayoutControl.Page.Orientation = 1;
    axPageLayoutControl.Printer.Paper.Orientation = 1;
    axPageLayoutControl.PageLayout.Page.Orientation = 1;
    ......
}
```

代码运行效果如图 11-14-4 所示。

图 11-14-4 【纸张方向】复合菜单代码运行效果

（7）编写响应点击【打印输出】标签操作的代码函数（【MouseCaptureChanged】事件）。

```
public void ribbonBar18_MouseCaptureChanged(……)
{
    IPrinter printer = axPageLayoutControl.Printer;
    PrintDialog pPrintDialog = new PrintDialog();
    if (pPrintDialog.ShowDialog() = =DialogResult.OK)
    {
        printer.Paper.PrinterName = pPrintDialog.PrinterSettings.PrinterName;
        UpdatePrintingDisplay();
    }
}
```

代码运行效果如图 11-14-5 所示。

图 11-14-5　点击【打印输出】标签弹出【打印】对话框

以下为点击【打印】对话框【确定】按钮后的【机器名称】标签更改的代码示例。

```
public void UpdatePrintingDisplay()
{
    if (axPageLayoutControl.Printer ! =null)
    {
        IPrinter printer = axPageLayoutControl.Printer;
        lblPrinterName.Text = printer.Paper.PrinterName;
    }
}
```

代码运行效果如图 11-14-6 所示。

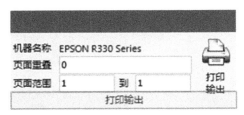

图 11-14-6　【机器名称】标签更改代码运行效果

（8）将【打印输出】按钮的名称修改为【cmdPrint】；点击【打印输出】按钮属性，在其消息响应界面下双击【Click】标签，进入地图打印输出工具代码编辑界面。

```
public void cmdPrint_Click( object sender,EventArgs e)
{
    ......
    axPageLayoutControl.PrintPageLayout(Convert.ToInt16(txbStartPage.Text),
    Convert.ToInt16(txbEndPage.Text),Convert.ToDouble(txbOverlap.Text));
    ......
}
```

代码运行效果如图 11-14-7 所示。

图 11-14-7　打印输出工具代码运行效果

二、图片输出

（1）将【像素】滑动条的名称修改为【txtResolution】,【宽度】编辑框的名称修改为【txtWidth】,【高度】编辑框的名称修改为【txtHeight】,【英寸】单选框的名称修改为【radioButtonInch】,【厘米】单选框的名称修改为【radioButtonCm】,【像素】单选框的名称修改为【radioButtonPix】,【图片输出】按钮的名称修改为【ExportImage】,如图 11-14-8 所示。

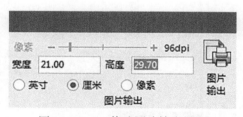

图 11-14-8　修改图片输出界面

（2）编写【图片输出】按钮消息响应代码。

以下为点击【图片输出】按钮弹出的【保存】对话框文件过滤器的代码示例。

```
saveMapFileDialog.Filter= "JPG 图片( * .JPG) | * .jpg |BMP 图片( * .BMP) | * .bmp |
GIF 图片( * .GIF) | * .gif |tif 图片( * .TIF) | * .tif |PNG 图片( * .PNG) | * .png |EMF 图片
( * .EMF) | * .emf |.AI 图片( * .AI) | * .ai |SVG 图片( * .SVG) | * .svg |PDF 文档( * .PDF) | *
.pdf";
    IExport pExport= null;
    case "jpg":
        pExport= new ExportJPEGClass();
```

```
case "bmp":
    pExport = new ExportBMPClass();
......
```

以下为点击【保存】对话框【确定】按钮后,读取图片输出各参数并执行图片输出命令的代码示例。

```
pExport.Resolution = lResolution;
pExportType = pExport as IExportImage;
pExportType.ImageType = esriExportImageType.esriExportImageTypeTrueColor;
userRECT.top = 0;
userRECT.left = 0;
userRECT.right = Convert.ToInt32(ImageWidth);
userRECT.bottom = Convert.ToInt32(ImageHeight);
axPageLayoutControl.ActiveView.Output(pExport.StartExporting(),lResolution,
ref userRECT,axPageLayoutControl.ActiveView.Extent,pTrackCancel);
pExport.FinishExporting();
```

第十五节　安装部署

在 ArcGIS Engine 程序开发完成后,可以使用打包工具将开发的程序打包成安装程序,这样的打包工具有 InstallShield、InstallAnyWhere 等,也可以使用 Visual Studio 进行 ArcG1S Engine 程序的打包。本章以 Visual Studio 为例制作安装程序。在最终用户部署 ArcGIS Engine 程序的时候,需要首先安装 ArcGIS Engine Runtime,并且授权 License。以下介绍如何在 Visual Studio 中制作安装包。

(1) 打开解决方案,在该解决方案中添加安装项目,如图 11-15-1 所示,选择【文件】→【添加】→【新建项目】。

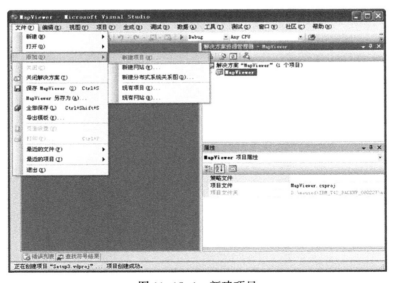

图 11-15-1　新建项目

（2）在弹出的对话框中选择项目类型,如图 11-15-2 所示:【其他项目类型】→【安装和部署】;选择【安装项目】模板;设置安装项目的名称和存放路径,点击【确定】。

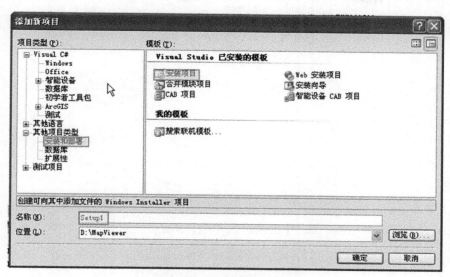

图 11-15-2　选择项目类型

（3）添加安装项目后的界面如图 11-15-3 所示,在解决方案管理器窗中增加了一个 Setup1 项目。

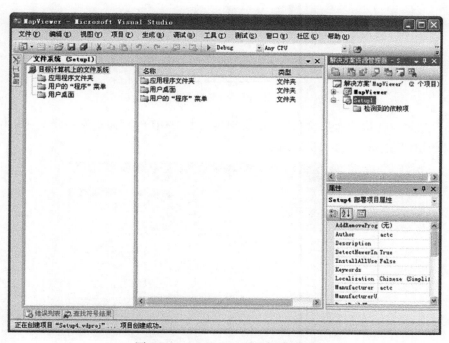

图 11-15-3　Setup1 项目新建效果

（4）向应用程序文件夹中添加项目输出,如图 11-15-4 所示。右键单击【应用程序文件夹】→【添加】→【项目输出】。

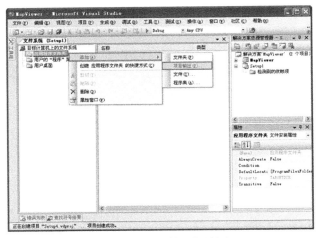

图 11-15-4　添加项目输出

（5）在弹出的对话框中选中【主输出】，单击【确定】按钮，如图 11-15-5 所示。

图 11-15-5　选择主输出

（6）此时，在【应用程序文件夹】中会出现一些 ESRI 的程序集和一个名为【主输出来自 **】的输出项，如图 11-15-6 所示。

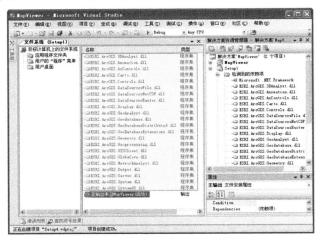

图 11-15-6　输出项内容显示

302

（7）由于 ArcGIS Engine Runtime 中已经包含了相关的程序集,所以在安装程序中需要将这些程序集排除,如图 11-15-7 所示。在解决方案资源管理器中,选中【检测到的依赖项】下面的和 ESRI 相关的程序集,右键选择【排除】。

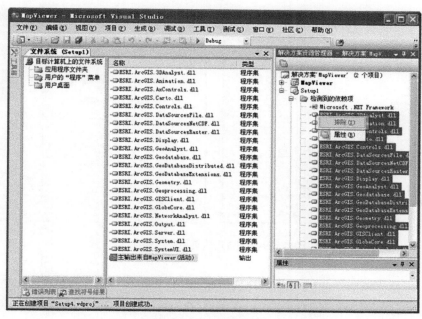

图 11-15-7　排除依赖项

（8）排除后的视图如图 11-15-8 所示。

图 11-15-8　排除依赖项效果

（9）此时,可向【应用程序文件夹】中添加需要的其他文件或者程序集。下面为程序添加【开始菜单】中的程序快捷方式,如图 11-15-9 所示:右键【用户的"程序"快捷菜单】,选择【创建用户的"程序"菜单的快捷方式】,在属性窗口中为出现的快捷方式更改名称和相关属性。

图 11-15-9　添加开始菜单程序快捷方式

（10）下面为程序添加【用户桌面】的快捷方式,如图 11-15-10 所示:右键【用户桌面】,选择【创建用户桌面的快捷方式】,在属性窗口中为出现的快捷方式更改名称和相关属性。

图 11-15-10　添加用户桌面程序快捷方式

（11）到此为止,已经对安装项目完成了配置,接下来生成安装项目,如图 11-15-11 所示。在解决方案资源管理器中右键单击安装项目的图标,选择"生成"。生成成功后会在指定的生成目录下面生成一个 Setup. exe 文件和 Setup. cab 文件。最终用户只需要双击 Setup. exe 文件即可开始安装。

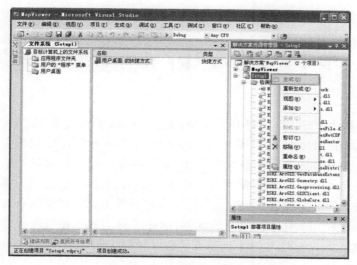

图 11-15-11　生成安装项目

本章小结

　　利用 DotNetBar 组件,开发人员可以快速地搭建系统视图界面,剩下的只需要在视图界面的各个功能按钮中添加相应的功能代码即可。本章的海洋 GIS 设计与实现也选用了 DotNetBar 组件实现对系统视图界面的可视化设计,而利用 ArcGIS Engine 提供的控件、接口、类和对象对海洋 GIS 相关功能进行定制开发,更可达到应用系统快速成型的目的。此外,考虑到软件系统的部署需求,本章还详细介绍了使用打包工具将开发程序打包成安装工程的具体实现方法。

复习思考题

1. 海洋 GIS 与传统 GIS 的联系与区别是什么?
2. 阐述实现地图鹰眼功能使用的控件、类和对象,以及控件、类和对象之间的关系?
3. 存取海图要素功能实现需要注意要素的类型? 如何判断和存储?
4. 阐述实现海图符号化功能使用的类和对象,以及类和对象之间的关系?
5. 地图打印输出功能实现过程中如何获取及修改打印机状态?

第十二章　ESRI 开发竞赛案例

ESRI 杯中国大学生 GIS 软件开发竞赛(简称"ESRI 开发竞赛"),是由 ESRI 中国信息技术有限公司在中国测绘地理信息学会支持指导下举办的在校大学生课外活动中一项具有示范性、引导性和广泛性的竞赛活动,每年举办一届。活动目的是激发在校学生学习、应用和交流 GIS 技术的热情,增强学生的创造力和动手能力,大力推动 GIS 技术在中国的普及,并为 GIS 产业的发展选拔和储备大量优秀人才。本章结合海军大连舰艇学院相关专业学员参与 ESRI 开发竞赛的案例,阐述了海洋 GIS 在航海保障及作战保障方面的应用,以及基于 ArcGIS Engine 的软件功能设计与实现。

第一节　锚位点辅助决策模型

一、人员信息

作品编号:B468(2018ESRI 杯中国大学生 GIS 软件开发竞赛·地理设计组优胜奖)。
作品名称:锚位点辅助决策模型。
作者单位:海军大连舰艇学院军事海洋与测绘系。
小组成员:黄晓琛,陈思冶。
指导教师:董箭,贾帅东。
成员详细介绍:
　　黄晓琛:海军大连舰艇学院军事海洋与测绘系地图制图学与地理信息工程专业。
　　陈思冶:海军大连舰艇学院军事海洋与测绘系地图学与地理信息工程专业。
联系方式:
　　黄晓琛:15668658269,email:584154005@ qq. com。

二、作品背景

抛锚驻泊是舰船经常采用的停泊方式,为了让锚抓牢海底,避免因走锚造成事故,航海人员在选择锚位点时需要考虑水深、底质、海底地形、风流等多种海洋环境条件,但由于海图是以注记形式表示的水深、底质等信息,无法直观地反映多种海洋环境要素,当需要在非海事部门划定的推荐海域抛锚时,航海人员往往会在锚位点选择的多种考量因素中顾此失彼,难以得到最优的锚位决策。本作品从 GIS 的角度出发,以航海人员的实际需求为导向,设计实现了"锚位点辅助决策系统",以期更好地辅助航海人员完成锚位点的选择,提升锚泊的安全性。

三、总体概述

本作品基于国内标准 VCF(Vector Chart Format,一种基于 shape 数据的海图数据格式),通过对水深、底质、海底坡度、助航标志、碍航物、近海禁锚区、海区风速流速进行综合分析得到指定海域适宜抛锚程度,辅助航海人员进行设定锚位点的决策,如图 12-1-1 所示。

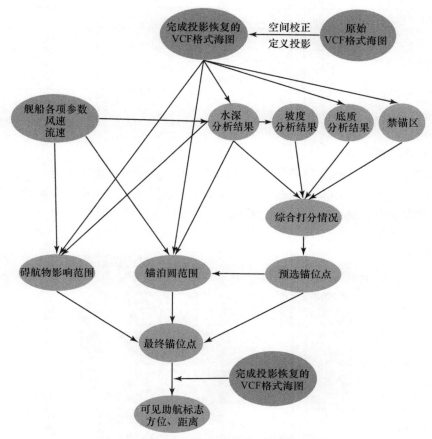

图 12-1-1　整体分析流程

四、开发环境

锚位点辅助决策系统开发环境基本硬件配置见表 12-1-1,锚位点辅助决策系统开发环境支持软件见表 12-1-2。

表 12-1-1　锚位点辅助决策系统开发环境基本硬件配置

设备名称	配置要求
CPU	主频 2.6GHz 及以上
内存	2GB 及以上
显存	1GB 及以上
硬盘空间	10GB 及以上
显示器	14 寸(及以上)显示器
通信/网络接口卡	100Mb/s
其他设备	鼠标、键盘

表 12-1-2　锚位点辅助决策系统开发环境支持软件列表

软件类型	软件名称	版本
操作系统	Windows	Windows 10
应用支撑软件	ArcGIS	10.4
软件开发工具	ArcObject	10.4
	Microsoft Visual Studio	2015
	DotNetBar	12.0

五、实现过程

(一) 系统界面设计

本案例基于 DotNetBar 自带示例中的 RibbonPad 模板实现程序界面设计。打开 Dot-NetBar,点击右上角【Open Samples Source Code Folder】按钮,进入示例方案源代码所在文件夹,于其中找到 RibbonPad 文件夹,将该目录下的 CS 文件夹单独拷出,用于后续开发,如图 12-1-2 所示。

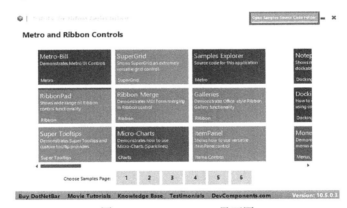

图 12-1-2　DotNetBar 界面图

RibbonPad 的原始方案设计如图 12-1-3 所示,将其按照图 12-1-4、图 12-1-5 预先

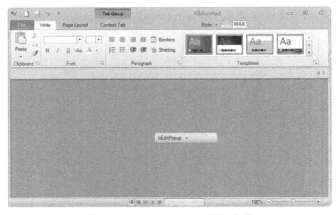

图 12-1-3　RibbonPad 原始方案

图 12-1-4　系统界面设计

图 12-1-5　菜单栏各选项卡

布置系统界面。具体的操作要点如下：

（1）删去原始方案中的无关按钮。

（2）以原始方案中 Page Layout 标签下的按钮为模板，创建所需按钮，并以 btn_XXX 的方式命名按钮（XXX 为该按钮实现操作的英文名）。

（3）在按钮的 Image 属性中导入本地图片，用于按钮的图形设计，如图 12-1-6 所示。

（4）在按钮的 Text 属性中设置按钮的显示名称。

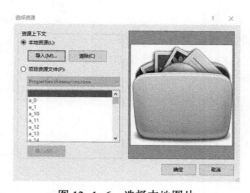

图 12-1-6　选择本地图片

（5）在按钮的 Tooltip 属性中设置操作提示，以便于用户了解每个按钮的具体功能（用户鼠标置于按钮之上时显示提示）。

（6）操作区左下角添加 DotNetBar 的 GroupPanel 控件，拖入 TocControl 控件，用于显示图层信息。

（7）操作区右下角添加 MapControl 控件，用于显示地图。

（二）舰船参数的设置

（1）功能设计。

点击【本船参数】进入设定本船参数界面，用户可在本界面输入舰船抛锚计算所需的各项参数，点击【设定】完成设置，如需全部更改，可点击【重置】将各项参数全部清除。

（2）实现方法。

在解决方案资源管理器中新建 ParameterOfShip 窗体，用于输入舰船的主尺度参数，系统界面设计如图 12-1-7 所示。该类下各变量因频繁参与系统分析过程，因而以静态变量存储各舰船主要参数。以舰船总长为例，其变量定义为 public static double length，点击设定按钮后，将对应 textbox 控件中的文本存入该变量：length = Convert. ToDouble（tbx_Length. Text）。

图 12-1-7　设定本船参数

（三）海图文件夹路径及工作路径的设置

（1）功能设计。

点击【工作路径】按钮，弹出文件夹选择界面，在该界面中设置工作路径文件夹后，点击【确定】完成设置（如图 12-1-8 所示，各步骤的分析结果将保存在该文件夹内）。

点击【加载海图】按钮，弹出选择文件夹对话框，如图 12-1-9 所示。在该对话框中找到用于分析的 VCF 格式海图的文件夹路径，点击【确定】完成设定。

（2）实现方法。

在 frmMain 类中，建立 WorkFile 和 ChartFile

图 12-1-8　设置工作路径

图 12-1-9　设置 VCF 格式海图文件夹路径

两个静态变量用于存储工作文件夹及海图文件夹的路径。通过开发环境自带的 Folder-BrowserDialog 类实现路径的设置，以设置工作路径为例，按钮触发事件的源代码如下：

```
private void btn_SetWorkFile_Click_1(object sender,EventArgs e)
{

    FolderBrowserDialog dlg=new FolderBrowserDialog();//选择文件夹
    dlg.Description="请新建文件夹作为工作目录";//窗体描述
    if (dlg.ShowDialog()! =DialogResult.OK)
        return;
    string pFullPath=dlg.SelectedPath;//建立字符串变量存储文件夹路径
    WorkFile=pFullPath;//将文件夹路径存储进入主窗体的静态变量中
    if (pFullPath=="")
        return;
    MessageBox.Show( "工作空间文件夹设置完成","设定结果",MessageBoxBut-
tons.OK,MessageBoxIcon.Information);
}
```

（四）提取陆地

（1）功能设计。

点击【提取陆地】按钮，在主界面中显示陆地图层，如图 12-1-10 所示。

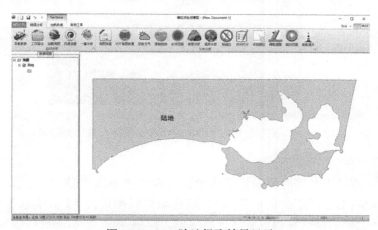

图 12-1-10　陆地提取结果显示

（2）实现方法。

通过调用 GP 工具中的筛选（Select）工具实现从 OCLDNTA. SHP 文件中提取陆地及岛屿区域。关键代码如下：

```
string pFullPath=frmMain.ChartFile + "\\" + "ocldnta.shp";//海图文件夹下的海洋陆地层
if (pFullPath=="")
    return;
int pIndex= pFullPath.LastIndexOf("\\");
string pFilePath=pFullPath.Substring(0,pIndex);//文件路径
string pFileName=pFullPath.Substring(pIndex + 1);//文件名
//GP 工具执行筛选
Geoprocessor GP= new Geoprocessor();
GP.OverwriteOutput = true;
ESRI.ArcGIS.AnalysisTools.Select pSelect = new Select();
pSelect.in_features= pFullPath;
pSelect.out_feature_class= frmMain.WorkFile + "\\" + "Land";
pSelect.where_clause=" \"编码 \"=551201";//SQL 查询条件
GP.Execute(pSelect,null);
```

（五）水深分析

（1）功能设计。

点击【水深范围】按钮，生成水深的栅格数据，并依据舰船吃水情况对水深栅格进行重分类的结果，如图 12-1-11 所示，依据水深对于抛锚适宜度的所属情况进行重分类的结果，如图 12-1-12 所示。

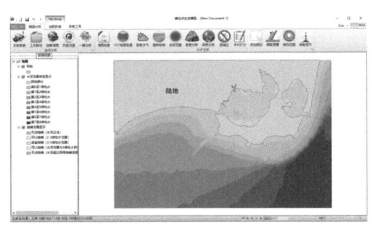

图 12-1-11　依据舰船吃水情况对水深栅格进行重分类的结果

（2）实现方法。

SOUDPTP 图层中存储着图幅范围内全部水深点及其属性信息，通过克里金内插生成海底地形栅格，对于舰船抛锚而言，2～3 倍吃水可以抛锚，3～5 倍吃水为最适宜范围，可抛锚的水深上限为根据舰船参数计算出的最大抛锚深度，将水深栅格依据上述水深范围进行重分类，得到水深范围栅格及适宜度栅格，如图 12-1-13 所示。

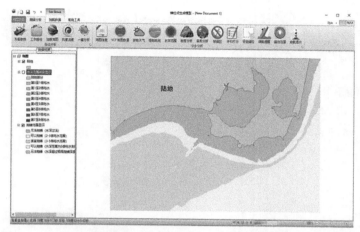

图 12-1-12 依据水深对于抛锚适宜度的所属情况进行重分类的结果

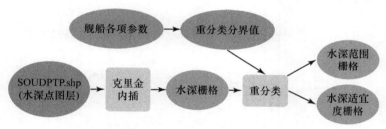

图 12-1-13 水深分析流程图

主要代码如下:

```
Geoprocessor GP = new Geoprocessor();
GP.OverwriteOutput = true;
ESRI.ArcGIS.Analyst3DTools.Kriging pKriging = new Kriging();
pKriging.in_point_features = pFullPath;//待插值的 SOUDPTP.SHP 的路径
pKriging.z_field = "水深值";
pKriging.cell_size = 20;//像元大小
pKriging.out_surface_raster = frmMain.WorkFile + "\\" + "Kriging";//输出水深
栅格
pKriging.semiVariogram_props = "Spherical";
GP.Execute(pKriging,null);
```

(六) 坡度分析

(1) 功能设计。

点击【坡度分析】按钮,MapControl 中即显示图幅范围内坡度分布图,同时在 TocControl 中显示图例。

(2) 实现方法。

通过 GP 工具中的坡度(Slope)工具根据水深栅格分布图进行坡度分析得到坡度分布,并依据坡度范围进行重分类显示。

实现过程如图 12-1-14 所示。

图 12-1-14　坡度分析流程图

关键代码如下：

```
Geoprocessor GP = new Geoprocessor();
ESRI.ArcGIS.Analyst3DTools.Slope pSlope = new Slope();
pSlope.in_raster = frmMain.WorkFile + "\\" + "Kriging";
pSlope.out_raster = frmMain.WorkFile + "\\" + "oriSlope";
pSlope.output_measurement = "degree"; // 以°为单位显示
pSlope.z_factor = 1;
GP.OverwriteOutput = true;
GP.Execute(pSlope,null);
```

（七）底质分析

（1）功能设计。

点击【底质分析】按钮，MapControl 中即显示底质分布图，如图 12-1-15 所示。

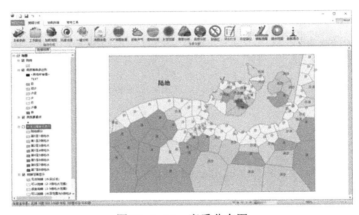

图 12-1-15　底质分布图

（2）实现方法。

ANNCOVP 图层中存储着包括底质点在内的多种信息，首先通过筛选工具将底质要素点从中筛选出来并进行数据的预处理；然后通过创建泰森多边形将点状的底质要素转变为面状底质区域，相比普通海图中简单通过注记表示底质类型的方法，该方法使得底质的范围更为直观可感；最后，将依据底质类型进行唯一值符号化的底质面要素图层展示给用户，后台同时按照底质类型对于抛锚作业的适宜程度进行重分类打分（底质的单项得分情况），用于后续综合评分的生成，如图 12-1-16 所示。

筛选底质要素关键代码如下：

```
Geoprocessor GP = new Geoprocessor();
GP.OverwriteOutput = true;
ESRI.ArcGIS.AnalysisTools.Select pSelect = new Select();
pSelect.in_features = pFullPath;
```

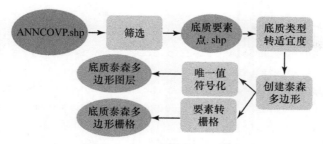

图 12-1-16　底质分析流程图

```
pSelect.out_feature_class = frmMain.WorkFile + "\\" + "底质要素点"+".shp";
pSelect.where_clause = "( \"TEXTSYM\" = 443 ) AND( \"COVNAME\" = 'SOUDPT') ";
GP.Execute(pSelect,null);
```

创建泰森多边形关键代码如下：

```
Geoprocessor GP = new Geoprocessor();
GP.OverwriteOutput = true;
GP.SetEnvironmentValue("extent",frmMain.StringWholeExtent);
ESRI.ArcGIS.AnalysisTools.CreateThiessenPolygons pThiessenPolygon =
new CreateThiessenPolygons();
pThiessenPolygon.in_features = frmMain.WorkFile + "\\" + "底质要素点" + ".shp";
pThiessenPolygon.out_feature_class = frmMain.WorkFile + "\\" + "底质泰森多边形" + ".shp";
pThiessenPolygon.fields_to_copy = "ALL";
GP.Execute(pThiessenPolygon,null);
```

（八）提取禁锚区

（1）功能设计。

点击【禁锚区】按钮，MapControl 中即显示禁止抛锚区域，同时在 TocControl 中显示图例。

（2）实现方法。

如图 12-1-17 所示为对抛锚有影响或者禁止抛锚的区域，将其依据数据编码从对应的图层中筛选出来，生成禁止抛锚区域图层。

图层名称	AREANT	TRAKNT	OINTNT
中文名称	区域界线层	航道层	近海设施层
有影响的要素（编码）	602201 禁止抛锚区 602203 禁止抛锚及捕捞区 602211 爆炸物倾倒区 602212 化学废品倾倒区 602213 历史沉船区 602221 一般限制区 602222 禁区 602223 消磁观测场 603201 射击危险区 603202 潜艇训练区 603203 军事训练区 603204 布雷训练区 603205 雷区 605201 开采区 605202 捕鱼区 605204 贮木场 605211 垃圾倾倒区 605212 货物转运区 605213 焚烧区	591201 深水航道区 591202 航道区 591203 扫海区 591204 分道通航道 591205 引航区 591207 干出航道 591211 通航分隔带 591212 环形道 591214 警戒区	584201 海底电缆区 584202 海底电力线区 585201 油管道区 585202 气管道区 585203 水管道区 585204 海底电缆及管道区

图 12-1-17　影响锚泊安全的要素编码

315

关键代码如下：

```
Geoprocessor GP = new Geoprocessor();
ESRI.ArcGIS.AnalysisTools.Select pSelect = new Select();
pSelect.in_features = pFullPath;
pSelect.out_feature_class = frmMain.WorkFile + "\\" + "禁止抛锚区域";
pSelect.where_clause = "( \"编码\" = 602203) || ( \"编码\" = 602201)……";
GP.Execute(pSelect,null);
```

（九）评价打分

（1）功能设计。

点击【评价打分】按钮，MapControl 中即显示评价打分结果图，同时在 TocControl 中显示图例，如图 12-1-18 所示。

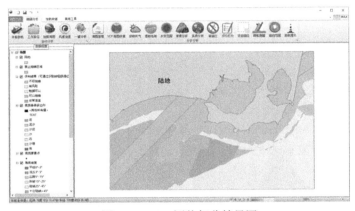

图 12-1-18　评价打分结果图

（2）实现方法。

将水深范围、坡度分析、底质分析得到的栅格重分类赋值后，通过栅格计算器进行计算得到抛锚适宜度综合打分栅格，如图 12-1-19 所示。

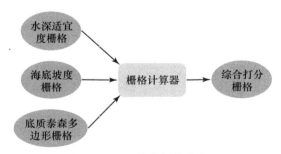

图 12-1-19　综合评价的实现

关键代码如下：

```
Geoprocessor GP = new Geoprocessor();
GP.OverwriteOutput = true;
ESRI.ArcGIS.SpatialAnalystTools.RasterCalculator pRasterCalculator = new
ESRI.ArcGIS.SpatialAnalystTools.RasterCalculator();
```

```
pRasterCalculator.output_raster= frmMain.WorkFile + "\\" + "ScoreResult";
double w_Seabed=0.4;//底质的权重
double w_Depth=0.4;//水深的权重
double w_Slope=0.2;//坡度的权重
string Raster1=frmMain.WorkFile + "\\" + "RasterSeabed";//重分类后底质打分
栅格
string Raster2=frmMain.WorkFile + "\\" + "reDepth";//重分类后水深打分栅格
string Raster3=frmMain.WorkFile + "\\" + "reSlope";//重分类后坡度打分栅格
string Expression = w _ Seabed.ToString ( ) +" *'" + Raster1 + "'+" + w _
Depth.ToString()+ "*" + "'" + Raster2 + "'+" +w_Slope.ToString()+ "*" + "'" + Ras-
ter3+"'" ;//坡度得分的计算表达式
pRasterCalculator.expression= Expression;
GP.Execute(pRasterCalculator,null);
```

（十）设置锚位

（1）功能设计。

点击【设定锚位】按钮，进入设定锚位点界面，如图 12-1-20 所示，在设定锚位点界面点击【设置锚位点】按钮，然后在【评分情况】图中点击拟抛锚的锚位点（可设置多个），设定的锚位点会以蓝色图钉符号表示，点击【编辑锚位点工具】选项卡，点击【完成设点】按钮即可完成锚位点设置。

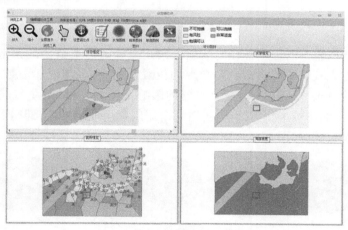

图 12-1-20　设置锚位点界面

（2）实现方法。

用户对于锚位点的选择往往并不完全取决于自然环境因素，通过本功能用户可以同步联动地看到任意一点的综合打分、水深、底质、海底坡度情况及经纬度信息，用户可自行根据需要设定拟抛锚的候选锚位点，设定完成后会将用户的选择生成预选锚位点图层用于后续分析。功能实现的技术要点如下：

① 四图区域联动。

在 ExtentUpdated 事件中设置四个 MapControl 的 Extent 属性与综合评价打分区域同步；在 Mousemove 事件中创建红色矩形框，矩形的中心位置为综合评价打分区域中鼠标所在坐标。

② 设定锚位。

点击设置锚位点后在后台新建一 shp 文件,鼠标点击锚位后在该文件中创建点要素,完成设点后,后台将 shp 文件保存并停止编辑。

(十一)碍航提醒

(1) 功能设计。

点击【碍航提醒】按钮,系统会在 MapControl 界面中显示该图幅范围内全部碍航物的位置及影响范围,如图 12-1-21 所示。

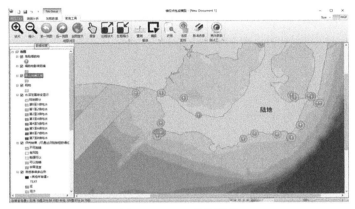

图 12-1-21 碍航提醒

(2) 实现方法。

碍航物对舰船抛锚的影响半径为舰船在附近抛锚时需要放出的锚链长度加上 2 倍的舰船长度。首先获取碍航物图层每个点的位置,然后再根据舰船参数、风速、流速、碍航物附近水深计算出每个碍航物点对抛锚的影响范围,最后以每个碍航物点要素为圆心,以每个点对应的影响半径为圆半径,对每个碍航物生成缓冲区,即得到图幅范围内所有碍航物的影响范围,如图 12-1-22 所示。

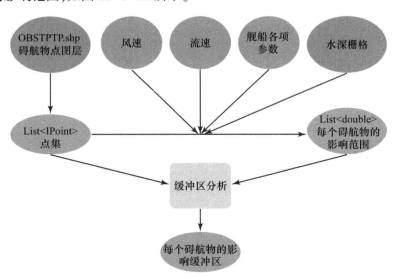

图 12-1-22 碍航物影响范围

功能实现的技术要点如下：

① 加载 OBSTPTP. SHP(碍航物图层)文件。

② 遍历碍航物图层中的所有点要素,逐点计算缓冲区范围,得到 List<double>形式的距离列表。

```
public List<double> CreateRangeList3(List<IPoint> PointList,IRasterLayer
pRasterLayer)//逐点计算半径
{
    List<double> PixelValueList = new List<double>();
    RasterAnalysis rasterAnalysis = new RasterAnalysis();
    double tempStore;
    for (int i= 0;i < PointList.Count;i++)
    {
        tempStore= rasterAnalysis.getRasterCellValue(PointList[i],pRas-
    terLayer);//根据碍航物点的位置,读取对应位置水深图层的数值(即水深值)
        //锚泊圆的最大范围半径为锚链长+2 * 舰长
        tempStore = ParameterOfShip.CalculationLengthOfCable(tempStore,
    frmMain.Va,frmMain.Vw)+ParameterOfShip.length;
        PixelValueList.Add(tempStore);
    }
    return PixelValueList;
}
```

③ 以碍航物中心点位为圆心,以各点对应的距离为半径,逐点生成缓冲区。

```
public void DrawCircleFromPoints(List<IPoint> PointList,List<double> Ran-
geList,IFeatureLayer pFeatureLayer)
{
    try
    {
        IFeatureClass pFeatureClass=pFeatureLayer.FeatureClass;//图层数据
    的获取
        IFeatureClassWrite fr =(IFeatureClassWrite)pFeatureClass;//定义一
    个实现新增要素的接口实例,并该实例作用于当前图层的要素集
        IWorkspaceEdit w =(pFeatureClass as IDataset).Workspace as IWork-
    spaceEdit;//定义一个工作编辑工作空间,用于开启前图层的编辑状态
        w.StartEditing(true);//开启编辑状态
        w.StartEditOperation();//开启编辑操作
        for (int i= 0;i < PointList.Count;i++)
        {
            IFeature f;//定义一个 IFeature 实例,用于添加到当前图层上
            IConstructCircularArc pConstructCircularArc = new CircularArc-
        Class();
            pConstructCircularArc.ConstructCircle(PointList[i],RangeList
        [i],false);//这里实现点与距离对应生成范围
```

```
            ICircularArc pArc = pConstructCircularArc as ICircularArc;
            ISegment pSegment1 = pArc as ISegment;//通过 ISegmentCollection
构建 Ring 对象
            ISegmentCollection pSegCollection = new RingClass();
            object o = Type.Missing;//添加 Segement 对象即圆
            pSegCollection.AddSegment(pSegment1,ref o,ref o);//QI 到 IRing
接口封闭 Ring 对象,使其有效
            IRing pRing = pSegCollection as IRing;
            pRing.Close();//通过 Ring 对象使用 IGeometryCollection 构建 Poly-
gon 对象
            IGeometryCollection pGeometryColl = new PolygonClass();
            pGeometryColl.AddGeometry(pRing,ref o,ref o);//构建一个 Cir-
cleElement 对象
            IElement pElement = new CircleElementClass();
            pElement.Geometry = pGeometryColl as IGeometry;
            IGeometry peo = pElement.Geometry;
            peo.SpatialReference =
            frmMain.MainForm.getMainAxMapControl().SpatialReference;//与
Mapcontrol 中的空间参考相一致
            f = pFeatureClass.CreateFeature();
            f.Shape = peo;
            f.Store();//保存 IFeature 对象
            fr.WriteFeature(f);//将 IFeature 对象,添加到当前图层上
        }
        w.StopEditOperation();//停止编辑操作
        w.StopEditing(true);//关闭编辑状态,并保存修改
    }
    catch (Exception ex)
    {
        MessageBox.Show(ex.Message);
    }
}
```

(十二) 锚泊范围

(1) 功能设计。

点击【锚泊范围】按钮,系统会在 MapControl 中显示用户预设的锚位点及在对应锚位点抛锚时会形成的锚泊圆范围,用户将鼠标放置在锚泊圆上时,会以 MapTip 的形式显示该锚位点的锚泊圆半径及在该点抛锚时需要的锚链长度,如图 12-1-23 所示。

(2) 实现方法。

根据用户设定的预选锚位点及其附近水深值、风流信息、舰艇参数计算出舰船在各个预选锚位点抛锚时需要放出锚链长度,如图 12-1-24 所示,实现方法与碍航物影响范围相同,这里不再赘述。

图 12-1-23　锚位范围及锚链长

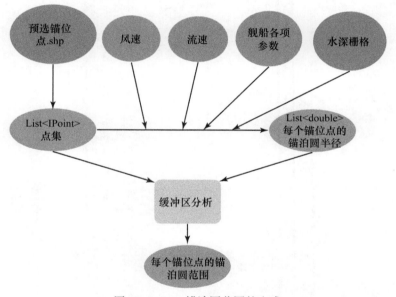

图 12-1-24　锚泊圆范围的生成

（十三）助航提示

（1）功能设计。

点击【助航提示】按钮，后台同时对每个锚位点进行针对助航标志的通视分析，待等待界面消失后，用户可以选中最终决定的锚位点，系统会生成在该点可见的助航标志（灯塔、灯浮等）、视线、助航标志相对锚位点的方位角，如图 12-1-25 所示，用户可将鼠标移动到欲观察的助航标志（或连接的视线）上，系统将以 MapTip 的形式显示该助航标志距离对应锚位点的方位和距离。

（2）实现方法。

① 助航分析流程（图 12-1-26）及代码如下：

```
IFeatureLayer LandLayer = vector.AddFeatureLayer( frmMain.WorkFile + " \\" +
```

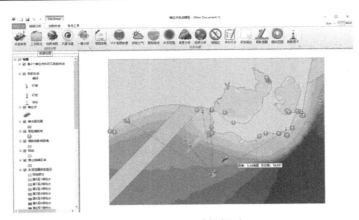

图 12-1-25　助航提示

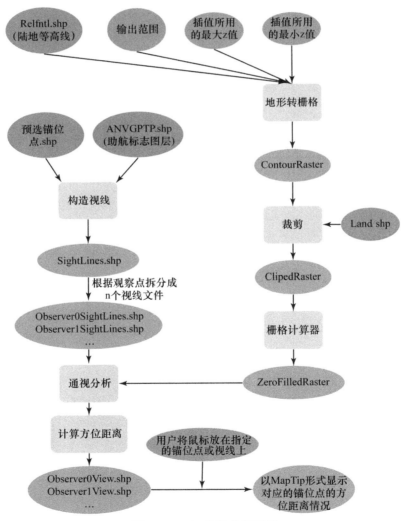

图 12-1-26　助航分析流程

```
"Land.shp");//陆地图层
    IFeatureLayer ContourLayer = vector.AddFeatureLayer(frmMain.ChartFile + "\
\" + "relfntl.shp");
    double max = Statistics.GetMax(ContourLayer,"高程");
    //MessageBox.Show("最大值为" + max);
    //地形转栅格
    ConvertContourToRaster(0,max,LandLayer,"CounterRaster",frmMain.ChartFile
+ "\\relfntl.shp","高程");
    IRasterLayer rasterLayer = raster.AddRasterDataSet(frmMain.WorkFile,"Coun-
terRaster");
    // frmMain.MainForm.getMainAxMapControl().AddLayer(rasterLayer);
    //裁剪
    ClipRasterByShp(frmMain.WorkFile,"CounterRaster",frmMain.WorkFile + "\\" +
"Land.shp","ClipedRaster");
    IRasterLayer    ClipedRasterLayer    =    rasterAnalysis.AddRasterDataSet
(frmMain.WorkFile,"ClipedRaster");
    // frmMain.MainForm.getMainAxMapControl().AddLayer(ClipedRasterLayer);
    //补零
    SuppleNoData ( frmMain.WorkFile," ClipedRaster ", frmMain. WholeEnvelopeOf-
Chart,5,"SuppledRaster");
    IRasterLayer SuppledRasterLayer = rasterAnalysis.AddRasterDataSet ( frm-
Main.WorkFile,"SuppledRaster");
    // frmMain.MainForm.getMainAxMapControl().AddLayer(SuppledRasterLayer);
    //构造视线
    ConsturctSightLines(frmMain.WorkFile + "\\预选锚位点 .shp",frmMain.Chart-
File + "\\ANVGPTP.shp","SightLines.shp");
    IFeatureLayer    SightLinesLayer    =    vectorAnalysis.AddFeatureLayer  ( frm-
Main.WorkFile + "\\SightLines.shp");
    // frmMain.MainForm.getMainAxMapControl().AddLayer(SightLinesLayer);
    //分解视线
    DivideSightLines(frmMain.WorkFile + "\\SightLines.shp",frmMain.WorkFile +
"\\预选锚位点 .shp");
    //逐点通视分析
    VisibilityAnalysis(frmMain.WorkFile + "\\SuppledRaster",frmMain.WorkFile
+ "\\预选锚位点 .shp");
    //从通视视线中找出能看见的视线
    SelectVisualSightLine(frmMain.WorkFile + "\\预选锚位点 .shp");
    //加上方位、距离字段
    SetAllLenthAndAzimuth(frmMain.WorkFile + "\\预选锚位点 .shp");
```
    ② 具体实现。

生成地形表面:VCF 格式海图在 RELFNTL 图层中存储有陆地的等高线信息,首先由等高线生成地形栅格,但该栅格内插的结果存在许多无效信息,需要对其进行处理。因此,在这之后先用陆地图层对栅格进行裁剪,再通过栅格计算器对海面的高程赋值为 0,

即得到可用于通视分析的地形表面栅格。

构造视线:VCF 格式海图将助航标志存储在 ANVGPTP 图层中,构造视线首先以预选锚位点作为观察点,以助航标志图层中的点要素为观察目标构建视线,然后按照观察点将该视线 Shp 文件拆分为单一观察点的视线文件。

通视分析与参数计算:由以上两步生成的地形栅格和每个观察点对应的视线文件进行通视分析,得到分析结果,再计算出每条可见视线的方位角及距离,将其存储在分析结果的 shp 文件中。

第二节　海上航行安全动态评估系统

一、人员信息

作品编号:C344(2018ESRI 杯中国大学生 GIS 软件开发竞赛・GIS 应用开发组优胜奖)。
作品名称:"e 起航"航行安全动态评估系统。
作者单位:海军大连舰艇学院军事海洋与测绘系。
小组成员:戴泽源,肖方发,王睿超,蒋瑞清。
指导教师:董箭,贾帅东。
成员详细介绍:
　　戴泽源:海军大连舰艇学院军事海洋与测绘系地图学与地理信息工程专业。
　　肖方发:海军大连舰艇学院军事海洋与测绘系地图学与地理信息工程专业。
　　王睿超:海军大连舰艇学院军事海洋与测绘系地图学与地理信息工程专业。
　　蒋瑞清:海军大连舰艇学院军事海洋与测绘系地图学与地理信息工程专业。
联系方式:
　　戴泽源:18868107160,email:carl-day@ foxmail. com。

二、作品背景

21 世纪被称为海洋世纪,随着我国经济社会的飞速发展,陆地资源日趋紧缺,海洋在全球的战略地位日益突出,船舶的航行安全是航运业一直以来关注的重点问题。当前,船舶航行安全的评估主要依赖人工完成,而海洋气象条件(如海风、海流、海浪等)是影响船舶航行安全的主要因素。船员往往参照海洋气象预报中的多种信息根据自身经验进行判断,这样不仅费时费力,更可能产生误判、错判。因此,我们可以利用 ArcGIS 强大的空间分析和可视化能力,对海洋气象数据进行合理可视化,并对船舶航行安全进行动态评估,以便对船舶航行过程中的风险进行事前的预测,采取必要的安全措施。

三、总体概述

近年来,我国的船舶运输业发展迅速,海上船舶的通航密度也日益增大,这对保障海上航行安全提出了更高的要求。航运业在迎来发展和繁荣的同时,也面临着航运人才短缺、培训不足、素质下滑等现实困难。然而航运业一直以来依赖船员对海上气象条件的经验判断来分析船舶航行的安全情况,这就造成不少误判、错判,最终导致事故的发生。

目前已经有不少学者针对船舶航行安全的评价指标做了各方面的研究,武汉理工大学的樊红博士也针对综合安全评估的概况以及在实施中存在的重难点,分析了综合安全评估不确定因素的来源,运用证据理论对船舶进行综合安全风险评估;郑中义等采用灰色系统分析理论以及因子分析理论,对我国相关港口进行风险评估,使港口水域的通航风险评估更加符合港口的实际情况;针对福建沿海地区的客渡船,江凌等从船舶、人员、海上环境以及事故响应程度等四方面展开安全评价研究,运用层次分析法和模糊综合评判法较为科学地对福建沿海的客渡船安全性进行了综合评价。

本系统主要应用于海事部门、航运企业进行动态的船舶航行安全评估。当下,有不少船运及海事信息软件,但大多停留在数据可视化的层面,没有进一步对数据进行分析,无法提供辅助决策的分析,其中较典型的如中国气象局的"气象数据综合展示平台"、某公司开发的"海上通"海事 APP 等,都停留在这一阶段,因此市场在这方面存在一定量的需求,留有市场空间。

基于以上考虑,我们团队以构建一个"航行安全动态评估系统"为核心,以动态海洋气象数据为依托,基于 ArcGIS 新一代 Web GIS 平台具有的强大获取、存储、分析和管理地理空间数据的能力,实现海洋气象数据的可视化展示,完成对船舶航行安全的动态评估,对船舶航行提供辅助决策。

四、开发环境

基本硬件配置如表 12-2-1 所示,开发环境如表 12-2-2 所示。

表 12-2-1　基本硬件配置

设备名称	配置要求
CPU	主频 2.6GHz 及以上
内存	2GB 及以上
显存	1GB 及以上
硬盘空间	10GB 及以上
显示器	14 寸(及以上)显示器
通信/网络接口卡	100Mb/s
其他设备	鼠标、键盘

表 12-2-2　开发环境

体系结构	B/S
技术栈	Apache-Tomcat
	ArcGIS API for JavaScript
	ArcGIS Server
	GDAL
	PostgreSQL
开发工具	WebStorm
开发语言	HTML、JavaScript
运行环境	Chrome 等通用 WEB 浏览器

五、实现过程

(一) 系统架构设计

系统自上而下,依次为基础数据层、数据服务层、数据建模层、客户应用层,如图 12-2-1 所示。

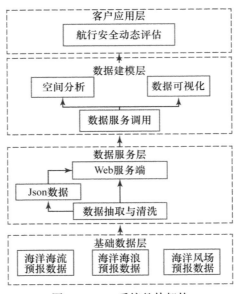

图 12-2-1　系统整体架构

基础数据层:基础数据层主要包括海洋海流预报数据、海浪预报数据、风场预报数据等海洋环境数据,同时也包含航行所需要的多尺度电子海图数据,为航行提供可靠保障。

数据服务层:该层主要通过对原始数据进行抽取与清洗,删除无用冗余数据,同时提取同航行安全相关的数据并将其转换为可用的数据模型,以便服务端进行调用;最终进行服务发布,形成数据服务。

数据建模层:基于数据服务层提供的数据服务,实现系统的各项功能,主要包括:①海洋环境数据的可视化,通过空间插值等多种手段,提升海洋环境数据的空间分辨率,同时对数据进行核密度分析,进行各项专题可视化;②航行安全动态评估结果可视化,基于获得的海洋环境数据,设计模型对航行安全进行评估并将结果以图层形式进行可视化。

客户应用层:客户应用层主要是系统的各项交互模块与设计,包括基础功能(如缩放、拖拽、漫游、鹰眼、书签、距离测算、面积测算等)的实现、空间数据(遥感影像、矢量地图、多尺度电子海图等)的展示、数据模型(如海洋环境数据可视化成果、航行安全动态评估结果等)的可视化等。

(二) 功能模块设计

功能模块设计如图 12-2-2 所示,系统主界面如图 12-2-3 所示,其模块功能分别如下:

基础底图模块:分别为系统加载遥感影像、地形图、多尺度电子海图等基础底图,针对不同应用场景,用户可以自由选择。

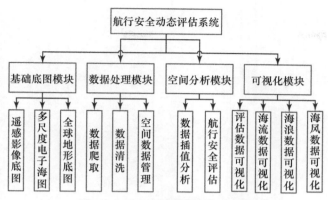

图 12-2-2　系统功能模块示意图

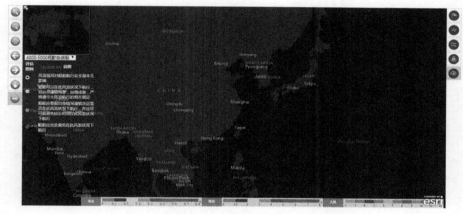

图 12-2-3　系统主界面

数据处理模块：设计数据爬取机制，获取实时海洋环境数据，加以清洗处理后，进行数据入库、更新，对数据进行管理，在系统中以 API 形式进行调用。

空间分析模块：对数据进行插值分析，提升数据空间分辨率，同时利用模型计算航行安全情况。

可视化模块：对海洋环境信息，海流、海浪、海风、安全评估等数据空间分析成果进行可视化。

（三）具体模块实现

（1）基础底图模块。

基础底图是 WebGIS 系统的基础，通过调用 ArcGIS for JavaScript 的接口，可以很容易地将基础底图数据加载于二维平面或三维球体，ArcGIS 给出了多种方式，包括调用默认底图、地图 Server 中的地图、ArcGIS Online 在线底图，以及有组织的切面底图，如图 12-2-4、图 12-2-5 所示。

以下是简单通过地址方式，调用第三方底图的示例代码。

```
var TintLayer=BaseTileLayer.createSubclass
{
    properties:
```

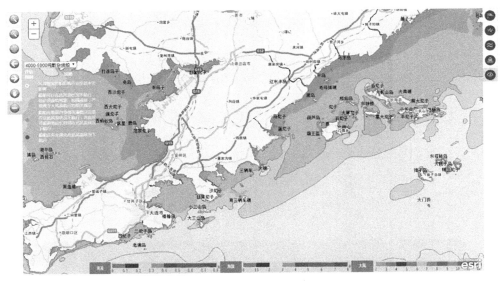

图 12-2-4　调用海陆混合底图

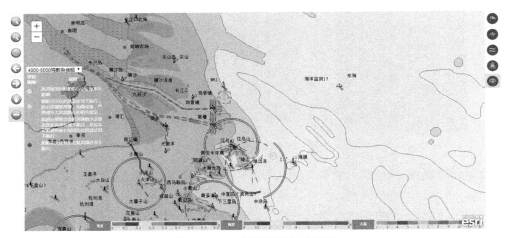

图 12-2-5　调用国际标准海图

```
        {
            urlTemplate: null,
            tint:
            {
                value: null,
                type: Color
            }
        }
    }
// generate the tile url for a given level,row and column
getTileUrl: function(level,row,col)
{
```

```
        return this.urlTemplate
        .replace("{z}",level)
        .replace("{x}",col)
        .replace("{y}",row);
    }
var url= this.getTileUrl(level,row,col);
```

（2）数据处理模块。

海洋环境数据的来源多样，数据获取难度较高，近年来，得益于以高性能集成电路技术、自动控制技术等为代表的信息领域的蓬勃发展，对海观测系统不断完善，目前已有海洋测绘、海岛（礁）监视、水下探测、浮标监测、远洋科考、卫星遥感等多种海洋观测和调查手段，形成非常庞大的海洋观测监测体系。在这些体系的支撑下，催生了呈指数级增长的多精度、多频度、大覆盖、多模态的海洋数据。海洋环境数据种类繁多、格式各异，表达方式也各不相同。在现有研究中，已有许多平台提供了各类数据的开放获取机制。因此，系统设计并实现了数据处理模块，爬取数据并加以利用，如图 12-2-6～图 12-2-8 所示。

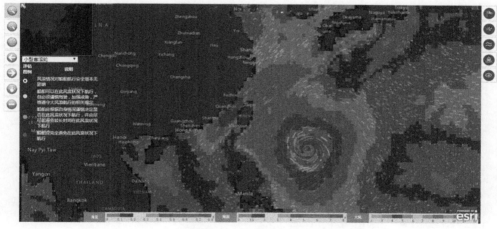

图 12-2-6　风场可视化

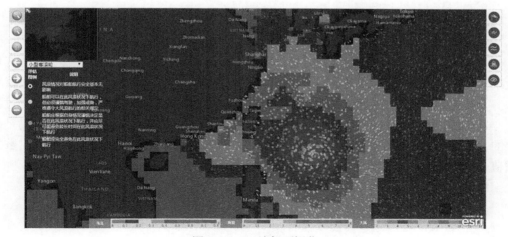

图 12-2-7　浪场可视化

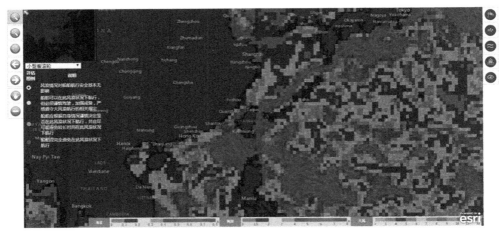

图 12-2-8　流场可视化

以下是简单通过地址方式，通过 python 语言爬取并保存海洋环境数据可视化切片数据的示例代码。

```
#coding=utf-8
import urllib
import math
for tilematrix in range (1,8):
    row= math.pow(2,tilematrix)
for i in range (0,int(row)):
    for j in range(0,int(row)):
        jpg_ link = " http:// www.123.cn/tilematrix = " + str ( tilematrix ) + "
    &tilerow = "+str(i)+"&tilecol = "+str(j)+"&format =image/png"
path= jpg_link+".png"
urllib.urlretrieve(jpg_link,
". //tile// "+str(tilematrix)+"//tilematrix = "+str(tilematrix)+"&tilerow
= "+str(i)+"&tilecol = "+str(j)+".png")
print "end"
```

（3）空间分析模块。

本系统所提空间分析，主要是通过时空插值的方法，提高数据密度，获取更佳可视化效果。所谓时空数据插值，就是利用邻近的时间/空间参考点的数据值，采用某种插值算法解算待定点的数据值。舰船航行时所面对的真实海洋环境，总是处在动态的变化过程中，虽然对海观测所得到的数据量急剧增长，但再先进的观测手段，所获取的数据仍是离散的。当限定于一定的时空粒度时，航行海域内的数据很有可能出现缺失，而时空数据插值是目前解决时空连续性最有效的手段，如图 12-2-9、图 12-2-10 所示。

以下是在 js 脚本中实现的 kriging 插值的部分实例代码。

```
// Gridded matrices or contour paths
kriging.grid=function(polygons,variogram,width)
{
```

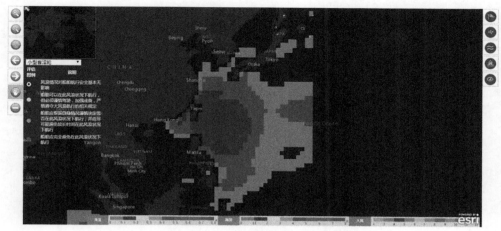

图 12-2-9 小型客滚轮适航性评估

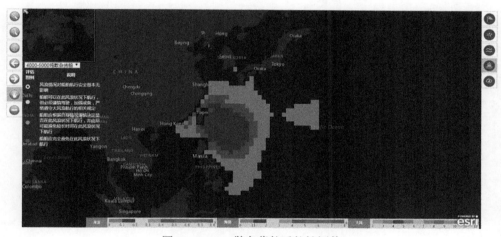

图 12-2-10 散杂货轮适航性评估

```
var i,j,k,n= polygons.length;
if(n==0)
    return;
//Boundaries of polygons space
var xlim=[polygons[0][0][0],polygons[0][0][0]];
var ylim=[polygons[0][0][1],polygons[0][0][1]];
for(i=0;i<n;i++) //Polygons
    for(j=0;j<polygons[i].length;j++)
    {
        //Vertices
        if(polygons[i][j][0]<xlim[0])
        xlim[0]=polygons[i][j][0];
        if(polygons[i][j][0]>xlim[1])
        xlim[1]=polygons[i][j][0];
```

```
        if(polygons[i][j][1]<ylim[0])
        ylim[0]=polygons[i][j][1];
        if(polygons[i][j][1]>ylim[1])
        ylim[1]=polygons[i][j][1];
    }
// Loop through polygon subspace
a[0]=Math.floor((((lxlim[0]-((lxlim[0]-xlim[0])% width)) - xlim[0])/width);
a[1]=Math.ceil((((lxlim[1]-((lxlim[1]-xlim[1])% width)) - xlim[0])/width);
b[0]=Math.floor((((lylim[0]-((lylim[0]-ylim[0])% width)) - ylim[0])/width);
b[1]=Math.ceil((((lylim[1]-((lylim[1]-ylim[1])% width)) - ylim[0])/width);
for(j=a[0];j<=a[1];j++)
    for(k=b[0];k<=b[1];k++)
    {
        xtarget = xlim[0] + j * width;
        ytarget = ylim[0] + k * width;
        if(polygons[i].pip(xtarget,ytarget))
        A[j][k]=kriging.predict(xtarget,ytarget,variogram);
    }
}
A.xlim= xlim;
A.ylim= ylim;
A.zlim=[variogram.t.min(),variogram.t.max()];
A.width= width;
return A;
};
```

第三节　两栖作战登陆场可视化分析系统

一、人员信息

作品编号:C1358(2019ESRI 杯中国大学生 GIS 软件开发竞赛·GIS 应用开发组优胜奖)。

作品名称:两栖登陆可视化分析系统。

作者单位:海军大连舰艇学院军事海洋与测绘系。

小组成员:周寅飞,刘翔,李泽宇,林星炜。

指导教师:贾帅东,杨一曼。

成员详细介绍:

周寅飞:海军大连舰艇学院军事海洋与测绘系地图学与地理信息工程专业。

刘　翔:海军大连舰艇学院军事海洋与测绘系地图学与地理信息工程专业。

李泽宇:海军大连舰艇学院军事海洋与测绘系地图学与地理信息工程专业。

林星炜:海军大连舰艇学院军事海洋与测绘系地图学与地理信息工程专业。

联系方式:

周寅飞:15239102127,email:1767033414@ qq. com。

二、作品背景

在战争条件下,可能会出现随着战场态势的快速改变,战略重心移动脱离原先计划范围。部分战略地位转变为极为关键、需及时夺控的岛屿地区,海图信息中心没有经事先处理的专题海图,作战部队难以制定作战计划。在这种情况下,该"两栖作战登陆场可视化分析系统"能对原始数据针对登陆作战需求,进行快速可视化分析,即能在此条件下辅助作战计划制定。

诚如恩格斯所言,"一旦技术上的进步可以用于军事目的并且已经用于军事目的,它们便立刻几乎强制地,而且往往是违反指挥官的意志而引起作战方式上的改变甚至变革。"随着科技的飞速发展,在高技术条件下的现代战争中,信息化、智能化武器装备大量运用,引起作战方式方法上一系列深刻变化。战场态势错综复杂,情况千变万化,争夺战场主动权的斗争激烈,对快速反应要求极高的战场范围广大,前后方界限不清,大规模交战常常会波及战争双方的整个领土及外层空间;军队的流动性大,遭遇战的可能增多。

本作品以登陆作战航渡、换乘、突击上陆、巩固和扩大登陆场一系列阶段,针对各阶段登陆场自然地理需求、按作战次序进行可视化处理,协助指战员进行渡海登岛作战计划快速制作,以适应现代战争战场节奏、完成上级命令、促进战略目标的达成。

三、总体概述

本系统是基于 ArcGIS Engine 的两栖作战登陆场可视化分析系统,主要提供以登陆场可视化辅助作战计划拟定为核心的五大核心功能,包括基本工具、航渡换乘、突击上陆、登陆场标绘和打印输出,如图 12-3-1 所示。

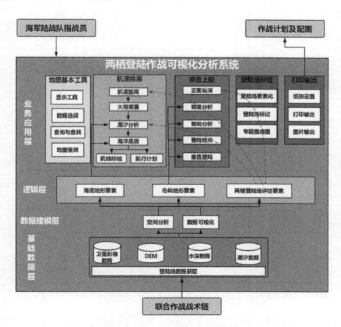

图 12-3-1　系统总体架构

在战场条件下,数据由联合作战战术数据链、情报级数据链和武器级数据链进行传输,因涉密原因不予讨论,本系统仅对两栖登陆作战设计环境数据(公开下载)进行加载,数据包括卫星影像数据、DEM、该水域水深数据及潮汐数据。

针对两栖登陆作战需求,本系统设计如下模块:

(1)基本工具。提供地图操作基本功能。

(2)航渡换乘。针对作战单位由舰船换乘至登陆装备,而后由登陆装备至登陆地点全过程进行辅助分析,选取计划航线。

(3)突击上陆。针对海至陆进行突击上陆阶段,对登陆场选取的各指标进行分析,选取登陆场。

(4)登陆场标绘。对登陆岛屿进行作战标绘,注明火力打击点、战略要地等区域,标注敌方火力分布情况,可对其进行简易专题图设计,并通过缓冲区分析辅助决策。

(5)打印输出。纸质图因其使用方便、便于携带、无需外设和难以干扰等优点在我军被广泛使用,本系统根据这一特点提供打印输出模块,进行地图输出。

四、开发环境

基本硬件配置如表 12-3-1 所示,开发环境如表 12-3-2 所示。

表 12-3-1　基本硬件配置

设备名称	配置要求
CPU	主频 2.6GHz 及以上
内存	2GB 及以上
显存	1GB 及以上
硬盘空间	10GB 及以上
显示器	14 寸(及以上)显示器
通信/网络接口卡	100Mb/s
其他设备	鼠标、键盘

表 12-3-2　开发环境

软件类型	软件名称	版本
操作系统	Windows	Windows 10
应用支撑软件	ArcGIS	10.2
软件开发工具	ArcObject	10.2
	Microsoft Visual Studio	2010
	DotNetBar	12.0

五、系统界面设计

本案例基于 DotNetBar 自带示例中的 RibbonPad 模板实现程序界面设计,如图 12-3-2、图 12-3-3 所示。

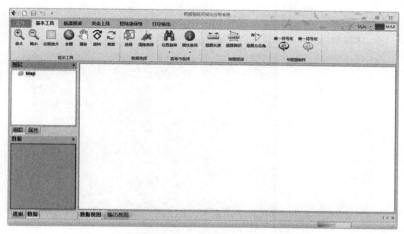

图 12-3-2　系统界面设计

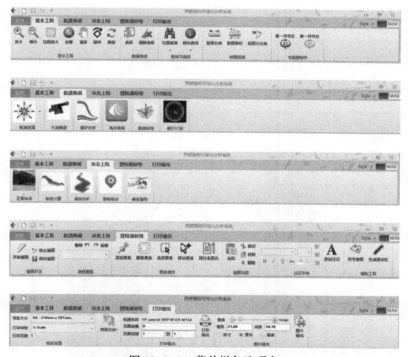

图 12-3-3　菜单栏各选项卡

六、具体功能实现

本作品主要亮点是紧密围绕我军两栖登陆作战的实际需求,按作战阶段全流程进行系统架构,深度贴合作战计划设计逻辑。

(一) 航渡换乘

(1) 航渡距离计算。

计算登陆兵力(单元)进行装备换乘的具体位置,如图 12-3-4 所示。

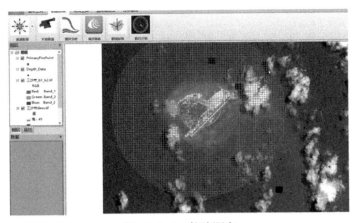

图 12-3-4　航渡距离

关键代码如下：

```
IPolygon buffer = new PolygonClass();
double Distance = mapSetUp.EX_singleDist;
Distance = Distance * 10.0;
if (! RecordsetBuffer(pt,Distance,ref buffer))
    return;
GetTrackingLayerAddEvent(buffer,-1.0);
buffer.SetEmpty();
```

（2）火炮覆盖。

生成岛屿的抗登陆火炮覆盖范围，如图 12-3-5 所示。

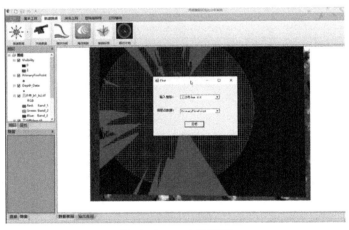

图 12-3-5　火炮覆盖

关键代码如下：

```
visibilityEnum = esriGeoAnalysisVisibilityEnum. esriGeoAnalysisVisibili-
tyObservers;
    outGeodataset = surfaceOp.Visibility(inGeodataset,observeLayer,visibility-
Enum);//可见性分析方法
```

```
ShowRasterResult(outGeodataset,"Visibility");
```

（3）潮汐分析。

计算并载入潮汐数据，即某一时刻的瞬时水位等于该时刻的图载水深加上潮汐水位。点击实际水位进行更改，即可将静态图载水深更新为动态瞬时水深，如图 12-3-6 所示。

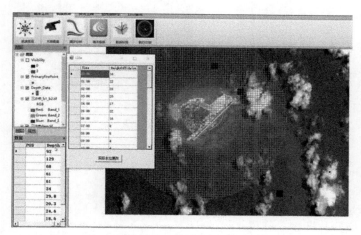

图 12-3-6　潮汐分析

关键代码如下：

```
IFields fields = currentFeatureLayer.FeatureClass.Fields;
intD = fields.FindField("Depth");
IFeatureCursor updateCursor = currentFeature.Update(null,false);
IFeature poFeature = updateCursor.NextFeature();
while (poFeature ! =null)
{
    double newValue = h + (double)poFeature.get_Value(D);
    poFeature.set_Value(D,newValue);
    updateCursor.UpdateFeature(poFeature);
    poFeature = updateCursor.NextFeature();
}
```

（4）海洋地质。

载入海洋地质，并进行可视化分析，如图 12-3-7 所示。

关键代码如下：

```
pEngineEditor = new EngineEditorClass();
MapManager.EngineEditor = pEngineEditor;
pEngineEditTask = pEngineEditor as IEngineEditTask;
pEngineEditLayers = pEngineEditor as IEngineEditLayers;
sMxdPath = getPath(sMxdPath) + "\\海洋底质 .mxd";;
if (axMapControl1.CheckMxFile(sMxdPath))
{
    axMapControl1.LoadMxFile(sMxdPath);
```

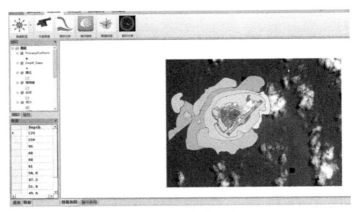

图 12-3-7 海洋底质

```
}
pMap = axMapControl1.Map;
pActiveView = pMap as IActiveView;
plstLayers = MapManager.GetLayers(pMap);
```

（5）航线标绘与计划。

综合前面分析、计算出的信息,选取一条航线,并进行计划航线的绘制,如图 12-3-8 所示。

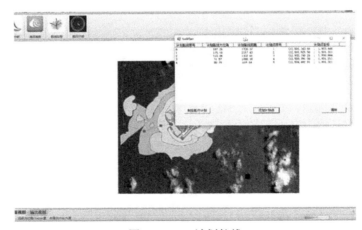

图 12-3-8 计划航线

关键代码如下:

```
mainGis.bCreateFlag = -8;
mainGis.mesureFlag = 0;
mainGis.lastAngle = 0.0;
mainGis.currentAngle = 0.0;
mainGis.axMapControl1.MousePointer = esriControlsMousePointer. esriPoint-
erCrosshair;
    if (mainGis.pTrackPolyLine2.m_Elements ! =null)
```

```
mainGis.pTrackPolyLine2.DeleteAllElements();
mainGis.pTrackPolyLine2.OnCreate(mainGis.axMapControl1.Object);
mainGis.pTrackPolyLine2.OnClick();
mainGis.pTrackPolyLine2.mainGis = mainGis;
……
z2 = z2 + 1;
Add_Item1 (z,mainGis.pTrackPolyLine2.angle,mainGis.pTrackPolyLine2.dis-
tance,z2,mainGis.pTrackPolyLine2.Location);
z = z + 1;
```

（二）突击上陆

针对海至陆进行突击上陆阶段,对登陆场选取的各指标进行分析,选取登陆场。

（1）正面纵深。

量算登陆场的正面与纵深,如图 12-3-9 所示。

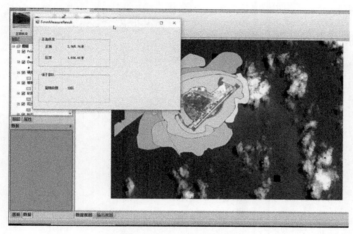

图 12-3-9　正面纵深

关键代码如下:

```
axMapControl1.MousePointer = esriControlsMousePointer.esriPointerCrosshair;
if (pfrontdepth.m_Elements != null)
    pfrontdepth.DeleteAllElements();
pfrontdepth.OnCreate(this.axMapControl1.Object);
pfrontdepth.OnClick();
pfrontdepth.mainGis = this;
frmMeasureResult = new FormMeasureResult();
frmMeasureResult.Text = "距离量测";
```

（2）坡度分析。

对作战区域海陆地形进行整体的坡度、坡向分析,如图 12-3-10、图 12-3-11 所示。

关键代码如下:

```
InitializeComponent();
surfaceOp = new RasterSurfaceOpClass();
mainGis = MainGis;
```

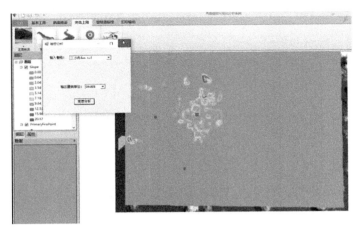

图 12-3-10　坡度分析

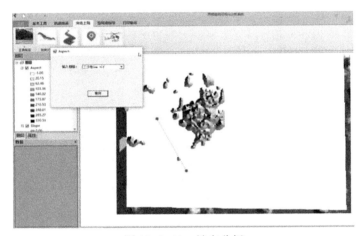

图 12-3-11　坡向分析

关键代码如下:

```
InitializeComponent();
mainGis = MainGis;
surfaceOp = new RasterSurfaceOpClass();
```

(3) 登陆场判断。

比较研究海域内的登陆场面积,通过定量计算、分析,判断其登陆场的级别,如图 12-3-12 所示。

关键代码如下:

```
int icount = 0;
IRasterBand rasterBand = rasterBandCollection.Item(icount);
IRawPixels rawPixels = (IRawPixels)rasterBand;
IRasterProps rasterProps = (IRasterProps)rawPixels;
int dHeight = rasterProps.Height;
int dWidth = rasterProps.Width;
```

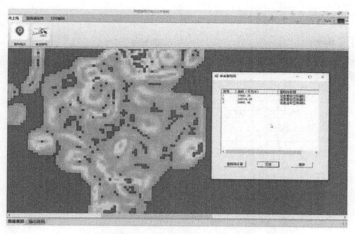

图 12-3-12 登陆场判断

```
double dX= rasterProps.MeanCellSize().X;
double dY= rasterProps.MeanCellSize().Y;
IEnvelope extent=rasterProps.Extent;
rstPixelType pixelType= rasterProps.PixelType;
IPnt pBlockSize= new PntClass();
pBlockSize.SetCoords(dHeight,dWidth);
IPixelBlock pixelBlock= rawPixels.CreatePixelBlock(pBlockSize);
IPnt pnt= new PntClass();
pnt.SetCoords(0,0);
rawPixels.Read(pnt,pixelBlock);
System.Array pSafeArray= pixelBlock.get_SafeArray(0) as System.Array;
for (int i= 0;i < dHeight;i++)
{
    for (int j= 0;j < dWidth;j++)
    {
        a= Convert.ToDouble(pSafeArray.GetValue(i,j));
        if (a < min || a > max)
        {
            pSafeArray.SetValue(90 as object,i,j);
        }
    }
}
IPixelBlock3 pixelblock= raster.CreatePixelBlock(pBlockSize) as IPixelBlock3;
pixelblock.set_PixelData(0,pSafeArray);
IRasterEdit rasterEdit=(IRasterEdit)raster;
rasterEdit.Write(pnt,(IPixelBlock)pixelblock);
rasterEdit.Refresh();
// rasterLayer= new RasterLayerClass();
// rasterLayer.CreateFromRaster(raster1);
```

```
funColorForRaster_Classify(raster);
}
```

(三) 登陆场标绘

登陆场标绘主要包括对两栖登陆作战地域的战场目标、环境要素、兵力单元等元素的编辑处理,从而制作出登陆场作战规划专题图,如图 12-3-13 所示。

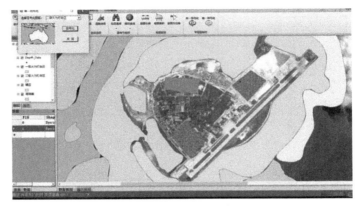

图 12-3-13　登陆场标绘

关键代码如下:

```
IDataset pDataSet = pCurrentLyr.FeatureClass as IDataset;
IWorkspace pWs = pDataSet.Workspace;
if (pWs.Type = = esriWorkspaceType.esriRemoteDatabaseWorkspace)
{
    pEngineEditor.EditSessionMode =
    esriEngineEditSessionMode.esriEngineEditSessionModeVersioned;
}
else
{
    pEngineEditor.EditSessionMode =
    esriEngineEditSessionMode.esriEngineEditSessionModeNonVersioned;
}
pEngineEditTask =
pEngineEditor.GetTaskByUniqueName("ControlToolsEditing_CreateNewFeatureTask");
pEngineEditor.CurrentTask = pEngineEditTask;
pEngineEditor.StartEditing(pWs,pMap);
```

(四) 打印输出

对系统当前的分析计算结果进行打印输出,供指战员制定作战计划使用。包括打印要素、尺寸、像素等参数设置,如图 12-3-14 所示。

关键代码如下:

```
......
IGraphicsContainer igc = axMapControl1.Map as IGraphicsContainer;
igc.DeleteAllElements();
```

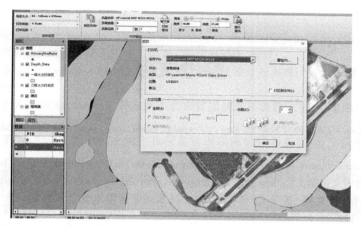

图 12-3-14　打印输出

```
axMapControl1.Refresh();
```

本章小结

　　ESRI 开发竞赛是全球最大的 GIS 技术提供商 ESRI 联合国内各大知名高校及合作伙伴单位联手打造的校园竞赛活动,竞赛针对不同年级、不同爱好学生综合设置了多个比赛分组。竞赛分为个人挑战组(A 组)、地理设计组(B 组)、GIS 应用开发组(C 组)、遥感应用组(D 组)和三维应用组(E 组)。不仅鼓励和推动了在校学生科研活动的开展,更成为大学生们施展才华的舞台,成为极富影响力和备受瞩目的一项赛事。本章结合海军大连舰艇学院测绘技术与保障(测绘工程)专业海图制图方向学员参与 ESRI 开发竞赛的相关案例,重点阐述了锚位点辅助决策模型、海上航行安全动态评估系统、两栖作战登陆场可视化分析系统的应用背景、设计思路和实现过程,为海洋 GIS 在航海保障及作战保障方面的应用提供相关技术支持。

复习思考题

1. 阐述锚位点辅助决策模型的应用背景。
2. 阐述锚位点辅助决策模型的实现过程。
3. 阐述海上航行安全动态评估系统的应用背景。
4. 阐述海上航行安全动态评估系统的实现过程。
5. 阐述两栖作战登陆场可视化分析系统的应用背景。
6. 阐述两栖作战登陆场可视化分析系统的实现过程。

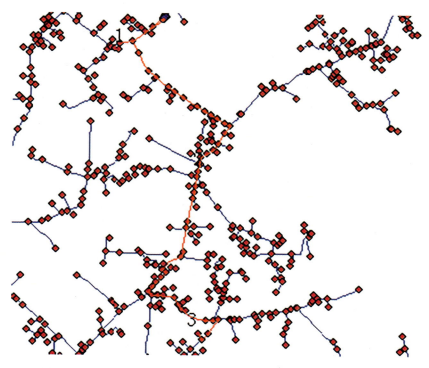

图 6-5-4　Geometric Network 有向网络最短路径分析的代码运行效果

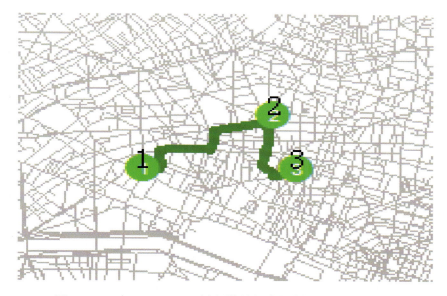

图 6-5-6　Network dataset 无向网络最短路径分析的代码运行效果

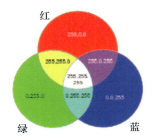

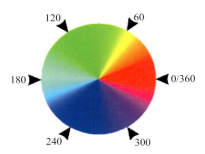

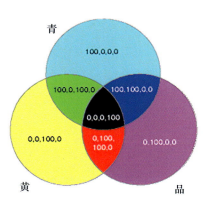

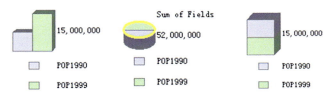

图 9-3-5　3DChartSymbol 子类样式

表 11-12-1　ITopologicalOperator 接口的相关属性和方法

属性/方法名称	说明	图形示例
Boundary 属性	返回几何图形对象的边界	
Buffer 方法	对几何图形对象进行缓冲区空间拓扑操作	
Clip 方法	用一个 Envelope 对象对一个几何对象进行裁剪	
Union 方法	合并两个同维度的几何对象为单个几何对象	
ConstructUnion 方法	高效合并多个枚举几何对象	
ConvexHull 方法	产生一个几何图形的最小的边框凸多边形	
Cut 方法	切割几何对象	
Difference 方法	产生两个几何对象的差集	

属性/方法名称	说明	图形示例
Intersect 方法	返回两个同维度几何对象的交集,即两个几何对象的重合部分	
Simplify 方法	简化几何对象使几何对象的拓扑正确	
SymmetricDifference 方法	产生两个几何图形的对称差分,即两个几何的并集部分减去两个几何的交集部分	